住房和城乡建设部“十四五”规划教材
普通高等学校土木工程专业新编系列教材
中国土木工程学会教育工作委员会　审订

土木工程概论

（第3版）

主　编　熊　峰

副主编　谭茹文　李章政

①本教材配有生动、翔实、图文并茂的PPT课件，使用本教材的教师可与出版社联系，免费索取。邮箱：306696305@qq.com

②本教材开有MOOC课，平台网址：https://www.icourse163.org，课程链接：http://www.icourse163.org/course/SCU-1003504001?tid=1003734002，可免费注册学习。

武汉理工大学出版社
·武　汉·

图书在版编目(CIP)数据

土木工程概论/熊峰主编. —3版. —武汉:武汉理工大学出版社,2023.7(2025.8重印)
ISBN 978-7-5629-6837-5

Ⅰ.①土… Ⅱ.①熊… Ⅲ.①土木工程-概论 Ⅳ.①TU

中国国家版本馆CIP数据核字(2023)第130015号

土木工程概论

Tumu Gongcheng Gailun

项目负责人:高　英　汪浪涛
责 任 编 辑:高　英
责 任 校 对:丁　冲
排 版 设 计:芳华时代
出 版 发 行:武汉理工大学出版社
社　　　址:武汉市洪山区珞狮路122号
邮　　　编:430070
网　　　址:http://www.wutp.com.cn
经　　　销:各地新华书店
印　　　刷:武汉市洪林印务有限公司
开　　　本:889×1194　1/16
印　　　张:15.25
字　　　数:461千字
版　　　次:2023年7月第3版
印　　　次:2025年8月第4次印刷　总第18次印刷
印　　　数:119001—124000册
定　　　价:45.00元

第 3 版序言

时代在发展，行业在变化，土木工程已进入绿色低碳、智能建造的新篇章，传统专业正焕发新的生机。帮助土木工程的新生们认识专业、定位大学的学习、了解未来的机遇与挑战，是“土木工程概论”课程的主要任务。

深刻理解专业变革，对每一位土木人来说都是必修课。首先可持续发展理念已成为工程建设的主旋律，特别是“双碳战略”实施以来，绿色与节能是工程最重要的考量，因而带动了相关技术的迅猛发展；信息与智能技术将会深刻影响土木工程，无论是设计条件，还是施工手段，都会随着智能技术的发展而不断变化，因此要完成土木工程建设项目需要更多的学科交叉型人才，也催生了各种以土木工程为基础的新型交叉专业；土木工程范围日渐扩展，正向地下、海洋、沙漠，甚至月球等空间进军，工程难度加剧，需要更多的从材料、设计理论到施工技术等的系列创新。

身处这样一个日新月异的时代，我们一直思考“土木工程概论”课程与教材应该如何适应时代变化？我们将继续讲述土木工程的源远流长与博大精深、土木工程师的严谨细致与开拓创新；还将介绍行业发展与技术进步、理念的更新与知识的融合，让未来的土木工程师们在入门之际把握专业的变化。因此本版书在保持第 2 版特色的同时，对内容进行了大量的修订，主要更新如下：

(1)内容上与时俱进，增加了“7.4 追逐未来，智能建造奋进”，介绍了智能建造的基本概念与范围。同时更新了第 5 章的案例，尽量反映出各领域的工程事故，强化警示作用。还对全书的数据进行了更新，以反映自 2013 年本教材问世以来行业的发展与变迁，更好地体现时代感。

(2)专业范围上拓展，配合各校开展的“大土木”专业改革，本次修订增加了“给水排水”、“建筑环境与能源应用”等领域的内容，还在案例选择、规范介绍以及工程师执业考试等方面，尽可能加大覆盖的范围，以适应土木工程专业宽口径培养的需求。

(3)强化课程思政。在第 2 章的每一节都增加了课程思政的案例，如广州新电视塔——创新节能技术，践行绿色发展；印尼雅万高速铁路——推进“一带一路”战略，建设人类命运共同体；宁波舟山港——扬大国雄威，提民族自豪等等。以专题的形式，弘扬绿色发展理念、工程师精神、民族自豪感等，引导新生树立正确的人生观与价值观，培养新时代土木工程接班人。

本书第 3 版由熊峰、谭茹文主持修订，感谢参加过本书编写的老师们：李章政、董事尔、易思蓉、王泽云、朱占元、陈伟、李文渊、王庆国、王作文、艾长发、刘立、阎慧群、李碧雄、李学伟、张友谊、邹祖银、念红芬、杨东升、郑余朝、周正峰、莫忧、袁翱、董娜、谢斌、雍军等。感谢武汉理工大学出版社编辑们的努力与付出！

本书于 2013 年出版，2019 年发行了第 2 版，得到了广大读者的肯定与鼓励，迄今发行量已逾 10 万余册，我们深知第 3 版仍然会有很多不足，期待读者朋友的批评与指正。

熊峰于四川大学
2023 年 4 月

第 2 版序言

土木工程是个大专业，每年有近十万学子步入“土木”之门，加入到土木工程师的“预备役”。初来乍到，土木工程的新生们都要选择“土木工程概论”课程，期望从中了解这个专业。作为土木工程的传道者，面对一双双渴望的眼睛，我们一直在思考该怎样去启蒙。我们想讲述土木工程的源远流长、博大精深；我们想分享土木工程师的严谨细致与开拓创新，还有那份重于泰山的职业责任；我们想透过那气势恢宏的工程，传递我们对土木工程的激情与挚爱；我们想通过那些教训深刻的案例，告诫我们的学生并提出我们的要求与期望。

作为教材，市场上有形形色色的《土木工程概论》，多数是介绍土木工程的项目分类、基本构成以及土木工程的课程体系。细细考量，似感不足，我们希望能有一本更加鲜活的《土木工程概论》，它不仅讲述工程，还讲工程背后的文化与故事，更讲从事工程的人，以及土木工程的职业；既传承知识，还能承载编者的经验与情感。同时希望教材能生动有趣，使学生喜欢读，从而了解土木工程的方方面面，激发那份学习的热情与探索的欲望。毕竟土木工程概论是一门介绍性质的专业课程，生动比深入更为重要。编者们反复琢磨、精心取舍，希望在以下几方面能有所创新。

诗情画意土木工程。土木工程由钢筋水泥堆砌，在野外露天操作，平凡而朴实，似乎与浪漫无缘。然而，有了土木工程，才有了城市的高楼林立、山间的大桥飞跃，才有了文明的进步、人们生活质量的提高。建造者的智慧与创造美化了世界，使得土木工程充满了诗情画意，书中使用了大量图片、优美的诗词去赞美、歌颂土木工程，希望我们的学子能随着我们的引领，饱览土木工程带给世界的惊喜。

娓娓动听土木工程。土木工程是科学、是技术，严谨甚至枯燥。但是土木工程博大精深，蕴含了无尽的生动。我们希望能像讲故事一样娓娓道来，讲述土木工程的古今中外、文化渊源。全书追求故事化的叙事风格，尽量减少教科书的套路，将那些定义、分类、原理、推论留给我们以后的专业课，本书的目标是让学生不以考试为目的地读下去，了解土木工程、爱上土木工程。

面面俱到土木工程。作为一门学科的概论，我们追求小而全。小是指浅显易懂，不求深入；全则是面面俱到，尽可能地展示土木工程的一切。全书围绕土木工程类型与职业两条主线展开，站在土木工程新生的角度，讲述土木工程的工作对象、技术活动以及从业门槛，形成了全新的土木工程介绍体系。同时，本书内容不仅覆盖工程技术知识，还涉及宏观经济、运营管理及政策法规等社会学科知识；不仅讲工程，还讲述工程背后的历史与文化，弘扬工程师精神。

与时俱进土木工程。随着科技进步，土木工程新材料、新技术、新体系不断涌现，工程的规模越来越大、自重越来越轻、功能越来越综合、体型越来越复杂。本书希望能跟上行业步伐，介绍最新科技发展，让未来的土木工程师了解土木工程的发展趋势。因此借再版之机，编者添加了新的一章，介绍近年来本行业的最新技术：建筑工业化、绿色建筑、建筑信息化(BIM)，使教材走在技术发展的前沿。

全书共分七章：(1)“举足轻重的土木工程行业”，讲述土木工程在国民经济中的重要地位；(2)“恢宏浩大的土木工程设施”，介绍工程的分类与体系，以及古今中外的著名案例；(3)“理想变现实的土木工程建设”，讲述工程项目生命周期中的技术活动；(4)“精彩纷呈的土木工程职业”，介绍土木工程师的分类、执业制度与准入门槛；(5)“重于泰山的土木工程师责任”，讲述自然灾害的挑战与工程事故的惨痛教训，警示应树立的责任意识；(6)“古老而年轻的土木工程教育”，介绍土木工程专业的知识结构和课程体系，以及所要求的素质与能力；(7)“面向未来的土木工程新发展”，介绍土木工程近年来推广应用的新技术。

本书的编写是一种尝试，希望教材能变得亲切耐读，初版共发行 50000 余册，收到了广大读者的肯定与鼓励。于是再成第 2 版，补充更新了许多新的数据、增加完善了一些制度与案例、新介绍了部分新技术，希望通过不断改进，日臻完善，成就教材精品，以答谢读者厚爱。

参加本书编写的老师有：熊峰、易思蓉、王泽云、李章政、董事尔、朱占元、陈伟、李文渊、王庆国、王作文、艾长发、刘立、阎慧群、李碧雄、李学伟、张友谊、邹祖银、念红芬、杨东升、郑余朝、周正峰、莫忧、袁翱、董娜、谢斌、雍军，全书由熊峰、李章政老师统稿。本书课件由董事尔老师制作。

感谢武汉理工大学出版社编辑们的推动和鼓励，感谢作者团队的精诚合作、共同探索。我们深知，改变不可能一蹴而就，第 2 版中肯定还会有很多不足，我们仍然诚惶诚恐，期待读者的批评指正。

熊峰于四川大学
2019 年 2 月

目　录

1　举足轻重的土木工程行业

1.1　话说土木工程

土木工程相当重要，它与人们日常生活的衣食住行息息相关，除直接提供住房与出行的交通设施外，土木工程还为其他行业，如制造业、IT 业、医药卫生、国防科技等行业修建厂房与基础设施，被称为基本建设。同时，土木工程是国民经济的支柱产业，担负着完成全社会固定资产投资的重任，对宏观经济具有巨大的拉动效应，所以，土木工程是一个涉及行业多、影响范围大的学科或专业。

1.1.1　众说纷纭土木工程

提到“土木工程”，从不同的角度有不同的定义，概括起来包含这样几层含义：首先是指工程建设的对象，即建造在地上或地下、陆上或水中的，为人类生活、生产、经济和科学服务的各种工程设施，它是一个巨大的家族，包括房屋、道路、铁路、运输管道、隧道、桥梁、运河、堤坝、港口、给水排水及防护工程等；其次是指为建设这些工程设施所进行的一系列的技术活动，包括策划、开发、勘察、设计、施工、监理、检测、维修等，即土木工程师从事的技术工作；同时，土木工程又指一个学科，是工程学科，也即我们常说的工科中最早的一个分支，国务院学位委员会对它的定义是：“土木工程是建造各类工程设施的科学技术的统称”，强调的是“设施”与“技术”。

土木工程英文为 Civil Engineering，直译为“民用工程”，其意与军事工程（Military Engineering）相对应，除了服务于战争的工程设施以外，所有服务于生活和生产需要的民用设施都属于土木工程。为何中文译为“土木工程”呢？这可能与中国古代五行学说相关，中国古代哲学家们认为：世界万物是由五大类物质——“金”、“木”、“水”、“火”、“土”组成的。在几千年漫长的历史中，我们的祖先都是以五行中的“土”（如岩石、沙子、泥土、石灰，及由土烧制成的砖、瓦和陶、瓷器等）和“木”（如木材、茅草、藤条、竹子等植物）为材料修建设施，即所谓的大兴土木。因此“Civil Engineering”便成了“土木工程”。

土木工程作为设施范围非常广泛，覆盖了房屋建筑工程、公路与城市道路工程、铁道工程、桥梁工程、隧道工程、机场工程、地下工程、给水排水工程、港口码头工程等；运河、水库、大坝、水渠等水利工程也包括在土木工程之中。人民生活离不开“衣、食、住、行”，“住”的建筑与土木工程直接相关；“行”需要建造铁道、公路、机场、码头，这些也是土木工程的一部分；“食”需要打井取水，筑渠灌溉，还要建粮食加工厂、粮食储仓等，也离不开土木工程；而“衣”的纺纱、织布、制衣，也必须在工厂内进行，需要修建厂房。其实国民经济的各行各业都离不开土木工程所提供的基础设施，即使是高科技的航天事业也需要发射塔架和航天基地，这些也都是土木工程人员所建。所以，我们说土木工程是各行各业发展的“先行官”。

土木工程作为一种职业，门类众多，精彩纷呈。围绕工程建设的全生命周期，土木工程师可在策划、开发、勘察、设计、施工、监理、检测、维修各环节中工作，为满足人们需求、改善人们的生活提供各种经济、安全及环保的工程设施。美国土木工程学会对土木工程职业有如下定义：the profession in which a knowledge of the mathematical and physical sciences gained by study, experience, and practice is applied with judgment to develop ways to utilize, economically, the materials and forces of nature for the progressive well—being of humanity in creating, improving and protecting the environment, in providing facilities for community living, industry and transportation, and in providing structures for the use of humanity. 即运用通过学习、经验和实践获得的数学、物理等知识建立各种方法，经济地利用材料与自然力，不断为人类创造、改善和保护环境，为人们生活、工业和交通提供工程结构。从中可以看出土木工程师需要这样的素质和能力：掌握数理等自然科学知识；能经济合理地利用材料建造能承受自然荷载的结构；要保护环境，坚持可持续发展。

土木工程作为工程科学的一门学科，它是运用数学、物理、化学等基础科学知识，力学、材料等技术科学知识，土木工程专门技术知识以及工程经验来研究、设计、修建各种建筑物和构筑物的一门学科。随着工程规模的不断扩大及人类对环境要求的提高，土木工程学科变得越来越综合，它不仅需要理工科基础，还需要结合管理、社会、人文等学科的知识，同时吸收绿色环保及可持续发展的理念，不断更新发展，逐渐成为现代工程科学中不可缺少的一个分支。

1.1.2 独一无二土木工程

土木工程隶属于工科，有其独特属性和特点，概括起来是：为了满足人类和社会的发展需求，在现有的物质条件约束下，不断地与自然灾害抗争以保证工程的安全，为各行各业提供设施。因此具有如下特性：

(1)社会性——出发点

土木工程说到底是为了满足社会发展的需求。人们要遮风挡雨，需要修建筑；要出行，需要修道路；要生产，需要建基地。伴随社会科学技术水平的提高，人们要求空间越来越舒适、通道越来越便利，土木工程因此发展得越来越快。远古时代，人们只能利用自然材料搭建茅舍。后来发明了砖，人们开始砌砖房。到了19世纪，水泥和钢材的出现，才有了现代化的钢筋混凝土的高楼大厦。因此，土木工程设施往往反映了不同国家和地区在各个历史时期社会、经济、文化、科学、技术发展的水平，是人类社会发展历史的见证之一。

(2)物质性——约束条件

土木工程是物质的，它以最终建成设施为标志，因此受社会科技、环境、经济等条件的约束，任何工程建设不可能超越现实条件。约束土木工程的三个基本条件是材料、场地和造价。材料是建造土木工程结构的基本要素，依赖材料科学的发展，土木工程才能更高、更大、更强；地球是工程结构最终承载者，地质条件的优劣直接决定设施的成败，无论科技如何发达，场地条件都是土木工程首先考虑的因素，因此选址是关键的第一步；投资是现代土木工程的制约，人们总是期望修建的工程既要满足使用用途，还要具备优美的形态。但是不可能在不计成本的情况下追求完美，因此，做工程必须控制造价，以达到安全、经济与美观的统一。

(3) 恒久性——安全要求

人们常说“百年大计，质量第一”，就是指工程要恒久。土木工程的产品往往都是要跨世纪的，都江堰、京杭大运河历经千年还在正常运营，这就需要工程有抵御自然灾害的能力。很少有学科像土木工程这样，长久地与自然灾害斗争，将抗灾作为重要的责任。工程灾害虽然会带来破坏与损失，但也推动了土木工程理论和研究的发展，以提高工程结构安全度。1976年我国经历了唐山大地震，24万余人丧生，整个唐山城被夷为平地，血的教训促进了我国结构抗震理论的兴起，通过30多年的不懈努力，结构抗震设计逐渐完善，成为建筑结构安全的基本保证。

(4)综合性——技术要求

土木工程是个系统工程，是运用多种生态资源和各类科学技术，进行开发、勘测、设计、施工、维护、管理的综合成果，它涉及方方面面的知识和技术。一般而言，建造一项工程设施要经过勘察、设计和施工三个阶段，需要运用水文地质勘察、工程测量、工程力学、工程材料、工程设计等学科和施工技术、项目管理等领域知识，还需用到计算机和结构测试、试验等方面的技术。

随着人们对工程设施功能要求的不断提高和科学技术的进步，土木工程逐渐向大型化、综合化方向发展，超高层的建筑、特长的跨海大桥、多功能的地铁系统不断挑战极限，使得土木工程学科的综合性更加突出，利用单一的知识体系已无法完成复杂的工程，所以，土木工程已发展为内涵广泛、门类众多、体系复杂的综合性学科。

(5)普遍性——最终目的

如前所述，土木工程与衣食住行相关、与各行各业相关。各行各业的发展，都需土木工程充当“先行官”。发电需先建厂房，输油需先铺管道，交通需先修路架桥，通航需先挖渠开河，即使是信息产业，也需要先铺设光缆和修建发射接收塔。因此，可以说只要有人类生存的地方就一定有土木工程的实践活动。

1.1.3 跨越古今土木工程

土木工程是一门古老的学科，与其他工程学科相比，土木工程有着最悠久的历史。从有人类活动起便有了土木工程，其学科体系也是最先形成的。尽管历史悠久，但并不意味着落伍，伴随着社会发展与科技进步，土木工程仍然青春焕发，建设成就不断攀越高峰。

回顾历史，着眼于未来。当我们追寻土木工程的发展轨迹，其实就是了解人类对土木工程的需求和期待，启迪未来可能的延伸。

土木工程的发展可以分为古代、近代和现代三个阶段。

1.1.3.1 古代土木工程

古代土木工程跨越了漫长的历史，从新石器时代(约公元前5000年起)延绵至17世纪中叶。考古发掘的建筑遗址，记载了土木工程在人类初期的起源。我国黄河流域的仰韶文化遗址(约公元前5000—公元前3000年，新石器时代)、西安半坡村遗址(约公元前4800—公元前3600年)都发现了房屋的痕迹，其平面呈圆形或者方形，有木柱的浅穴和地面建筑围护墙的残痕，据分析应该是最早期的茅屋(图1-1)。在几千年的历史长河中，土木工程主要依经验建造，各类工匠是传承者。这一时期的材料多是自然的木材、石材及黏土，公元前1000年左右有了烧制的砖。古代土木工程的结构体系主要有木构架和砖拱券，我国的庙宇宫殿大多为木结构，木梁、木柱支撑着木楼盖或屋盖，围护墙多采用木板，也有用砖墙的；西方教堂则主要采用砖石拱券，巨大的砖柱承托着拱券，可以得到跨度很大的宏伟空间。

图1-1 西安半坡村房屋复原图

尽管材料原始、没有理论，但古代土木工程仍然创造了辉煌。不仅房屋，还有桥梁、水利等领域都留下了不朽的瑰宝，让现代人叹为观止。下面是一些耳熟能详的例子，当我们流连其中，除了惊叹工匠们的巧夺天工，更多的是想解开建造之谜——以当时的人力设备，怎能取得如此成就？

(1) 西方砖石结构古建筑代表。埃及的金字塔，建于公元前2700—公元前2600年间，是古埃及法老们的陵墓，其中最大的一座是胡夫金字塔[图1-2(a)]，该塔基底呈正方形，每边长230.5 m，高140 m，用230余万块巨石砌成，是古代世界七大奇迹中最古老且唯一尚存的建筑物，也是世界上质量最大的单一古代建筑物。希腊的帕特农神庙[图1-2(b)]、古罗马斗兽场[图1-2(c)]等都是令人神往的古代石结构遗址。修建于532—537年间的土耳其伊斯坦布尔的圣索菲亚大教堂[图1-2(d)]为砖砌穹顶，直径30余米，穹顶高50多米，整体支承在用巨石砌成的大柱(截面约7 m×10 m)上，非常宏伟。

(2)中国古代木构架建筑代表。1056年建成的山西应县木塔又名佛宫寺释迦塔[图1-3(a)]，塔高67.3 m，共9层，横截面呈八角形，底层直径达30.27 m。该塔经历了多次大地震，历时近千年仍完整耸立，足以证明我国古代木结构的高超技术。北京故宫[图1-3(b)]、天坛，天津蓟县的独乐寺观音阁等也是具有漫长历史的优秀建筑。

(3) 中国古代的砖石结构也拥有伟大成就。最著名的当数万里长城[图1-4(a)]，长城原是春秋战国时期各国为了相互防御而各自修建在险要地势之上的城墙。秦始皇统一全国后，为了抵御北方匈奴的南侵，将秦、魏、赵、燕长城加以扩建、连贯，直至明代，形成东起山海关，西至嘉峪关，全长6350余千米的“万里长城”，是世界最伟大的工程之一。又如590—608年间在河北赵县洨河上建成的赵州桥[图1-4(b)]为单孔圆弧弓形石拱桥，全长50.82 m，桥面宽10 m，单孔跨度37.02 m，矢高7.23 m，用28条并列的石条拱砌成，拱肩上有4个小拱，既可减轻桥的自重，又便于排泄洪水，还增加了外形的美感，经千余年后尚能正常使用，确实为世界石拱桥的杰作。

(4)我国一直有兴修水利的优秀传统。传说中的大禹因治水有功而成为受人敬仰的伟大人物。四川都江堰水利工程(图1-5)，为秦昭王(公元前306—公元前251年)时由蜀太守李冰父子在前人治水的基础上访察水脉、因地制宜、因势利导主持修建的，建成后使成都平原成为“沃野千里”的“天府之国”。这一水利工程

(a) 埃及胡夫金字塔

(b) 希腊的帕特农神庙

(c) 古罗马斗兽场

(d) 土耳其伊斯坦布尔的圣索菲亚大教堂

图 1-2　西方砖石结构古建筑代表

(a) 山西应县木塔（佛宫寺释迦塔）

(b) 北京故宫

图 1-3　中国古代木构架建筑代表

是世界上最长的无坝引水枢纽，至今仍造福四川人民，其灌溉面积现在达一千多万亩，创造了巨大的经济效益。在今天看来，这一水利设施的设计也是非常合理、十分巧妙的，许多国际水利工程专家参观后均十分叹服。隋朝时开凿修建的京杭(北京—杭州)大运河，全长 2500 km，是世界历史上最长的人工运河。至今该运河的江苏、浙江段仍是我国重要的水运通道。

(5)在交通土建工程方面，古代也有伟大成就。秦朝统一全国后，以咸阳为中心修建了通往全国郡县的驰道，主要干道宽 50 步(古代长度单位，1 步等于 5 尺)，形成了全国的交通网。在欧洲，罗马帝国也修建了以罗马为中心的道路网，包括 29 条主干道和 322 条联系支线，总长度达 78000 km，因此有了“条条道路通罗马”之说。

1.1.3.2　近代土木工程

近代土木工程始于 17 世纪中叶，直到 20 世纪中叶的第二次世界大战前后，历时 300 余年。这一时期的

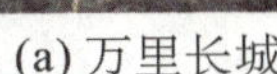

(a) 万里长城

(b) 河北赵县赵州桥

图 1-4 中国古代建造物主要代表

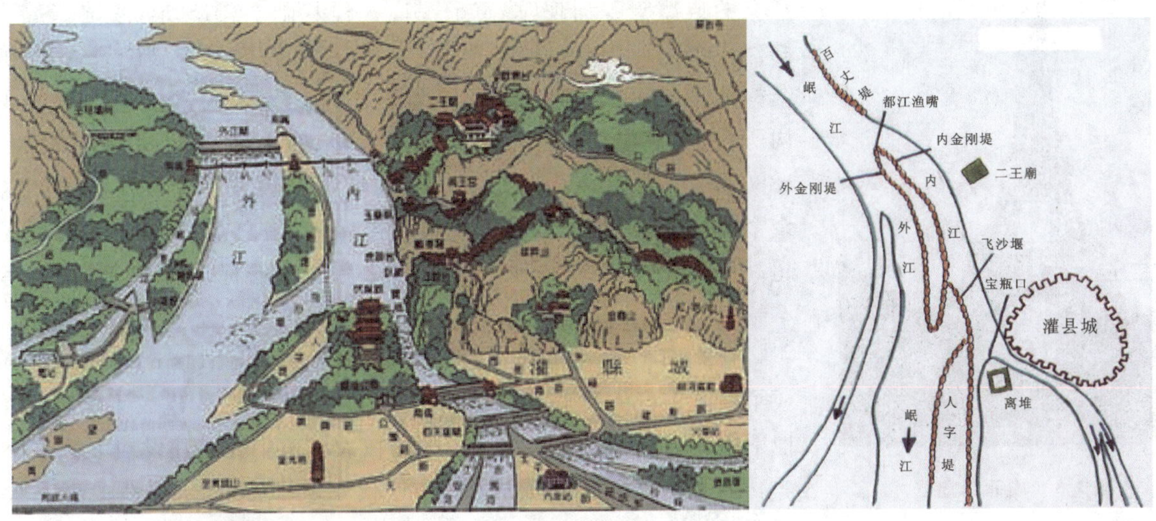

(a) 示意图

(b) 全景

图 1-5 都江堰水利工程

土木工程与古代相比有了质的飞跃:形成了力学与结构理论指导工程设计;发明了水泥、钢材等现代建筑材料;施工技术不断进步,建造规模日益扩大,建造速度大大加快。

17 世纪中叶,欧洲文艺复兴带来科技进步。1683 年意大利学者伽利略出版了著作《关于两门新科学的谈话和数学证明》,论述了建筑材料的力学性能和梁的强度,并首次用公式表达了梁的设计理论。1687 年英国科学家牛顿提出了力学三大定律,为土木工程奠定了力学分析的基础。随后,在材料力学、弹性力学和材料强度理论的基础上,1744 年瑞士数学家欧拉建立了柱压屈理论,得到了柱的临界压力公式,成为土木工程结构稳定问题的计算基础。法国的工程师纳维于1825年建立了土木工程中结构设计的容许应力法。19世纪末，里特尔等人提出了极限平衡概念。从此，土木工程的结构设计有了比较系统的理论指导，不再依经验建造。这一时期力学理论的创新对土木工程发展影响深远，一些经典公式我们至今仍在使用。

同期，建筑材料有了革命性的突破，标志是1824年波特兰水泥的发明以及1867年钢筋混凝土的应用。当然之前1859年转炉炼钢法的成功使得钢材得以大量生产是基础。至此，钢筋混凝土与钢结构开始大规模应用于房屋、桥梁等建筑中。1886年美国首先采用了钢筋混凝土楼板，1928年人类发明了预应力混凝土，随后预应力空心板在世界各国被广泛使用。由于混凝土及钢材的推广应用，使得土木工程师可以建造更大跨度、更大空间的工程设施，结构越来越轻巧、造型也越来越美观，再也不是古代土木工程中笨重的承重体系。

图1-6　埃菲尔铁塔

工业革命的发展也促进了新的施工机械和施工方法的产生。打桩机、压路机、挖土机、掘进机、起重机、吊装机等纷纷出现，为快速高效地建造土木工程提供了有力手段。

理论、材料、设备的进步推动了近代土木工程的发展，一大批有历史意义的典型工程涌现，奠定了现代工程基础。1875年，法国莫尼埃主持修建了第一座16 m的钢筋混凝土桥，尽管跨度没有破纪录，但新的桥梁结构体系诞生了。1883年，美国芝加哥首先采用钢铁框架作为承重结构，建造了一幢11层的保险公司大楼，被誉为现代高层建筑的开端。1889年，法国建成了高达300 m的埃菲尔铁塔（图1-6），该塔由18000余个构件组成，用了250万个铆钉连接，铁塔总重约8500 t，开创了近代超高层建筑结构的先河。该塔已成为巴黎的标志性建筑，观光者络绎不绝。

1825年，英国修建了世界上第一条铁路，长21 km。1869年，美国建成了横贯东西的北美大陆铁路。1863年，英国伦敦建成了世界上第一条地下铁道，随后美、法、德、俄等国均在大城市中相继建设地下铁道交通网。

两条大运河的建成通航，是近代水利工程的标志性成就。1869年开凿成功的苏伊士运河，将地中海和印度洋联系起来，打通了欧洲到亚洲的航行通道；1914年建成的巴拿马运河（图1-7），位于美洲大陆中部，纵贯巴拿马海峡，贯通了太平洋和大西洋。巴拿马运河为船闸式运河，全长81.3 km，最窄处为152 m，最宽处为304 m。从巴拿马运河中线分别向两侧延伸16.09 km，所包括的地带为巴拿马运河区，总面积为1432 km^2。

图1-7　巴拿马运河米拉弗洛雷斯港

1936 年美国旧金山建成的金门大桥[图 1-8(a)]和 1931 年美国纽约建成的帝国大厦[图 1-8(b)]是高耸和大跨结构的杰作。金门大桥色彩鲜艳，跨越著名的旧金山海湾，桥跨 1280 m，采用悬索结构，桥头塔架高 277 m。悬索主缆直径达 1.125 m，由 27512 根钢丝组成，其中每 452 根钢丝组成 1 股，61 股合成主缆索，索重 11000 t 左右。锚固缆索的两岸锚锭为混凝土巨大块体，北岸混凝土锚锭重 130000 t，南岸的小一些，也达 50000 t。帝国大厦为全钢结构，共 102 层，高 378 m，钢骨架总重超过 50000 t，内装 67 台电梯，保持世界建筑高度纪录达 40 年之久。

(a) 美国旧金山金门大桥

(b) 美国纽约帝国大厦

图 1-8 西方近代土木工程主要代表建筑

这一时期的中国处于半殖民地半封建社会，由于清朝采取闭关锁国政策，土木工程技术发展缓慢。直到清朝末年掀起洋务运动，才开始引进西方先进技术，建造了一些有影响的土木工程。如 1909 年我国杰出工程师詹天佑亲自规划督造了我国第一条铁路——京张铁路[图 1-9(a)]，该铁路全长 200 km。当时，外国人认为中国人依靠自己的力量根本不可能建成，詹天佑的成功大长了中国人的志气，他的业绩至今令人缅怀。1934 年，上海建成 24 层的国际饭店[图 1-9(b)]，开创了中国现代高层建筑先河，直到 1976 年广州白云宾馆建成前，上海国际饭店一直是中国最高的建筑。1937 年，茅以升先生主持建造了钱塘江大桥[图 1-9(c)]，钱塘江大桥位于浙江省杭州市西湖之南、六和塔附近的钱塘江上，是我国自行设计、建造的第一座双层铁路、公路两用桥，横贯钱塘南北，是连接沪杭甬铁路、浙赣铁路的交通要道。

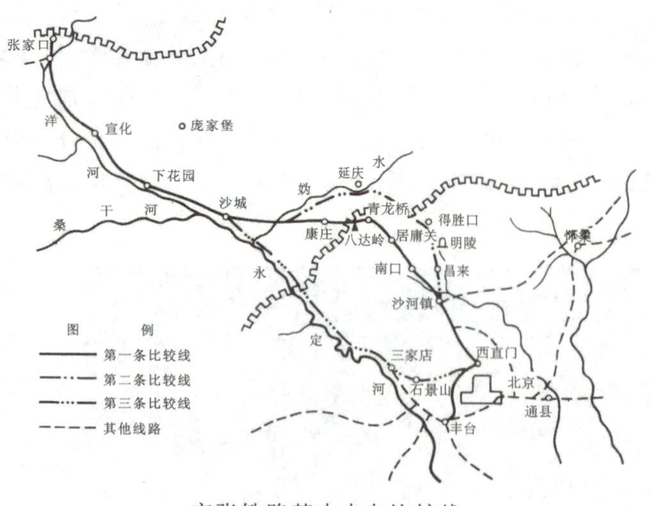

京张铁路基本走向比较线

(a) 京张铁路线路图

(b) 上海国际饭店

(c) 钱塘江大桥

图 1-9 中国近代土木工程主要代表建筑

1.1.3.3 现代土木工程

图 1-10 大亚湾核电站

现代土木工程始于20世纪中叶。第二次世界大战结束后，各国经济迅速崛起，现代科技日益进步，为土木工程的发展提供了强大的动力和雄厚的物质基础。一个以现代科学技术为强大后盾的现代土木工程时代开始了，土木工程迎来了发展的黄金时期。

现代土木工程为满足社会经济发展的需求，规模越来越大、自重越来越轻、功能越来越多、体型越来越复杂，呈现出如下特征：

(1) 工程设施功能化。以满足用户需求为第一目标，土木工程扩展了许多新领域。如安全度要求极高的核反应堆和核电站(图 1-10)，承受风浪荷载的海上钻井平台、海底油库等海洋工程等。

(2) 城市建设立体化。随着城镇化的不断发展，很多国家的城市人口大量集中，造成城市土地资源日益紧张、地价飙升。因此，人类需要更加充分地利用城市空间：修建高层建筑，开发地下空间，铺设高架道路、形成立体交通。1974 年,美国芝加哥建成了 110 层、高达 443 m 的西尔斯大厦[图 1-11(a),于 2009 年更名为威利斯大厦],其高度超出纽约帝国大厦 65 m,曾保持世界第一 20 余年。20 世纪 80 年代,亚洲各中心城市人口矛盾更加突出,高层建筑风起云涌,马来西亚建成吉隆坡双塔佩特纳斯大厦[1996 年,高达 452 m,图 1-11(b)]、上海建成金茂大厦[1998 年,高达 421 m,图 1-11(c)右]、台北建成 101 大厦[2004 年,高达 508 m,图1-11(d)],紧接着上海建造了更高的环球金融中心[2008 年,高达 492 m,图 1-11(c)左],迪拜建设了哈利法塔[原名迪拜塔,2010 年,高达 828 m,为当今世界第一高塔,图 1-11(e)],2016 年建成上海中心大厦[图 1-11(f)],高达 632m。

(a) 威利斯大厦(原西尔斯大厦)

(b) 双塔佩特纳斯大厦

(c) 环球金融中心(左)、金茂大厦(右)

(d) 台北101大厦

(e) 哈利法塔

(f) 上海中心大厦

图 1-11 现代土木工程时期高层建筑的主要代表

(3)交通运输高速化。交通网络的形成拉近了城市间的距离,使人们出行方便快捷、物流四通八达。大型桥梁的兴建,跨越江海,天堑变通途。以长江为例,1957 年武汉长江大桥[图 1-12(a)]建成通车,结束了万里长江无桥的历史。该桥为公铁两用的连续钢桁梁桥,梁高 16 m,包括引桥全桥总长 1670.4 m。大型钢梁的制造和架设以及深水管柱基础的施工等为我国现代桥梁建设开创了新路。自此之后,我国桥梁建设捷报频传,跻身桥梁大国的行列。1969 年建成的南京长江大桥是我国自行设计、制造、施工,并使用国产高强钢材的现代化大型桥梁。包括引桥在内,铁路桥全长 6772 m,公路桥全长 4589 m。1992 年建成的九江长江大桥，正桥上部结构为栓焊钢梁，最大跨度 216 m，钢板最大厚度达 56 mm。2008 年建成的苏通大桥[图 1-12(b)]为双塔双索面斜拉桥，全长 32.4 km，主跨跨径 1088 m，混凝土桥塔高 300.4 m，创造了“最深群桩基础”、“最高桥塔”、“最长斜拉索”和“最大主跨”四项世界纪录。2008 年建成的宜宾长江大桥[图 1-12(c)]为双塔并置双索面钢箱梁斜拉桥，全长 928.73 m、主桥长 828 m。2018 年建成的兴康特大桥[图 1-12(d)]是四川省甘孜藏族自治州泸定县境内的一座悬索桥，位于大渡河之上，为川藏高速公路的组成部分，线路全长 1411 m，主跨 1100 m。京沪高速铁路上 2011 年建成的丹昆特大桥是世界第一长桥，全长 164.851 km，由 4500 多个 900 t 箱梁构成，总投资达到 300 亿元。

(a) 武汉长江大桥

(b) 苏通大桥

(c) 宜宾长江大桥

(d) 兴康特长江大桥

图 1-12 现代土木工程桥梁的主要代表

高速公路穿山越岭，连接城市乡村，带动了农村的发展。2007 年 1 月秦岭终南山隧道[图 1-13(a)]建成通车，全长 18.02 km，为世界最长的公路隧道，总投资 31.93 亿元，使秦岭变通途，蜀道不再难。2012 年 5 月通车的雅西高速公路始于四川省雅安市，贯穿大小凉山抵达西昌，全长约 244 km。全线桥梁 270 座，隧道 26 条，桥隧总长度占整个高速公路的 54.5%。图 1-13(b)所示为其中的泥巴山隧道，全长 10.04 km，堪称山区高速公路建设的奇迹。位于四川荥经县境内的腊八斤沟特大桥，为预应力混凝土连续刚构主桥＋简支 T 形梁引桥，其中 10 号桥墩高 182.64 m，为亚洲第一高墩特大桥；拖乌山小半径双螺旋曲线隧道桥[图 1-13(c)]的设计则属世界首创，为克服 729 m 高差，同时避开断裂带、季节性冰冻带，将路面设计成双螺旋曲线，曲线半径为 600 m，近 50 km 均为上坡。2020 年建成的成宜高速公路[图 1-13(d)]路线全长 155.213 km，双向六车道，设计速度为 120 km/h，整体式路基宽度 34.5 m，分离式路基宽度 17.0 m，预计将在 3～5 年建成智慧高速公路。

现代土木工程的成就，得益于以下三个方面的进步：

(1)建造材料的轻质高强化、智能化。材料是土木工程的基础，对土木工程来说，最需要轻质高强性能材料。混凝土强度高但自重大，因此混凝土一直向减轻自重、提高强度方向发展。通过改善骨料、增加添加剂等途径，目前研制了各种各样的功能混凝土，如轻骨料混凝土、加气混凝土、高强混凝土等，密度可减低至 600～1100 kg/m^3(普通混凝土约为 2400 kg/m^3)，强度提高到 60～100 MPa；钢材也在向高强度发展。同时，一些新型高强高分子材料也得到应用，如碳纤维、玻璃钢、纳米材料等，它们在结构加固和修复中发挥着重要的作用;高科技的智能化材料也崭露头角,这类材料具有感知、驱动与控制功能,能自动获取结构对环境刺激的反应信息,并加以分析判断,采取一定的措施进行适度响应。如英国科学家开发出了一种"自愈合"纤维,这种纤维能感知混凝土中的裂纹,并能自动黏合混凝土的裂纹。它是用玻璃丝和聚丙烯制成的多孔状中空纤维,将其掺入混凝土后,在混凝土过度挠曲时,它会被撕裂,从而释放出一些化学物质来充填和黏合混凝土中的裂缝。

(a) 秦岭终南山隧道

(b) 泥巴山隧道

(c) 拖乌山小半径双螺旋曲线隧道桥

(d) 成宜高速公路

图 1-13 现代土木工程时期的桥隧代表

(2)施工机械化、装配化、工业化。工业革命带来施工机械设备的发展,为修建巨型工程提供了方便,如大型吊车、挖掘机、盾构机、混凝土泵等,极大地提高了生产率,减轻了现场劳动强度;同时,施工又向装配化方向发展,各类房屋、桥梁构件在工厂预制,然后运到现场安装,能更好地保证工程质量,加快施工速度。2020 年华中地区最大的装配式建筑工程——武汉沌口六村项目共有 29 栋住宅,建筑面积 80.3 万平方米,采用装配整体式剪力墙结构体系,创下了全国装配式建筑"三天一层楼"的最快速度。目前,我国正在推行建筑工业化,通过模块化设计、批量化生产,建设各类住房,提高了施工效率,加快了城镇化的步伐。

(3)设计理论精确化、信息化。计算机的发展,极大地提高了结构分析的精度,带来了设计理论的更新。从早期的应用经典力学的手算,到现在的计算机数值模拟分析,能越来越清楚地了解结构在各种荷载作用下的反应,如在不同地震作用下,分析结构的受力情况、变形形态以及破坏模式,从而能采取有效的措施防止结构发生破坏。现代结构设计理论建立在概率统计学原理上,依赖高性能受力分析,处理结构不确定的随机破坏,能极大地提高结构的安全度。

1.2 国民经济的重要支柱

这里所说土木工程行业是指所有从事与土木工程建设相关的职业或企业群体,是泛称。如按我国国民经济行业分类,土木工程行业主要指建筑业,同时覆盖其他行业,如房地产、地质勘查、交通运输等。

土木工程是一个重要的行业，说它在国民经济中举足轻重一点也不夸张，仅就国内生产总值GDP而言，土木工程建设的贡献就超过1/3，同时，它的带动作用强，引领多个行业的发展，如建材、钢铁、化工及机电等，常常作为国民经济发展的助推器。

1.2.1 数据土木工程

宏观经济看数据。土木工程作为一个行业，发展之快，有目共睹。特别是改革开放40多年来，中国犹如一个大工地，土木工程建设遍地开花。到处都在建高楼大厦、经济开发区，到处都在修公路、铁路、港口、航道及大型水利工程，其速度之快、数量之巨，令世界各国惊叹不已。下面的各项数据均来自于行业统计，从不同方面说明了我国土木工程的巨大成就以及世界第一的规模，也说明了土木工程对国民经济的巨大贡献。

(1)全社会固定资产投资

投资、消费和出口是拉动经济的“三驾马车”，其中投资带来的效应最为明显。2008年世界金融危机，各国都增加基本建设投资以拉动经济，中国投入4万亿元用于公路、铁路、水电设施等建设，起到了良好的作用。

全社会固定资产投资是指建造和购置固定资产的经济活动，包括固定资产更新(局部和全部更新)、改建、扩建、新建等。其投资总额分为基本建设、更新改造、房地产开发投资和其他固定资产投资四个部分。固定资产投资是国民经济的再生产活动的重要部分，通过固定资产投资，能扩大社会再生产规模，提高技术水平，增强国力。而固定资产投资的大部分(除设备购置等外)都依赖土木建设来完成，因此，提高固定资产投资也意味着土建规模的扩大。

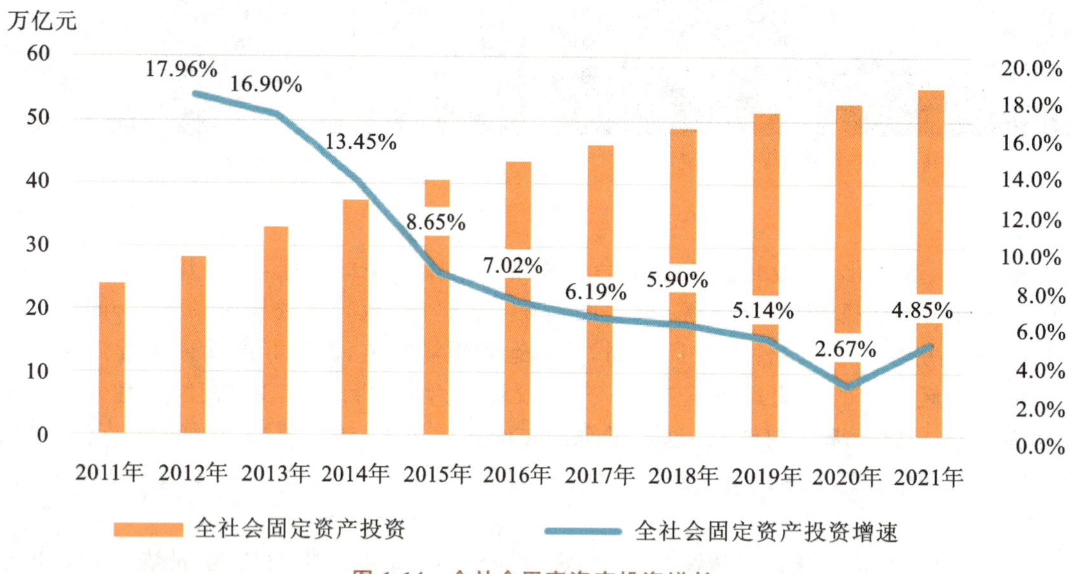

图1-14 全社会固定资产投资增长

图1-14为2011—2021年我国全社会固定资产投资的对比。截至2021年，我国全社会固定资产投资达到552884亿元，同比增长4.85%。虽然近年来投资增速有所放缓，但2021年有所回弹，供给侧结构性改革已初见成效，投资增长的内生动力已有趋稳态势，投资结构继续优化，积极因素正在累加，可以预计，至少到2025年，中国将持续地进行世界上最大规模的工程建设。

(2)国民经济支柱产业

支柱产业是指在一定时期内，能够支撑国民经济和社会增长、能够稳定成为经济增长点的产业。2021年我国建筑业实现增加值80138.5亿元，增长10.6%。图1-15为2017—2021年全国建筑业增加值及增长速度比较。2012—2021年的十年间建筑业增加值从3.69万亿元增加到8.01万亿元，占国内生产总值的比重一直保持在6.85%以上，图1-16为2012—2021年建筑业总产值及其占GDP的比重。在发达和中等发达国家中，建筑业增加值占国内生产总值的比例一般为5%～8%，其产值超过农、林、渔业(约占3%)和交通运输业(约占5%)。

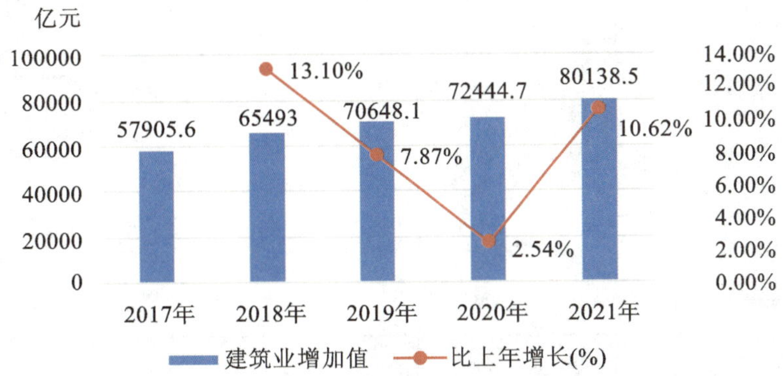

图1-15 2017—2021年全国建筑业增加值及增长速度

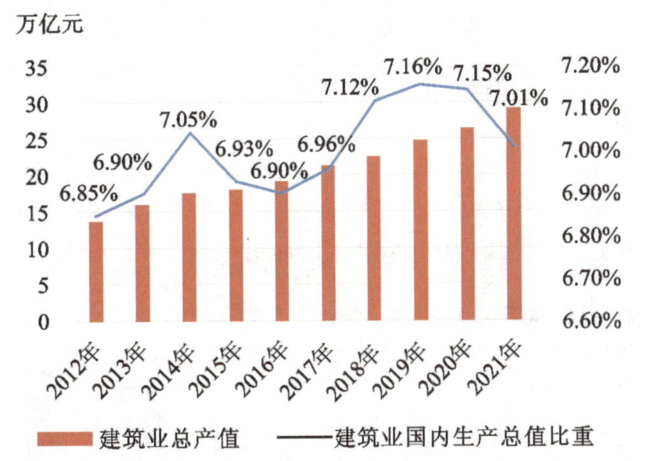

图1-16 2012—2021年建筑业总产值及其占GDP的比重

2021年房地产业全国总产值增加值为77560.8亿元，增长5.6%。2008年房地产业增加值占我国国内生产总值(GDP)比重首次超过5%，2013年达到5.85%，2021年更是达到了6.78%。这里仅给出建筑业与房地产业的数据，其增加值占GDP比重已超过13%，还未计入土木工程覆盖的其他领域(如交通、水电、能源等)的贡献，由此可说明，土木工程在国民经济发展中发挥了重要作用。

(3)材料用量

对土木工程来说最基本的材料是钢材与水泥。1949年以来我国一直大力发展钢铁工业，但真正变成钢产大国是改革开放以后。1996年我国总钢产量突破1亿吨，目前仅美国、俄罗斯、中国、日本钢产量超过1亿吨。2000年后，我国钢产量每年以15%～20%的水平递增，截至2021年已达到13.37亿吨。连续26年钢产量居世界第一，长期占全球一半以上。图1-17为我国近些年的历年钢产量的变化。

水泥的发展也是同样的趋势。2015年我国水泥产量占全球水泥产量的51.3%，世界生产的一多半水泥用在我国。至2021年我国水泥产量达到23.77亿吨，占全世界产量的55%。

(4)建筑规模

2010年，我国房地产开发企业房屋施工面积达40.55亿平方米，比上年增长26.6%；2018年为82.23亿平方米，比上年增长5.2%；2021年为97.54亿平方米，比上年增长5.24%。随着住宅建设的发展，城镇居民住房得到改善，人均住宅建筑面积不断上升，2020年我国人均住宅建筑面积达到42.29 m^2，比1978年增加35 m^2；农村居民人均住房面积增加38.7 m^2，达到46.8 m^2。截至2020年，全球200 m以上的高层建筑数量达1733座，中国拥有993栋，排名第二的美国有235栋，不到中国的四分之一。2020年全球新增106

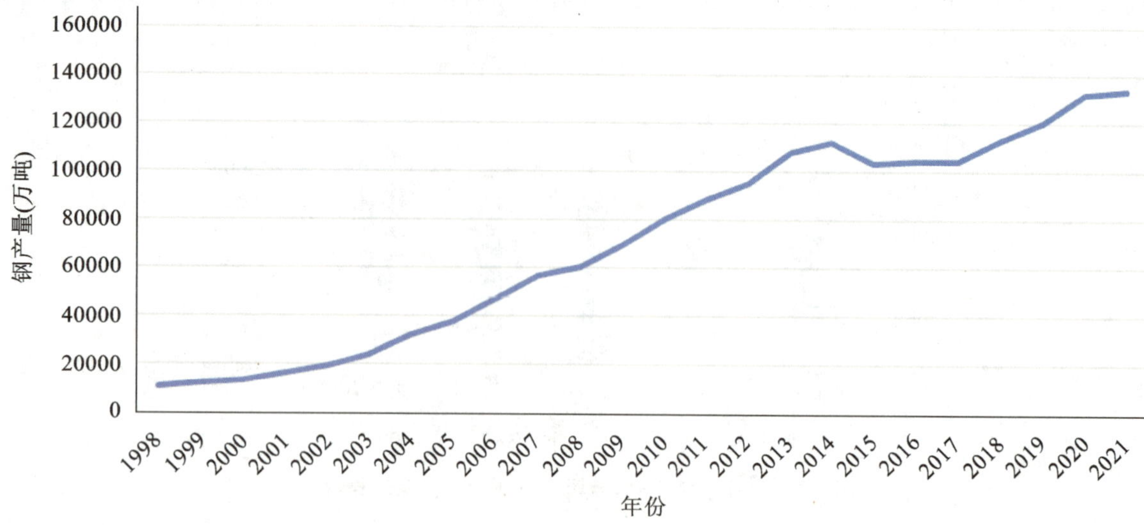

图 1-17 我国 1998—2021 年历年钢产量

栋 200 m 以上超高层建筑，其中 56 栋在中国，占比 53%。

(5)公路建设

2019 年我国公路总里程达 501.25 万千米，比上年末增加 16.6 万千米(图 1-18)，2020 年再次增长 18.56 万千米，达到 519.81 万千米，2020 年公路密度已达到 54.15 km/10^2 km^2。2020 年高速公路里程达 16.10 万千米，比上年末增加 7.6%，2021 年已达到 16.91 万千米。

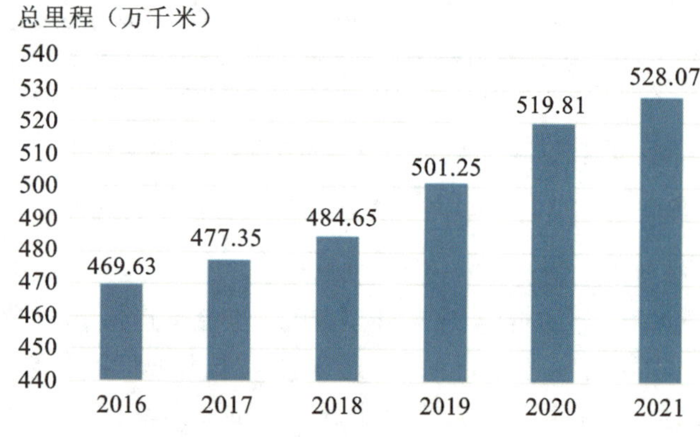

图 1-18 2016—2021 年全国公路总里程

(6)桥梁建设

截至 2021 年末，我国公路桥梁共 96.11 万座，长度达 7380.21 万延米，比上年末分别增加 4.84 万座、751.66 万延米，其中特大桥梁 7417 座、1347.87 万延米，大桥 13.45 万座、3715.89 万延米。全国公路隧道 23268 处、2469.89 万延米，比上年增加 1952 处、269.96 万米，其中特长隧道 1599 处、717.08 万米，长隧道 6211 处、1084.43 万米。

2021 年世界最长内陆桥排名中，前 20 名中 15 个在中国大陆，1 个在中国台湾，4 个在国外；世界最长跨海大桥排名，前 10 名中中国有 5 个，且包揽冠亚军；世界最高大桥排名，前 10 名里面中国独占 8 个。

(7)铁路建设

截至 2021 年底，全国铁路完成基建投资 7489 亿元，全国投产新线 4208 km，其中高铁 2168 km；全国铁路营业里程突破 15 万千米，其中高铁超过 4 万千米。2021 年底前我国共有沈佳高铁、朝凌高铁、京港高铁安九段、张吉怀高铁、赣深高铁、京哈高铁京承段等 10 条新线集中投产运营。图 1-19 为 2016 起连续 6 年的数据比较。

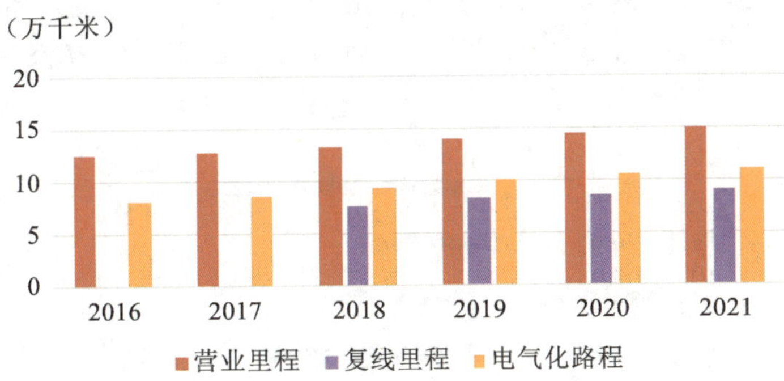

图 1-19 2016—2021 年全国铁路里程对比表

(8)水利建设

2021 年全国水利建设完成投资 7576 亿元，150 项重大水利工程已批复 67 项，累计开工 62 项。图 1-20 为 2014—2021 年水利固定资产的投资情况。2008 年后，为了拉动经济，国家大幅增加固定资产投资，水利建设尤为突出。

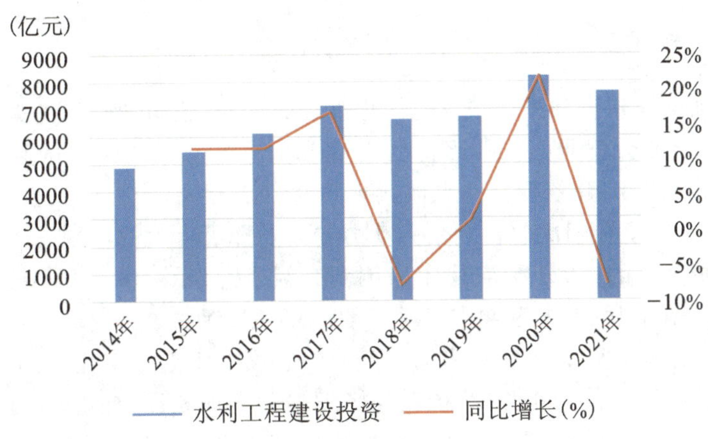

图 1-20 水利固定资产投资情况

(9)“一带一路”等海外建设项目

当前，中国经济和世界经济高度关联。开展国际工程顺应世界多极化、经济全球化、文化多样化、社会信息化的潮流，有利于发掘全球市场的潜力，促进投资和消费，创造需求和就业，维护全球自由贸易体系和开放型世界经济。2011 年中国对外承包工程业务完成营业额为 6862 亿元，2021 年达到 9996.2 亿元，对外承包工程业务新签合同额也由 2011 年的 9441 亿元增至 2021 年的 16676.8 亿元。其中，“一带一路”经济区中承包工程数目就突破 3000 个，2021 年中国企业在“一带一路”沿线国家对外承包工程业务完成营业额达到 896.8 亿元，对外承包工程业务新签合同额达到 1340.4 亿元。共建“一带一路”符合国际社会的根本利益，彰显人类社会共同理想和美好追求，是国际合作以及全球治理新模式的积极探索，将为世界和平发展增添新的正能量。

1.2.2 土木工程拉动相关产业

土木工程除了自身在国民经济中创造了重要的价值，还带动了众多的相关行业。据美国商业部计算：1 美元新工程创造的经济活动为 3.6132 美元；增加的家庭收入为 1.0915 美元；100 万美元新工程创造的就业岗位为 49.1 个。我国房地产行业的相关分析也显示：房地产业的产值每增加 1 个百分点，会促使相关产业的产值增加 1.5 个百分点；近年来，在我国每年的 GDP 增长率中，由房地产拉动的至少占 2 个百分点。由此可看出土木工程行业能创造可观的经济活动，带动产业链的发展。

土木工程与建材、冶金、机械、化工、电子、交通、环卫、电力、供水等 50 多个工业部门密切相关。特别对上下游相关行业的影响更加明显。例如玻璃和水泥制造行业，其70%左右的产品都用于土木工程，对土木工程的依存度相当高。图1-21显示了土木工程行业带动相关产业的比例。其他的行业都不可能有如此广泛和强烈的带动作用。

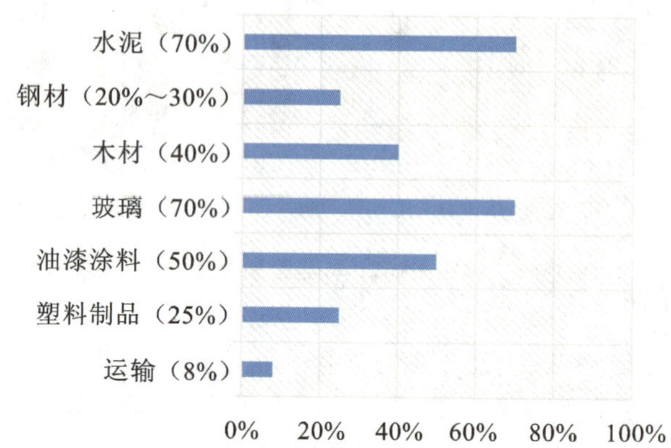

图1-21　土木工程行业带动相关产业的比例

1.2.3　土木工程带动就业

随着国家大规模基础设施建设和近期城乡一体化进程的加快，建筑业吸纳了大量劳动力，从业人数稳步增加，建筑业从业人数占全社会就业人数的比重也逐年递增。1980年建筑业从业人数648万人，约占全社会就业人数的1.5%；到2021年，建筑业从业人数达到5282.39万人，约占全社会就业人数的7%。由此可见，土木工程在带动就业特别是在解决农村剩余劳动力方面发挥了巨大的作用。

根据国家统计局网站公布的《2021年农民工监测调查报告》显示，2021年，全国农民工总量达到29251万人，比上年增长2.4%。在农民工中，从事制造业的农民工比重为27.1%，比上年下降0.2%；从事建筑业的农民工比重为19%，比上年增长0.7%；从事第三产业的农民工比重为50.9%，比上年下降0.6%。可见，建筑业对农村剩余劳动力的吸纳能力很强，为国民经济发展和增加农民收入做出了贡献。但是目前农民工平均年龄41.7岁，比上年提高0.3岁，已比2017年整整高出2岁；50岁以上农民工所占比重为27.3%，比上年提高0.9个百分点。建筑工人老龄化的问题也慢慢显现出来。

1.3　城市化进程中的先锋

1.3.1　何谓城市化

城市化，又名城镇化、都市化。由于城市和城镇概念相近，所以出现了“城市化”和“城镇化”两种译法，其实在英文中都是一个词(Urbanization)。中国城市与区域规划学界和地理学界于1982年在南京召开的“中国城镇化道路问题学术讨论会”上，明确指出城市化与城镇化为同义语，并建议以“城市化”替代“城镇化”，以避免误解。但现在使用“城镇化”的说法仍相当普遍，在短期内还难以统一，也无须强求统一，关键是要有一个正确的理解和认识，既不能把“城市化”片面理解为主要发展大中城市，也不能把“城镇化”片面理解为只发展小城镇。2001年公布的《中华人民共和国国民经济和社会发展第十个五年计划纲要》中首次提出：“要不失时机地实施城镇化战略”。为统一说法，我国公布的正式文件基本上都使用“城镇化”这一提法。2022年《“十四五”新型城镇化实施方案》中提出，要提升城市群一体化发展和都市圈同城化发展水平，促进大中小城市和小城镇协调发展，形成疏密有致、分工协作、功能完善的城镇化空间格局。由此可见，大中小城市和小城镇均有城市化需求，需提升大中城市功能品质，增强小城市发展活力，推进以县城为重要载体的城镇化建设，分类引导小城镇发展。

由于城市化研究的多学科性和城市化过程本身的复杂性，对城市化概念的界定，一直是众说纷纭。马克思指出："现代的历史是乡村城市化。"美国《世界城市》认为："城市化是一个过程，包括两个方面的变化。一是人口从乡村向城市运动，并在城市中从事非农工作；二是乡村生活方式向城市生活方式的转变，包括价值观、态度和行为等方面。第一方面强调人口的密度和经济职能，第二方面强调社会、心理和行为因素。实质上这两方面是互动的。"《城市规划基本术语标准》对城市化的定义是："人类生产与生活方式由农村型向城市型转化的历史过程，主要表现为农村人口转化为城市人口及城市不断发展完善的过程。"

无论从哪个角度来看，城市化内涵实质上包括几点：城市化是指以农业经济为主的传统乡村社会向以先进工业和服务业为主的现代城市社会逐步演进的复杂历史过程；是一个国家或地区实现人口集聚、财富集聚、技术集聚和服务集聚的过程；是一个生活居住方式转变、生产方式转变乃至整个经济社会变革的过程；同时也是城市影响、城市传播和城市带动的外向式的扩散过程。在此过程中，城市基础设施和公共服务设施不断提高，同时城市文化和城市价值观念成为主体，并不断向农村扩散。城市化不单纯是农民进城，或者简单的城乡人口结构的转化，更重要的，它意味着国民经济增长模式、国民生活形态和国民意识的重大转变，其实质是生产力进步所引起的人们的生产方式、生活方式以及价值观念的转变的过程。

1.3.2 先行一步的全球城市化

城市已有漫长的历史，但现代城市化却是工业革命的产物。英国是世界上第一个进行工业革命的国家，也是第一个完成城市化的国家。18 世纪下半叶，不列颠岛上的蒸汽机彻底改变了千百年来的生产模式和生活方式。工业革命所带来的大规模的机器使用，要求劳动要素必须相对集中，吸引了大量乡村人口向中心区域的迁移。到 1851 年，英国一半以上的人口生活在城市，成为世界上第一个城市化国家。到 20 世纪，约八成人口生活在城市，英国进入高度城市化社会。

城市化水平是衡量一个国家发达与否的重要标志，西方各国紧随英国进行工业化的同时，也不断推动着城市化发展。发达国家城市化演进过程均经历了两个阶段。第一个阶段是传统城市化时期，以向城市集中为特征。至 20 世纪中叶，西方国家经过 100 多年的发展，形成了多数人口聚集居住城市的格局，基本上实现了城市化。统计数据表明：1800 年，全世界的城市化率仅有 3%，到 1850 年达到 7%，1900 年为 15%，2000 年达到 48%，2018 年全球城市化平均水平为 55%。西方国家的城市人口占全部人口比例分别为：美国 82%；英国 83%；法国 80%；德国 77%；日本 91%。

经验表明：当城市人口超过总人口一半时，城市发展进入困难期。有限的城市空间开始饱和，"城市病"凸显（图 1-22），出现住宅紧缺、交通拥堵、社会治安等一系列问题，无形中增加了城市发展的额外成本，城市的规模成本逐渐大于规模效益，聚集经济变成了聚集不经济。于是 20 世纪 60 年代前后，西方国家逐步进入城市化的第二阶段，也就是以"分散化"为特征，以多中心格局和城乡统筹发展为主的新型城市化时期。相比城市拥挤、污染、混乱的环境，郊区开阔的空间和清新的空气吸引了居民迁移，加上公共交通的改善、私家车的普及等，也为大批居民迁往城市的郊区地带提供了可能。开始出现了居住在郊区，工作在中心城市，每天通勤上下班的格局。很多工商业企业经过权衡，也随之迁移。此时城市中心区域人口增长停滞，城市周边区域却不断扩增，形成卫星城式的居民区。于是，以大城市为中心的"都市圈"或"城市群"、"城市带"开始发展，出现了所谓"市郊化"以及后来的"超市郊化"现象，城市化发展转型。

图 1-22 "城市病"凸显

1.3.3 后来欲居上的中国城市化

中国是世界上城市发展最悠久的国家之一，但近一百多年来，中国城市发展进程缓慢，至 1949 年前，我国除上海等少数区域外，大多数地区都处在工业化的进程之外。新中国的成立开启了我国社会经济发展的新时期，也揭开了我国城市化进程的历史新篇章。新中国成立以来，我国城市化进程可分为以下几个阶段：

(1)1949—1957 年,城市化起步发展时期

1949 年,我国仅有 132 个城市,城市非农业人口 2740 万人,城市化水平(以城市非农业人口占总人口的比重计算)为 5.1%,只有少数的几个沿海城市具有自来水等市政公用设施。中华人民共和国成立后,在国民经济恢复和“一五”建设时期,随着 156 项重点工程建设的开展,出现了一批新兴的工矿业城市,如平顶山、石嘴山、乌海、克拉玛依、包头、白银等。与此同时,对一批老城市还进行了扩建和改造,如武汉、成都、太原、西安、洛阳、兰州等。到 1957 年末,我国的城市数量发展到 176 个,城市非农业人口占总人口的比重上升到 8.4%。

(2)1958—1965 年,城市化的不稳定发展时期

全国城市数量由 1957 年的 176 个增加到 1961 年的 208 个;城市人口由 5412 万增长到 6906 万,增长了 28%;城市非农业人口所占比重由 8.4%上升到 10.5%。但从 1962 年开始,陆续撤销了一大批城市,到 1965 年底,只剩下 168 个,比 1961 年减少了 40 个。与此同时,由于城市社会经济出现萎缩,致使城市人口出现负增长,城市化水平也由 1961 年的 10.5%减少到 1965 年的 9.2%。

(3)1966—1978 年,城市化停滞发展时期

在这 13 年期间,城市只增加了 25 个,城市非农业人口长期停滞在 6000 万～7000 万人,城市化水平在 8.5%上下徘徊。

(4)1978 至今,城市化的稳定快速发展时期

改革开放政策实施以后,无论是城市还是农村,社会经济各项事业有了新的活力,人口从农村向城市的流动呈现出一种突然爆发的局面,中国的城市化由被压制转为松动和放开,城市化进程明显加快。其间乡镇企业的崛起、经济开发区的建设、城市体制改革等举措都极大促进了城市化的发展,到 1998 年,城市化率达到 30.42%,建制市达到 668 个。

进入 21 世纪以后,经济全球化趋势的加强、新型工业化的推进、信息革命的迅猛发展使产业集群日益突出,我国初步形成城乡一体化格局。城市发展在国民经济中占据越来越重要的地位,全国工业总产出的 50%、国内生产总值的 70%、国家税收的 80%、第三产业增加值的 85%、高等教育和科研力量的 90%都集中在城市。

目前,我国城市化发展格局日趋合理,形成了以大城市为中心、中小城市为骨干、小城镇为基础的多层次的城市规模体系和“三纵两横”的城市网络式空间格局。我国超大型、特大型城市现有 32 个,其中东部 16 个,西部 6 个,中部 10 个,基本覆盖全国。在珠江三角洲地区建立了以广州、深圳为核心的城市群,在此基础上,加上香港、澳门特别行政区形成了粤港澳大湾区,在长江三角洲地区建立以上海、南京、杭州为核心的城市群,在环渤海地区建立以北京、天津为核心的城市群,在长江上游地区建立以成都、重庆为核心的成渝城市群,形成了具有国际竞争力的中国高地。不少城市的建设质量和发展水平也得到了世界的肯定,如成都、沈阳、大连、日照、宝鸡等城市分别获得联合国人居奖。珠海、深圳、昆明、绵阳等一批城市因人居环境改善被联合国人居中心评定为最佳范例。许多经济发达的城市,以其方便、舒适、实用和高效跻身世界现代化城市之列。

1.3.4 城市化进程需土木工程先行

21 世纪是城市化的世纪。诺贝尔经济学奖得主斯蒂格利茨曾断言:“本世纪影响世界发展的最大两件事,一是美国高科技产业,二是中国的城市化。”

《国家新型城镇化规划(2014—2020 年)》中指出,内需是我国经济发展的根本动力,而扩大内需的最大潜在动力在于城镇化,城镇化还是加快产业结构转型升级的重要抓手,是推动区域协调发展的有力支撑,是促进社会全面进步的必然要求。2016 年国务院印发的《国务院关于深入推进新型城镇化建设的若干意见》指出,新型城镇化是现代化的必由之路,是最大的内需潜力所在,是经济发展的重要动力,也是一项重要的民生工程,要总结推广各地区行之有效的经验,深入推进新型城镇化建设,充分释放新型城镇化蕴藏的巨大内需潜力,为经济持续健康发展提供持久强劲动力。未来的城市化虽然将不再是钢筋水泥式的发展,但市政民

生的基础设施却必须建设，如城市道路管网、智能交通、垃圾及污水处理设施，以及服务业的发展，还有城市景观保护与营造，智慧城市、网络城市的建设，都需要土木工程的作为。

目前，我国城镇基础设施还相对落后，堵车几乎成了我国大中城市的通病，首都成为"首堵"；一场暴雨，会使北京等城市发生严重的内涝。图 1-23～图 1-25 显示我国在公路、铁路、供气等方面与发达国家的差距。德国、英国等国家的经验显示：即使城市化高于 60%时，城市轨道交通仍在较快发展。我国的城镇住宅状况也差强人意，有 22%住宅为 1989 年以前建造，26%住宅没有独立抽水式厕所，仅 35%住宅为钢筋混凝土结构（表 1-1～表 1-3）。由此可见土木工程任务艰巨。

另一方面，未来的城市发展将走绿色低碳之路。2022 年住房和城乡建设部印发的《"十四五"建筑节能与绿色建筑发展规划》中明确指出，到 2025 年，城镇新建建筑全面建成绿色建筑，建筑能源利用效率稳步提升，建筑用能结构逐步优化，建筑能耗和碳排放增长趋势得到有效控制，基本形成绿色、低碳、循环的建设发展方式，为城乡建设领域 2030 年前"碳达峰"奠定坚实基础。因此带动了一些新型产业快速发展，例如建筑废弃物处理与资源化利用。随着国家城镇化进程和市政基础设施建设的快速推进，伴随着旧住宅区和厂区改造、城中村拆除改造等，建筑废弃物的产量日益增加。据统计，截至 2021 年，我国建筑废弃物产生量达到 32.09 亿吨，同比增长 5.6%。相应地，建筑废弃物处理与资源化利用系统解决方案市场的总收入也经历了快速增长，总收入由 2016 年的 32 亿元增加至 2021 年的 66 亿元。

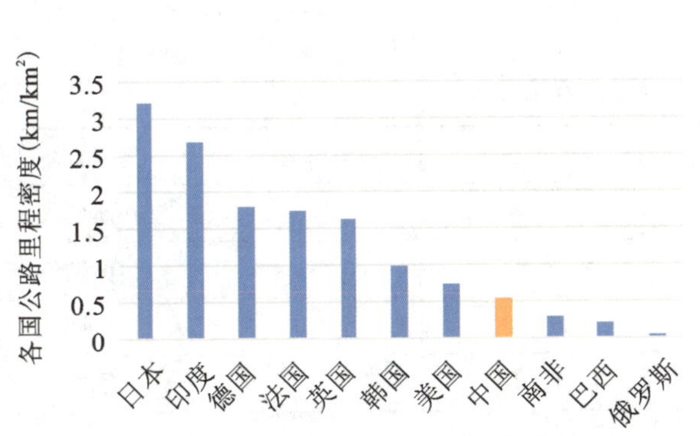

图 1-23　中国公路密度与其他国家比较(2021)

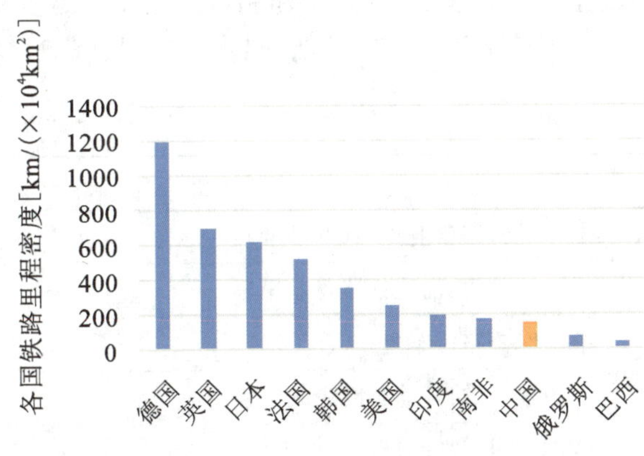

图 1-24　中国铁路密度与其他国家比较(2020)

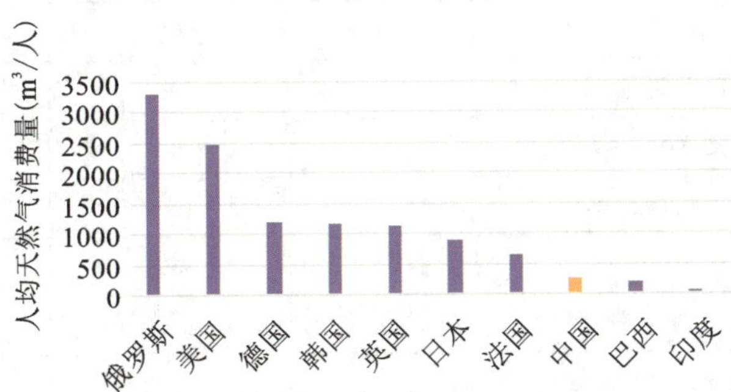

图 1-25　2020 年各国人均天然气消费量

表 1-1　我国城镇住房建成年代分布

	1989 年以前	1990—1999 年	2000 年以后	总计
城市	20%	35%	45%	100%
乡镇	24%	35%	41%	100%
城镇	22%	35%	43%	100%

表 1-2 我国城镇住房设施概况

	同时拥有厨房和厕所	有独立厨房	有独立抽水式厕所	有洗澡设施
城市	88%	91%	80%	85%
乡镇	71%	85%	60%	72%
城镇	80%	88%	74%	80%

表 1-3 我国城镇住房建筑结构分布

	钢筋混凝土	砖混	砖木	其他	合计
城市	41%	47%	10%	2%	100%
乡镇	25%	44%	27%	4%	100%
城镇	35%	46%	17%	2%	100%

2011 年中国常住人口城市化率超过了 50%，2018 年达到 59.58%，2020 年已经达到 63.9%。中国城市化达到了聚集阶段的高峰，基建和地产建设还是重头戏。政府投资将会持续，以改善民生，促进城市化的升级。表 1-4 显示了“十四五”期间各领域的投资规划。

表 1-4 “十四五”基建投资规划(万亿元)

类别	指标	2020 年	2025 年①	属性
设施网络	1. 铁路营业里程(万千米)	14.6	16.5	预期性
	其中:高速铁路营业里程	3.8	5	预期性
	2. 公路通车里程(万千米)	519.8	550	预期性
	其中:高速公路建成里程	16.1	19	预期性
	3. 内河高等级航道里程(万千米)	1.61	1.85	预期性
	4. 民用运输机场数(个)	241	>270	预期性
	5. 城市轨道交通②运营里程(千米)	6600	10000	预期性
衔接融合	6. 沿海港口重要港区铁路进港率(%)	59.5	>70	预期性
	7. 枢纽机场轨道交通接入率③(%)	68	80	预期性
	8. 集装箱铁水联运量年均增长率(%)	—	15	预期性
	9. 建制村快递服务通达率(%)	50	>90	预期性
智能绿色	10. 重点领域④北斗系统应用率(%)	≥60	>95	预期性
	11. 城市新能源公交车辆占比⑤(%)	66.2	72	预期性
	12. 交通运输二氧化碳排放强度⑥下降率(%)	—	〔5〕	预期性
安全可靠	13. 道路运输较大及以上等级行车事故万车死亡人数下降率(%)	—	〔12〕	约束性
	14. 民航运输飞行百万小时重大及以上事故率(次/百万小时)	0	〔<0.11〕	约束性
	15. 铁路交通事故十亿吨千米死亡率(人/十亿吨千米)	0.17	<0.3	约束性

注:①〔〕内为 5 年累计数。②是指纳入国家批准的城市轨道交通建设规划中的大中运量城市轨道交通项目。③是指国际枢纽机场和区域枢纽机场中连通轨道交通的机场数量占比。④是指重点营运车辆、邮政快递自有干线运输车辆、应安装具备卫星定位功能船载设备的客船及危险品船等。⑤是指新能源公交车辆占所有地面公交车辆的比重。⑥是指按单位运输周转量计算的二氧化碳排放。

随着我国城市化进程的加快与升级，新型都市圈的兴起，区域发展战略的实施，给土木工程的发展带来了蓬勃生机。高度城市化的社会建设，不可能一蹴而就，需要相当长一段时间的努力，这无疑是土木工程专业毕业生的福音，既有前途，又有“钱途”，还能有所建树。为此作为一名土木工程专业的学生，应该把握好新机遇，迎接好新挑战，发挥专业优势，投身到城市综合开发与土木工程建设的大潮中，努力开创中国特色城市化发展新局面。

2 恢宏浩大的土木工程设施

土木工程源于修造房屋，满足人们的居住之需，起遮风避雨、消暑防冻之功效。房以土为基，屋以木做构，凡建房屋者，必选黄道吉日动土伐木，故称之为土木。随着人类文明的进步，生产、生活水平不断提高，土木工程的领域逐渐扩大，已远非狭义之挖土为基和构木为巢，从古之遗物如埃及金字塔、四川都江堰、河北赵州桥、陕西大雁塔、北京故宫、京杭大运河等，可窥一斑。

现代土木工程的范围很广，包含建筑工程、桥梁工程、道路工程、轨道工程、岩土工程、水利工程、港口海洋工程、水暖工程、特种结构工程和民航机场工程等。一个工程项目投资少则数百万元、多则上千亿元，工期可长达数年甚至十几年。例如港珠澳大桥 2009 年 12 月 15 日动工建设，2018 年 2 月 6 日完成主体工程验收，同年 10 月 24 日开通运营，总投资 1269 亿元；再例如南水北调东、中线工程一期，历时 11 年，总投资近 2600 亿元；北京大兴国际机场的建设周期为 5 年，总造价约 4500 亿元，为 4F 级国际机场、世界级航空枢纽，可满足年旅客吞吐量 7200 万人次、货邮吞吐量 200 万吨、飞机起降量 62 万架次的使用需求。

本章介绍主要的土木工程设施，以彰显其恢宏浩大。

2.1 广厦千万间——建筑工程

> **安得广厦千万间，大庇天下寒士俱欢颜，风雨不动安如山。**
>
> ——【唐】杜甫

建筑工程过去称为工业与民用建筑（即工民建），它是对兴建房屋过程中规划、勘察、设计、施工的总称，其最终成果就是建成满足使用功能要求的房屋。建筑行业历史悠久，陕西省西安半坡村遗址和浙江省余姚河姆渡遗址都发现了数千年前的建筑遗迹。古之建筑技术师徒相传，一代又一代，尊春秋时期鲁国工匠鲁班①为祖师。近、现代建筑在科学理论指导下，采用新材料，融入了新技术、新工艺，不断创造奇迹、刷新纪录。中国建筑行业最高奖项为“鲁班金像奖”，奖项以鲁班命名，体现两千多年的历史传承绵延不绝。

2.1.1 上栋下宇说组成

建筑从上到下一般由屋顶、楼梯、楼面、墙或柱、基础和门窗等几大部分所组成，其基本组成部件，称为构件。比如人们十分熟悉的梁、柱、楼板等，均属于建筑构件。若构件仅承受自身重量（重力），而不承担其他外力，则这种构件称为自承重构件，如门窗等；如果构件除承受自身重量以外，还要承担别的外力作用，则称为承重构件，如梁、柱等构件。

传统民用房屋的脊梁（脊檩）或正梁称为栋，檐口梁或檐檩称为宇，故曰上栋下宇。栋梁之材需选上等材，方能保证安全，上梁正，下梁才可能不歪。因此平常所说的栋梁之材，就是指国之重要人才。

2.1.1.1 屋顶形式

屋顶是建筑的普遍构成元素之一，是房屋顶层覆盖的外围护结构，其功能是用于抵御自然界的风霜雨

① 鲁班，公输氏，名般，般与班同音，又叫公输班，因为是鲁国人，故称之为鲁班。鲁班生于鲁定公三年（公元前 507 年），曾创造攻城的云梯和磨粉的磨子，又曾发明木作工具，被建筑工匠尊称为“祖师爷”。

雪、太阳辐射、气温变化以及其他不利因素。屋顶有平顶、坡顶、壳体、折板等形式。干旱地区房屋多用平顶，湿润地区多用坡顶，多雨、多雪地区屋顶坡度较大。

传统建筑屋顶形式有庑殿屋顶、歇山屋顶、悬山屋顶、硬山屋顶和攒尖屋顶，还有关中一带特有的半边屋顶。

(1) 庑殿屋顶

庑殿由四个倾斜的屋面、一条正脊(平脊)和四条斜脊组成，又称五脊殿。屋角和屋檐向上翘起，屋面略呈弯曲形，为四坡屋顶，可分为单檐和重檐两种。屋檐宽深庄重，气势宏伟浩大，最尊贵，故为帝王所专用。图 2-1(a)所示为北京故宫太和殿，屋顶为重檐庑殿。

(2) 歇山屋顶

歇山由四个倾斜的屋面、一条正脊、四条垂脊、四条戗脊(垂脊下端处转折的一条)和两侧倾斜屋面上部转折成垂直的三角形墙面(称为“山花”)组成，形成两坡和四坡屋顶的混合形式。歇山屋顶比较尊贵、大气，多用于城楼、庙堂。图 2-1(b)所示为北京天安门城楼，重檐歇山屋顶。

(a) 庑殿屋顶

(b) 歇山屋顶

图 2-1 多坡屋顶

(3) 悬山屋顶

悬山屋顶属于双坡屋面，广泛为民间所采用，其特点是屋面两侧伸出山墙外，如图 2-2(a)所示。山墙就是房屋端部的外墙。

(4) 硬山屋顶

硬山屋顶也属于双坡屋面，亦广泛为民间所采用，其特点是两侧山墙同屋面齐平或略高于屋面，如图 2-2(b)所示。

(a) 悬山屋顶

(b) 硬山屋顶

图 2-2 双坡屋顶

(5) 攒尖屋顶

所谓攒尖屋顶，就是平面为圆形、方形或其他正多边形的建筑物上的锥形屋顶。例如北京天坛祈年殿为

图 2-3 北京天坛祈年殿

三重檐圆形大殿攒尖屋顶(图 2-3),初建于明朝永乐年间,始为方形,嘉靖时期改为圆形平面,以象征天,光绪十五年毁于雷火,后原样重建,此乃皇帝每年正月祈谷之场所。殿内共 28 根金丝楠木大柱象征天上二十八星宿,其中央四柱代表春、夏、秋、冬四季,中间一圈十二柱代表十二个月,外周十二柱代表十二个时辰。

现代建筑的屋面分为不上人屋面与上人屋面。其中不上人屋面可以是平屋顶,也可以是坡屋顶;而上人屋面则采用平屋顶。坡屋顶(图 2-4)排水方便,不容易积雪。但平屋顶使用上更灵活,比如上人屋面(图 2-5)可观景、休闲,设置屋顶花园能改善小环境,屋顶运动场可供人们运动健身。

(a)

(b)

图 2-4 现代坡屋顶

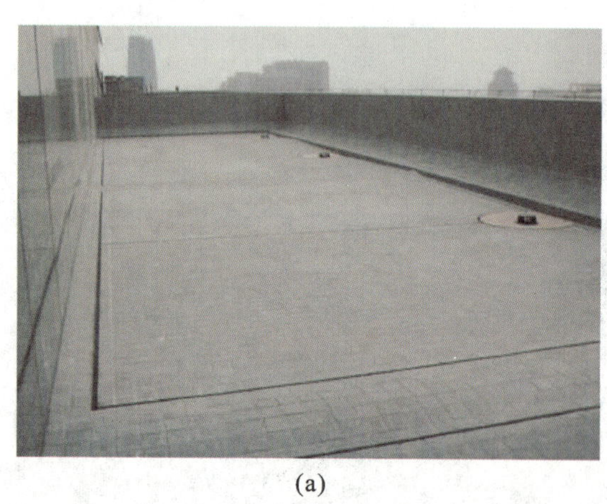

(a)

(b)

图 2-5 现代上人屋面

2.1.1.2 楼地面和楼梯

楼面指楼板层,主要构件是梁和楼板,如图 2-6 所示。梁和板是水平构件,除承受自身重量外,还要承受楼面上装修材料、人和家具等的重量。同时,楼面梁和板竖向分隔建筑物内部空间,并为墙体提供水平支撑。

地面是指建筑底层的地坪,属于底层房屋使用面积,可能是直接回填土后铺筑混凝土形成,也可能是采用架空地板,但都应具有防潮、坚固、易清洁等性能。

楼梯是建筑物的垂直交通工具，作为人们上下楼层的通道，具有疏散功能，也是紧急情况（火灾、地震）时的逃生通道。所以，楼梯应具有足够的通行能力，并做到坚固和安全。

根据房屋层数不同，可分为单层建筑（仅 1 层）、多层建筑（2～9 层）和高层建筑（10 层及以上）。多、高层建筑除设置楼梯以外，通常还设置电梯；大型商场、超市等公共建筑，往往还设置自动扶梯，以方便顾客上下和货物垂直方向流动。

图 2-6 建筑的骨架

2.1.1.3 墙和柱

墙是建筑物的竖向承重构件和围护、分隔构件。作为承重构件，墙体承受屋顶或楼板层传来的竖向压力，承受垂直于墙面的风力；作为围护构件的外墙，同时还要抵御自然界各种因素对室内的侵袭；内墙主要起分隔空间及保证环境舒适的作用。墙有许多分类方式，按照材料来分类，有砖墙、砌块墙、石材墙、板材墙；按所设位置分类则有外墙和内墙、横墙和纵墙，其中外横墙位于房屋端部，又称为山墙；按照受力情况不同，可分为承重墙和自承重墙，其中承重墙起承重和围护作用，自承重墙起围护和分隔作用。

柱是房屋的竖向承重构件，支撑梁或楼面（屋顶），承担竖向压力、水平风力和地震作用，是建筑骨架的组成部分，如图 2-6 所示。

2.1.1.4 门和窗

门与窗均属自承重构件，也称为建筑配件。门的主要作用为供人们出入和分隔房间，窗主要起通风、采光、分隔、眺望等作用。值得注意的是，处于外墙上的门、窗，又是围护构件的一部分，应满足防水和热工方面的要求。

2.1.1.5 基础

支承基础的土体或岩体称为地基。任何建筑物或构筑物都是建造在地层上的，地基是地层的一部分。地基包括岩石地基和土层地基两类。凡是未经人工处理就能满足设计要求的地基，称为天然地基；如地基软弱，则需要经过人工加固处理，才能满足设计要求，这样的地基称为人工地基。很明显，人工地基的施工成本高于天然地基。

将房屋上部所承受的各种作用传递到地基上的结构组成部分称为基础。基础是建筑的最下部分，通常位于地面以下。基础的作用是承上启下，即承担上部压力，并将上部压力和自身重量传递给地基。基础底面直接与地基接触，它们之间的作用与反作用称为基底压力。因地基的抗压能力较低，故基础底面尺寸要加以扩大，以减小基底压力，保证地基安全。

基础底面到地面的距离称为基础的埋置深度。根据埋置深度的不同，可将基础分为浅基础和深基础两类。通常把埋置深度小于或相当于其底面宽度的基础，称为浅基础；而对于浅层土质不良、需要利用深处良好地层，采用专门施工方法和机具建造的基础，称为深基础。图 2-7(a)所示的柱下单独基础为浅基础，而图 2-7(b)所示的桩基础则为深基础。高层建筑还可以采用筏形基础、箱形基础，地基条件较差的超高层建筑一般采用桩筏基础、桩箱基础。

古代建筑以木结构为主，不能像今天的钢筋混凝土结构那样，将承重柱埋于地面以下。木柱若埋于土中或与土直接接触，会因为潮气作用而致腐朽，影响耐久性。因此，在地基和木柱之间通常都要设置露出地面的石础（或石磉、础石、磉墩），如图 2-8 所示，它承受柱的压力，并将压力传给地基。凡木架结构房屋，可谓是柱柱皆有础，缺一不可。石础的另一作用是使柱脚与地坪隔离，从而可以防腐，提高结构的耐久性。

(a) 浅基础:柱下单独基础

(b)深基础: 桩基础

图 2-7 典型的基础形式

图 2-8 木柱下石基础

2.1.2 材料不同分类型

由梁(板)、柱(墙)和基础等主要承重构件组成的房屋骨架,称为建筑结构。根据建造时所采用的主要材料不同,建筑结构可分为木结构、砌体结构、混凝土结构、钢结构和组合结构五大类。

2.1.2.1 木结构

木结构是以木材为主制作的结构,是一种古老的建筑结构。考古发现,六千年前的房屋已有木制梁、柱榫卯接合。因木材易腐、易被虫蛀,且容易着火,故留存至今的木结构较少。偶可见唐宋遗物,如山西五台山佛光寺大殿,山西应县木塔[图 1-3(a)];明清遗物较多,以北京故宫建筑群为代表。留存下来的木结构无不显示出宏伟、壮丽的景观。

秦汉时期木结构的恢宏,唐人杜牧在《阿房宫赋》中发挥了超强的想象。“六王毕,四海一;蜀山兀,阿房出。覆压三百余里,隔离天日。骊山北构而西折,直走咸阳……”画家根据赋文描写,想象出了图样,如图2-9所示。史传阿房宫开始建造时间为公元前 212 年,经秦始皇嬴政和二世胡亥,后被项羽火焚。近年考古工作者在阿房宫遗址探察,并未发现任何木材灰烬和屋盖瓦砾,只有强大的夯土台基存在,推测阿房宫还未来得及修筑地面建筑,秦朝已亡,项羽烧毁阿房宫并无实证。

图 2-9 阿房宫想象图

目前国内木结构民居(图 2-10)中,老建筑较多,新建筑较少。这种结构通常为单层、二层或三层,梁、柱、楼板均为木材制作,墙体为砖或木板,或板条抹灰。过去有钱人家的梁、柱、楼板一般都要上油漆,形成所谓的“朱门”，耐久性较好；贫困人家不刷油漆，保持木质本色，称为“白屋”，其耐久性稍差。屋面为小青瓦，属于轻型屋盖。

(a)

(b)

图 2-10 木结构民居

由于受自然条件的限制和曾经人为大量砍伐的破坏，致使我国木材资源缺乏，木材使用受到国家的严格限制；还由于耕地红线的制约，用地紧张，城市区域、乡镇居民点等已不再修建木结构房屋。目前仅在山区、林区和部分农村地区建房，才采用木结构。

加拿大和一些欧洲国家，地广人稀，木材资源比较丰富。一些开发商开发出了装配式木结构楼房(图 2-11)。它采用所有构件工厂制作、现场安装的施工工艺，可以修到 5～6 层。科学技术的进步，使古老的木结构焕发出了青春。

(a)

(b)

图 2-11 装配式木结构楼房

2.1.2.2 砌体结构

由砖、石、混凝土砌块等块体材料和砂浆经砌筑而成的结构，称为砌体结构。砌体结构大量用于居住建筑(住宅)和一般民用房屋(办公楼、商店、宾馆、医院、教学楼等)，其中以砖砌体的应用最为广泛。图 2-12 所示为施工中的砖砌体结构，主要靠人工操作。

秦砖汉瓦开启了砌体结构的辉煌历史，所以砌体结构是古老的建筑结构之一。

河北正定县开元寺塔，于 1055 年建成。该塔平面为八边形，底部边长 9.8 m，采用砖砌双层筒体结构体系，共 11 层，总高 84.2 m，是当时世界上最高的砌体结构。

建造于 14 世纪初的南京灵谷寺无梁殿，以砖砌拱券为主体结构。室内空间为一大型砖拱，总长 53.5 m，总宽 37.35 m，纵横两个方向均为砖砌穹拱，无一根梁，故名无梁殿。中列最大跨度 11.25 m，净高 11.4 m；前后列跨度 5 m，净高 7.4 m；与列正交的小洞跨度 3.85 m，净高 5.9 m；外部出檐、斗拱、檩、枋等均以砖石仿造木构件制作。

图 2-12 施工中的砖砌体结构

万神殿又称万神庙，位于意大利罗马，是古罗马早期穹顶技术的代表作。其跨度达到 43.5 m，圆顶净高离地也是 43.5 m，穹顶中央有直径约 9 m 的圆形采光口，正面有一个柱式门廊，如图 2-13 所示。它是建筑史上最早、最大的大跨度砌体结构，其跨度直到 19 世纪末才被突破。万神殿原为神庙，7 世纪后改为基督教堂。

(a)

(b)

图 2-13 罗马万神殿

建于 532—537 年间的圣索菲亚大教堂[图 1-2(d)]，位于土耳其伊斯坦布尔，东西方向长 77 m，南北方向长 71.7 m，正中是直径 32.6 m 的穹顶，全部用砖砌成，穹顶高 50 多米。圣索菲亚大教堂原为拜占庭帝国东正教的宫廷教堂，15 世纪后在周围加建光塔，改为清真寺，1935 年改为博物馆。

2.1.2.3 混凝土结构

混凝土结构属于现代结构类型，仅有百余年的历史。混凝土结构包括素混凝土结构、钢筋混凝土结构和预应力混凝土结构。所谓素混凝土结构，就是不配置受力钢筋的混凝土结构；钢筋混凝土结构则是配置普通受力钢筋的混凝土结构；预应力混凝土结构是指配置受力的预应力筋，通过张拉或其他方法建立预加应力的混凝土结构。

钢筋混凝土结构房屋的板、梁、墙、柱等承重构件，大多是由钢筋混凝土制作而成。这种结构广泛应用于工业与民用建筑，是目前的主流建筑结构形式，其类型有排架结构、框架结构、剪力墙结构、筒体结构等。

(1) 排架结构

混凝土排架结构可以形成很大的建筑空间，多用于单层工业厂房。其结构体系由排架柱、屋架或屋面大梁、基础、各种支撑等组成。其中排架柱为预制钢筋混凝土构件，屋架或屋面大梁通常为预制预应力混凝土构件，大型屋面板也为预制预应力混凝土板；基础为现浇钢筋混凝土杯形基础。图 2-14 所示为施工中的单层厂房排架结构，图中可见吊装就位后的排架柱，其余构件还未安装。

图 2-14 单层厂房排架施工现场

(2) 框架结构

框架结构为水平构件(梁)和竖向构件(柱)整体连接成刚架,柱脚固定于基础,如图 2-6 所示。框架结构要承受楼盖(屋盖)传来的竖向压力,也要承受水平风力、水平地震作用。钢筋混凝土框架结构通常是采用整体现浇的方法建造,整体性和抵抗变形的能力都较好。内外墙只起围护和分隔作用,属于自承重构件。

(3) 剪力墙结构

结构中布置的钢筋混凝土墙体具有较大的承受水平剪力的能力,这种墙体称为剪力墙。

利用剪力墙承担竖向力、水平风力和水平地震作用的结构称为剪力墙结构,如图 2-15 所示。剪力墙具有双重功能,既是承重构件,又是分隔、围护构件。剪力墙的空间整体性强,水平方向的变形小,有利于抗震,故又称为抗震墙。剪力墙结构的适用范围很广,常见于十几层到三十几层的高层建筑,更高的高层建筑也适用。非抗震设计时,可建造的高度为 130～150 m。

(4) 筒体结构

筒体结构是一种空间筒状结构,整体性强,抵抗水平作用的能力很大,适合于修建超高层建筑(高度超过 100 m)。筒体的形成方式有三种,一是由剪力墙围成实腹筒,二是由密柱深梁围成框筒,三是四周由桁架围成桁架筒。

钢筋混凝土筒体结构有如下形式:框架和实腹筒组成框架-核心筒体系,实腹筒和框筒组成筒中筒体系,框筒和(或)桁架筒组成束筒体系。

图 2-15 钢筋混凝土剪力墙结构

2.1.2.4 钢结构

金属材料在古代比较稀少,主要用于制作兵器、农具、炊具,其次用于建造铁塔、重要铁链桥等。具有数百年历史的武当山金殿,由铜构件制成,在其中一个构件中镶嵌了一小块金砖。当时的钢产量很低,人们都"恨铁不成钢",没有条件建造钢结构房屋。

钢铁应用于建筑结构是 1883 年,美国建成芝加哥家庭保险公司大楼,地面 10 层、地下 1 层,共 11 层,采用钢梁铁柱以降低造价,如图 2-16 所示。钢结构的应用不过百余年,属于现代结构类型。我国于 1927 年建成沈阳皇姑屯机车厂钢结构厂房,1931 年广州中山纪念堂采用钢结构圆形屋顶。

进入 21 世纪以后,中国的国民经济显著增长,国力明显增强,成为钢产量大国,在建筑中提出了要"积

图 2-16 钢梁铁柱大楼

极、合理地用钢”，从此甩掉了“限制用钢”的束缚，钢结构建筑在经济发达地区逐渐增多。特别是2008年北京奥运会前后，出现了钢结构建筑热潮，先后建成了一大批钢结构场馆、机场、车站和高层建筑，一些钢结构建筑在制作安装技术方面达到世界一流水平，如奥运会国家体育场等建筑。

现代钢结构是指以钢材为主制作的结构，而楼板可以采用压型钢板，也可以采用钢筋混凝土。根据所用钢材截面尺寸的大小，钢结构可分为轻钢结构和普通钢结构两种，如图2-17所示。轻钢结构采用圆钢和小角钢(小于∟45×4和∟56×36×4)制作水平和竖向构件[图2-17(a)]，其特点是材质均匀，自重轻，用钢省。普通钢结构采用普通型钢、普通钢板制作梁、柱等主要承重构件[图2-17(b)]。

钢结构的优点在于材质均匀，强度高，构件截面尺寸小、重量轻，塑性和延性好，可焊性好，制造工艺简单、便于机械化施工，无污染、可再生。钢结构不仅适合于单层厂房，而且在多层、高层，特别是高度超过100 m的超高层建筑中，具有巨大的优势；同时钢结构的跨越能力远远大于钢筋混凝土结构，故在大跨度结构中更是独占首位。

(a) 轻钢结构

(b) 普通钢结构

图 2-17 轻钢结构和普通钢结构

图 2-18 纽约世界贸易中心塔楼起火

然而，钢结构的缺点也不容忽视，那就是钢材易腐蚀、维护成本高，耐火性较差，且造价较高。

纽约世界贸易中心倒塌导致大量人员伤亡即为钢结构耐火性差所导致的悲剧。“9·11恐怖袭击事件”发生于美国东部时间2001年9月11日上午(北京时间为晚上)，恐怖分子劫持飞机撞击纽约世界贸易中心(双子塔)，引起火灾，如图2-18所示。由于钢结构不耐火，达到一定温度时，钢材迅速软化，两幢110层钢结构塔楼相继倒塌。因为从撞击起火到倒塌的时间短，楼房高，楼内人员多数来不及逃生，导致3021人遇难，6291人受伤，楼房倒塌后仅救出3名幸存者，损失相当惨重！

2.1.2.5 组合结构

由两种或两种以上材料制作的结构称为组合结构。主要有如下几种形式：

(1) 砖木结构：老式多层砌体房屋多采用砖木结构。砖木结构常以砖墙、砖柱作为竖向承重构件，木梁、木楼板作为水平承重构件，再配上瓦屋盖。

(2) 砖混结构:现代多层砌体房屋一般采用砖混结构。砖混结构常以砖墙、砖柱作为竖向承重构件,钢筋混凝土作为水平承重构件(钢筋混凝土梁、钢筋混凝土楼板、钢筋混凝土屋盖)。

(3) 钢-钢筋混凝土组合结构:超高层建筑中的组合结构一般是由钢-钢筋混凝土组合而成,由钢框架或钢骨混凝土框架与钢筋混凝土筒体结构所组成的结构体系共同承受竖向作用和水平作用。上海金茂大厦、上海环球金融中心、台北 101 大楼,其结构形式都是钢-钢筋混凝土组合结构。

2.1.3 空间结构大跨越

具有空间形体,且在 x、y、z 三个方向受力、传力的结构,称为空间结构。结构相邻两支点间的水平距离,称为跨度。空间结构的跨度可达几十米到数百米,跨越能力远远大于排架、框架等平面结构,所以空间结构又称为大跨度结构。

体育场馆、影视剧院、会展中心等建筑,需要较大的空间,这种需求促进了空间结构的发展。空间结构可分为薄壳结构、网格结构、空间桁架结构、张拉结构等类型。

2.1.3.1 薄壳结构

图 2-13 所示的罗马万神殿,砖石穹顶是早期的空间结构。砖石穹顶较厚,自重大,跨越能力受到限制。钢筋混凝土出现后,大大减小了穹顶的厚度,形成薄壳,减轻了自重,提高了跨越能力。所谓薄壳结构,就是曲面的薄壁结构,大都采用钢筋混凝土建造。

(1) 罗马小体育馆

意大利罗马小体育馆,1957 年建成,如图 2-19 所示。屋顶是混凝土网格型薄壳结构,圆顶直径 60 m,由 1620 个钢筋混凝土预制菱形构件联合而成,最薄处仅 25 mm。采用 36 根外露的叉形斜柱将巨大的球形壳托起,外观不管是俯视或仰视都像一朵盛开的葵花。整个结构清晰、明快,具有很好的美学效果。

图 2-19 意大利罗马小体育馆

(2) 巴黎工业与技术展览中心

法国巴黎工业与技术展览中心为世界上跨度最大的钢筋混凝土公共建筑,1959 年建成,如图 2-20 所示。屋盖为钢筋混凝土装配整体式薄壳结构,其薄壳平面呈三角形,每边长 219 m(720 英尺,即跨度),壳顶离地高度为 46 m。双层波形拱壳支承在 3 个角部墩座上,墩座与预应力拉杆相连。上、下两层壳面的厚度仅 64 mm,相隔 1.8 m,中间由间距为 9 m 的竖向板相连,折算壳面总厚度只有 180 mm,厚跨比为 1:1200,远远小于鸡蛋壳的厚度与长度的比(1:100)。该建筑造型新颖,充分说明混凝土壳体结构的优越性。该建筑是把结构、材料、自然力融为一体的杰作,在结构计算和施工方面都有大胆的创新,是世界建筑领域的一大进步。

(3) 悉尼歌剧院

澳大利亚悉尼歌剧院位于悉尼港,1973 年建成使用,外观由三组巨大的壳片组成,且三面临水,如图 2-21所示。建筑长 183 m,宽 118 m,高 67 m。外部造型已无墙柱的概念,贝壳形屋顶下方是结合剧院和厅室的综合建筑。

图 2-20　法国巴黎工业与技术展览中心

图 2-21　澳大利亚悉尼歌剧院

悉尼歌剧院的外部造型与内部功能无直接联系，内部的形状由吊在钢筋混凝土壳上的钢桁架决定。该建筑的结构受力相当复杂，为计算方便，将所有壳体设计成同样的曲率，如同从一个直径为 75 m 的大圆上切取下来的一样。但就是这样仍使计算和施工困难重重，最终是以 Y 形、T 形的钢筋混凝土肋骨拼接成三角形壳瓣，才使设计和施工得以进行。由于结构的复杂和施工的困难，使该建筑的工期长达 17 年，造价超过预算的十几倍。

悉尼歌剧院是 20 世纪最具特色的建筑之一，是悉尼市的标志性建筑，2007 年被联合国教科文组织评为世界文化遗产。

由于混凝土壳体施工复杂，且开裂问题不易解决，现在较少采用，取而代之的是大跨度钢结构。

2.1.3.2　网格结构

若干杆件按照某种有规律的几何图形通过节点连接起来的钢结构，称为网格结构。杆件通常采用圆钢管，偶尔也采用方钢管。平板形网格结构称为网架结构；曲面形网格结构称为网壳结构。图 2-22 所示为四川大学体育馆，其中图(a)为江安校区体育馆，采用网架结构，图(b)为望江校区体育馆，采用网壳结构。

(a) 四川大学江安校区体育馆

(b) 四川大学望江校区体育馆

图 2-22　网格结构

2000 年建成的沈阳博览中心室内足球场，平面尺寸为 144 m×204 m，覆盖面积约 3 万平方米，可容纳 3 万余名观众。其跨度达到 144 m，用钢 5000 t，曾经是国内跨度最大、单体覆盖建筑面积最大的网架结构。

网壳结构的跨度以日本福冈体育馆为最大，屋盖直径 222 m，如图 2-23 所示。它的著名不仅在于跨度最大，而且还在于其屋盖具有开合性。图 2-23 中图(a)为屋盖闭合后的情形，图(b)为屋盖开启后的情形。球形屋盖由三块可以旋转的扇形网壳组成，最下面一块扇形网壳固定，中间和上面两块扇形网壳可以沿圆周导轨移动，开合方式为回转重叠式，体育馆可呈全封闭、开启 1/3 或开启 2/3 等不同状态。

(a) 闭合时

(b) 开启时

图 2-23　日本福冈体育馆

2.1.3.3　空间桁架结构

由仅承担拉力或压力的钢杆件组成的平面结构称为桁架。由若干桁架组成空间结构，三个方向受力，跨越能力可以大大增强。如果杆件之间无专门节点，而是直接相贯焊接，则称为管桁。

(1) 中国国家大剧院

中国国家大剧院(图 2-24)位于人民大会堂西侧，西长安街以南。由空间桁架组成半椭球形，平面投影东西方向长轴尺寸为 212.2 m，南北方向短轴尺寸为 143.6 m，建筑物高 46.3 m，比人民大会堂低 3.3 m。整个项目于 2007 年秋建成。

图 2-24　中国国家大剧院

国家大剧院壳体由 18000 多块钛金属板拼接而成，面积超过 30000 m^2，18000 多块钛金属板中，只有 4 块形状完全一样。钛金属板经过特殊氧化处理，其表面金属光泽极具质感，且 15 年不变颜色。中部为渐开式玻璃幕墙，由 1200 多块超白玻璃巧妙拼接而成。整个壳体钢结构重达 6475 t，是目前世界上最大的穹顶，造价达 31 亿元。

（2）新世纪环球中心

新世纪环球中心，简称环球中心，位于成都市天府大道绕城高速公路 G4202（四环路）内侧，2013 年秋建成，如图 2-25 所示。它由星级酒店、购物中心、中央商务城、海洋乐园等项目组成，主体平面尺寸 500 m×400 m，高约 100 m，建筑面积约 176 万平方米，是目前世界上最大的单体建筑。

(a)

(b)

图 2-25　新世纪环球中心

环球中心的钢结构屋盖由最大跨度达 194 m、共 18 榀倒三角形拱形桁架组成，采用地面拼接、大型设备起吊，高空就位安装，施工难度大，技术要求高。

2.1.3.4　张拉结构

张拉结构就是将柔软材料通过某种方式施加拉力，使其张紧，作为屋盖的组成部分，覆盖较大空间。张拉钢索可以做成悬索结构，张拉膜材可以形成膜结构，两者结合便成为索膜结构。

（1）悬索结构

悬索结构是以一系列受拉钢索为主要承重构件，按照一定规律布置，并悬挂在边缘构件或支撑结构上而形成的一种空间结构。由钢索的拉伸来抵抗外部作用力，屋面位于钢索之上。

中国悬索结构的代表之一是建成于 1961 年的北京工人体育馆，屋盖为圆形平面，直径 94 m。1983 年建成的加拿大卡尔加里体育馆，采用双曲抛物面索网屋盖，其圆形平面直径为 135 m，外形美观，是当时世界上最大的索网结构。

（2）膜结构

膜结构由帐篷发展而来。膜结构可以分为气承式膜结构和张拉式膜结构两类。在薄膜覆盖的空间内充气，利用内外气压差来承担外力，并与钢索共同形成结构，称为气承式膜结构；将薄膜和钢索张紧在边缘构件上，获得确定的形状，称为张拉式膜结构。膜结构所用膜材，有玻璃纤维布、塑料薄膜等。

图 2-26 所示为 1975 年建成的美国密歇根州庞蒂亚克"银色穹顶"，平面为八边形，短边 183 m，长边 234.9 m，为气承式膜结构。

（3）索穹顶结构

索穹顶结构是以索、杆、膜合理组合而成的一种张拉结构，首次应用在韩国 1988 年汉城（今首尔）奥运会的体操馆和击剑馆。其中体操馆直径 120 m，如图 2-27 所示。随后，美国亚特兰大佐治亚 1996 年奥运会主赛馆的屋盖结构设计做了一些改进，为双曲抛物面形张拉整体索穹顶结构，如图 2-28 所示。佐治亚穹顶的平面为椭圆形，尺寸为 193 m×240 m，造型美观，受力合理，节约材料，曾被评为全美最佳设计。

图 2-26　美国密歇根州庞蒂亚克穹顶

图 2-27　韩国汉城(首尔)体操馆

(a)

(b)

图 2-28　美国亚特兰大佐治亚穹顶

另一个应用索、杆、膜组合的成功案例便是位于英国伦敦的千年穹顶，如图 2-29 所示。该穹顶直径 320 m，由 12 根穿出屋面达 100 m 的桅杆通过总长度超过 70 km 的钢缆绳悬挂，外形酷似飞碟，是目前世界上跨度最大的屋盖。千年穹顶室内最高处为 50 多米，容积约为 240 万立方米。它的屋面材料表面积达 10 万平方米，膜材厚度仅1 mm，透光性好，可充分利用自然光。

伦敦千年穹顶是英国政府专门为迎接 2000 年而兴建的时代标志性建筑，1999 年 12 月 31 日揭幕，耗资大约 12.5 亿美元。

图 2-29　伦敦千年穹顶

2.1.4　直上云霄超高层

反映建筑科学技术水平的指标，一是跨越能力(跨度大小)，二是建筑高度。目前世界上建筑的最大跨度是 320 m，最大高度为 828 m。中国将高度超过 100 m 的建筑称为超高层建筑，国外将高度超过 500 英尺(约 152 m)的建筑称为摩天大楼。

2.1.4.1　摩天大楼的发展

现代高层建筑起源于美国。1883 年建成的芝加哥家庭保险公司大楼(图 2-16)，采用钢梁铁柱框架结构，地上 10 层、地下 1 层，为人类历史上第一栋高层建筑。1891 年又在芝加哥建成一栋带电梯的 16 层砖砌体结构大厦——莫纳德·洛克大楼，沿用至今。1913 年建成纽约乌尔沃斯大厦，57 层，全钢结构，建筑高度 241 m，开启了摩天大楼的时代。

美国纽约的帝国大厦[图 2-30(a)]，全钢结构。该大厦于 1930 年动工，1931 年建成，工期仅 410 天，高度达到 381 m，保持世界纪录长达 40 年之久。帝国大厦用材 33 万吨，是当时使用材料最轻的建筑，造价 6700 万美元。帝国大厦和自由女神一起被称为纽约的标志。

1973 年在美国芝加哥建成西尔斯大厦，2009 年更名为威利斯大厦(Willis Tower)，如图 2-30(b)所示。该大厦为全钢结构，110 层，总高度达 442 m，首次突破 400 m，成为当时的世界第一高楼。为解决高楼的抗风问题，威利斯大厦采用束筒结构体系并取得了较好效果，经多年实测最大风速下楼顶最大位移 460 mm。底部平面 68.7 m×68.7 m，由 9 个 524.41 m^2 见方的正方形组成。在这些正方形的范围内都不另设柱，使用者可按需要进行分隔。整个大厦平面随层数增加而分段收缩。在 51 层以上切去两个对角正方形，67 层以上切去另外两个对角正方形，91 层以上又切去三个正方形，只剩下两个正方形到顶。大厦的造型由 9 个高低不一的方形空心筒集束在一起，挺拔利索，简洁稳定，不同方向的立面、形态各不相同。束筒结构体系是建筑设计与结构创新相结合的成果。

(a) 帝国大厦

(b) 威利斯大厦

图 2-30 超高层钢结构

马来西亚吉隆坡于 1998 年建成佩特纳斯大厦，如图 2-31(a)所示。它是两座并排的圆形建筑，亦称双塔大厦。地上 88 层，考虑夹层共 95 层，总高度 452 m。底层至 84 层采用钢筋混凝土结构，84 层以上为钢柱和钢环梁(钢结构)，属于钢-钢筋混凝土组合结构。

(a) 佩特纳斯大厦

(b) 哈利法塔

图 2-31 超高层混合结构

21世纪初，摩天大楼的高度一举突破500 m，并很快超过800 m，这种速度不得不令人惊叹！目前世界第一高楼为位于阿拉伯联合酋长国迪拜的哈利法塔，如图2-31(b)所示。哈利法塔于2004年1月开工，2010年1月4日竣工，总高度为828 m(其中768～828 m为钢桅杆)。该塔楼的结构体系为核心筒-剪力墙-端部柱，601 m以下采用钢筋混凝土结构，601 m以上采用钢框架结构。施工时混凝土泵送的最大高度达到601 m，为世界之最；电梯速度17.5 m/s，也为世界之最。

据粗略统计，在世界范围内已建成的和部分在建的超高层建筑中，高度超过400 m的大楼有五十栋(座)，详见表2-1。

表2-1　高度超过400 m的摩天大楼一览表

序号	建筑物名称	所在城市	建筑高度(m)	建筑层数	建成年份
1	哈利法塔	迪拜	828	162	2010
2	独立118大楼	吉隆坡	678	118	在建
3	上海中心大厦	上海	632	118	2016
4	麦加皇家钟塔饭店	麦加	601	120	2012
5	深圳平安金融中心	深圳	599	118	2014
6	乐天世界大厦	首尔	555	123	2017
7	世界贸易中心一号大楼	纽约	541	82	2013
8	广州东塔(广州周大福金融中心)	广州	530	112	2016
9	天津周大福金融中心	天津	530	100	2018
10	中国尊	北京	528	108	2019
11	台北101	台北	509	101	2004
12	绿地金茂国际金融中心	南京	499	102	在建
13	苏州中南中心	苏州	499	109	在建
14	河西鱼嘴A座	南京	498	89	在建
15	富元中山108国金中心	中山	498	108	在建
16	中国国际丝绸之路中心	西安	498	100	在建
17	上海环球金融中心	上海	492	101	2008
18	天府中心	成都	488	—	在建
19	环球贸易广场	香港	484	118	2010
20	北外滩大厦	上海	480	—	在建
21	武汉绿地中心	武汉	475	—	2022
22	楚商大厦	武汉	475	111	在建
23	武汉周大福金融中心	武汉	475	85	在建
24	中央公园壹号	纽约	472	131	2020
25	成都绿地中心	成都	468	108	在建
26	拉赫塔中心	圣彼得堡	462	87	2019
27	地标81	胡志明市	461	81	2017
28	国际陆海中心	重庆	458	100	在建

续表 2-1

序号	建筑物名称	所在城市	建筑高度(m)	建筑层数	建成年份
29	106 交易塔	吉隆坡	453	95	2019
30	长沙 IFS 大厦	长沙	452	95	2018
31	佩特纳斯大厦 1 座	吉隆坡	452	88	1998
32	佩特纳斯大厦 2 座	吉隆坡	452	88	1998
33	紫峰大厦	南京	450	89	2009
34	苏州 IFS 大厦	苏州	450	92	2017
35	港湾 101 大楼	迪拜	427	101	2016
36	南京金融城二期 C1 座	南京	426	93	在建
37	公园大道 432 号	纽约	426	96	2015
38	摩根大道全球总部	纽约	423	60	在建
39	川普国际酒店大厦	芝加哥	423	98	2009
40	民盈・国贸中心 T2 塔楼	东莞	422	89	2021
41	金茂大厦	上海	421	88	1999
42	国际金融中心二期	香港	417	88	2003
43	公主塔	迪拜	414	101	2012
44	阿尔哈姆那塔	科威特城	413	77	2011
45	LCT 夏普地标塔	釜山	411	101	2019
46	宁波中心大厦	宁波	409	83	在建
47	东风广场地标塔	昆明	407	—	在建
48	广西华润大厦	南宁	402	94	2020
49	贵阳国际金融中心双子塔一号楼	贵阳	401	83	2020
50	长江中心	武汉	400	—	在建

2.1.4.2 中国超高层建筑

1934 年建成的上海国际饭店，为 24 层的高层建筑，保持国内最高建筑纪录长达 40 余年，说明中国高层建筑发展缓慢。大陆的超高层建筑起步更晚：1976 年建成广州白云宾馆，33 层，高 112.45 m，首次突破 100 m；十年后才有高度超过 500 英尺（约 152 m）的摩天大楼出现。1989 年建成京城大厦，地上 52 层、地下 4 层，建造总高度 183.5 m，成为名副其实的摩天大楼。

随着改革开放的推进，建筑技术不断提高，施工设备迅速更新，经济实力显著增强，摩天大楼的建设速度相当惊人。20 世纪 90 年代建筑高度连续突破 200 m、300 m 和 400 m。上海金茂大厦[图 2-32(a)]，1994 年开工，1999 年建成，地上 88 层，加上塔尖楼层共 93 层，地下 3 层，总高度 420.5 m，为当时国内第一高楼。采用钢-混凝土组合结构，钢筋混凝土核心筒和外侧 8 个型钢混凝土巨柱用外伸桁架连接在一起。

上海环球金融中心，位于金茂大厦附近，如图 2-32(b)所示。该楼于 1997 年开工，后因亚洲金融危机停工，2003 年 2 月复工，2008 年 8 月竣工，前后达 11 年，建造过程如图 2-33 所示。地上 101 层、地下 3 层，建筑高度 492 m。底部尺寸 57.95 m×57.95 m、高宽比 8.45，建筑面积 381600 m^2。上部结构体系为巨型框架＋核心筒＋外伸臂结构体系（钢和混凝土组合结构）。下部结构体系为桩筏基础，钢管桩最长者近 60 m，主楼筏板厚 4.0～4.5 m，裙房筏板厚 2.0 m。建筑总造价 73 亿元。

(a) 上海金茂大厦

(b) 上海环球金融中心

图 2-32 上海金茂大厦和环球金融中心

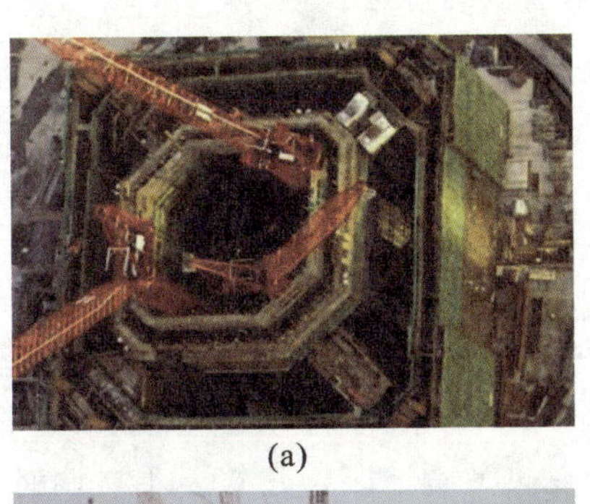

(a)

(b)

(c)

图 2-33 上海环球金融中心建造过程

上海环球金融中心顶部设计了一个倒梯形洞[图 2-32(b)]以减小风力。同时还在 90 层(约高 395 m)处设置两台风阻尼器,各重 150 t。由感应元件感知风引起的晃动,将数据传送到电脑,再由电脑控制风阻尼器的位移大小和方向,以减小因强风引起的摇晃,减振效果比较明显,据分析可使楼顶加速度减少 60%左右。

进入 21 世纪的十几年时间里,中国超高层建筑高度先后突破 500 m、600 m 和 700 m。建成的和在建的超高层建筑有数百栋,其中已建成的第一高楼是上海中心大厦,632 m,118 层,与上海环球中心、金茂大厦鼎足而立,如图 2-34 所示;图中三座超高层分别是:左边为上海中心大厦,中间为上海金茂大厦,右边为上海环球金融中心。

2.1.4.3 超高层建筑的未来

发展高层建筑、超高层建筑可以节约用地、节省城市基础设施费用、改善市容,是城市化进程中解决人多

图 2-34　风云际会上海滩——摩天大楼鼎足而立

地少问题的根本出路。高层建筑也是一个国家和地区经济繁荣和科技进步的象征，因此，各个国家和地区建造高层建筑、超高层建筑的积极性都很高。中国的超大城市和特大城市人口众多、用地紧张，发展高层建筑和超高层建筑是历史的必然。

2013 年在长沙有公司拟建一栋高度为 838 m 的世界第一高楼，后来被叫停，不知该项目是否还有再启动的机会。挑战极限是前进和发展的动力。世界范围内，无论是“空中城市 1000”，建筑高度 1000 m；还是“天空英里塔（Sky Mile Tower）”，建筑高度 1 英里（约 1600 m），都是还处于规划、论证阶段。然而，沙特阿拉伯却在数年前启动了“王国塔（Kingdom Tower）”的建设。塔楼位于吉达，到 2018 年底，主体结构已修建到近 300 m 的高度。据说该塔楼的建筑层数在 250 层左右，高度超过 1000 米，预算投资 12 亿美元。人们正等着它创造新的奇迹！

总之，高度 828 m 的摩天大楼不是极限，也不是终点。正所谓“海到无边天作岸，山登绝顶我为峰”。

2.1.5　课程思政案例

广州新电视塔——创新节能技术，践行绿色发展

广州塔（图 2-35）位于广州市珠江景观轴与城市新中轴线交汇处，与举办第 16 届亚运会开闭幕式的海心沙岛隔江相望，被评为广州“羊城新八景”之一。该工程于 2005 年 11 月动工建设，2010 年 10 月建成并投入营业使用。广州市地处亚热带季风海洋性气候区，属于夏热冬暖地区。建筑夏季空调时间较长，特别是大型公共建筑，建筑能耗巨大，推行绿色建筑理念有助于节约能源、创造优良的室内环境，引导正确的绿色节能意识。广州塔作为具有旅游观光和文化休闲功能的大型城市基础设施，是广州市的地标建筑，其在设计、施工、运营中始终坚持可持续发展原则，注重建筑节能，采用新技术、新设备、新材料，重视环境保护，实现节地、节能、节水、节材的绿色建筑理念，达到二星级绿色建筑的要求，其使用的节能新技术主要有：

图 2-35　广州塔

（1）光伏幕墙应用技术

该工程在标高 438.4～448.8 m 处安装了装机容量 17.5 kW 的半透明非晶硅 BIPV 光伏电池组件，共由 346 片 3100 mm×1800 mm的半透明 BIPV 组件拼装而成（图 2-36）。预计年发电量 12660 kW · h，相当于每年节省标准煤 4.56 t、减排 CO_2 12.6 t，减排 SO_2 380 kg，减排 NO_x 30 kg。

图 2-36　广州塔外观图及光伏幕墙实景图

(2)风力涡轮发电机技术

该工程在168 m处安装了两台螺旋桨式风力发电机,每台发电机装机容量为3～5 kW,年发电量约41000 kW·h。

(3)雨水收集技术

该工程采用雨水回用系统,雨水收集面积9300m^2,年收集雨水量可达万吨,通过虹吸管将收集的雨水输送到雨水处理池,用于灌溉绿地以及广场的清洁冲洗。日用水量(可用雨水部分)218.2 m^3,雨水收集调蓄量86.45 m^3,雨水收集利用率39.6%。同时,为加强水资源的回收利用,广州塔选用节水型设备系统,绿化使用滴灌技术等。

(4)照明节能技术

运用时间自动控制、智能感应控制和场景控制三种方式高效控制和管理广州塔的照明。夜景照明采用LED节能灯具,照明模式按照重大节日、假日、日常等不同要求进行编程控制,充分展示了"地标"形象,又节能降耗,降低了运营成本。

(5)充分利用地下空间

广州塔充分重视地下空间的开发和利用,通过设置采光井、采光顶和下沉庭院设计,营造了良好的自然通风采光环境,地下空间中建筑面积与建筑占地面积之比为69%,有效节约了土地资源。

(6)可再循环建筑材料

广州塔建造过程中充分利用可再循环材料,并通过结构优化节省钢材1400 t,可再循环材料使用重量占所用建筑材料总重量的46.6%。其中,天线桅杆为钢结构,塔体结构以钢骨混凝土核心筒作为轴心,外筒钢结构体系由24根钢立柱、46道钢圆环和斜撑交叉构成,其主要结构材料大多为可重复利用的高强度钢材和可有效节约材料的高强度混凝土,体现了绿色环保的理念。

2.2 天堑变通途——桥梁工程

风樯动,龟蛇静,起宏图。一桥飞架南北,天堑变通途。

——毛泽东

交通对于发展经济、提高人们生活水平的作用十分重要,"要致富先修路",已经成为大家的共识。道路曲折,在前进的方向上会遇到很多障碍,如天然的河流、湖泊、山谷、深沟以及人为的固定设施、铁路或其他道路等,为跨越这些天然屏障或人为障碍而修筑或架设的人工构筑物,称为桥梁或桥①。桥是人类活动的产物,并为人类服务。它不仅方便两岸(两侧)居民的往来,而且降低物流成本,同时还是一件艺术品,可产生景观效应。值得国人骄傲的是,中国的建桥技术已经处于世界领先水平。

2.2.1 且谈遇水搭桥

逢山开道,遇水搭桥,古来如此。古代交通工具是旱地车马、水路舟船。陆路因水中断后,有两种解决方式:一是修建码头,摆渡到对岸;二是架设桥梁跨越而过,即遇水搭桥,如图2-37所示。

① 桥的英文单词是bridge,《牛津现代高级英语双解词典》解释为:structure of wood, stone, brickwork, steel, concrete, etc, providing a way across a river, canal, railway, etc.

(a)

(b)

图 2-37 小桥流水

2.2.1.1 桥梁的前世

从汉字“桥”的偏旁上看，桥以木为旁，木材曾经是建桥的主要材料。在一些地区，仍有上百年的木桥遗存；在风景区或城市公园，偶可见新搭建的木桥点缀其间。因石材易取，且经久耐用，故石桥十分广泛，虽经历数百年乃至上千年的风风雨雨，但风采依旧。早期的石桥应是石板桥，所谓“石板桥边一柳树，一叶扁舟是我家”，更有以板桥为名号者，如扬州郑燮号板桥，人称郑板桥；后来发展了跨越能力更大的石拱桥，如赵州桥。夕阳西下，不闻古道西风瘦马嘶鸣，但见小桥流水人家兴旺，一派和谐气象，是人们追求的目标。

一座桥梁就是一处风景，一个故事。“窗含西岭千秋雪，门泊东吴万里船”是杜甫对唐代成都市景的描述。万里船泊于万里桥，始于万里桥。万里桥旧址位于成都市内，跨锦江，即今南门大桥附近，桥已不复存在。相传三国时蜀汉丞相诸葛亮在此设宴送别费祎出使东吴，祎曰：“万里之行始于此。”桥因此而得名。万里桥未能保存下来，不能不说是一个遗憾。

图 2-38 加尔德石拱桥

汉末建安十三年(208 年)曹操取荆州，刘备败于当阳长坂坡。当阳桥又称长坂桥，因长坂坡赵子龙救幼主，张翼德守桥断曹军，大吼三声，吓得曹将夏侯杰肝胆碎裂，倒撞于马下(见《三国演义》第四十二回“张翼德大闹长坂桥，刘豫州败走汉津口”)，此桥因此千古闻名。当阳位于湖北省西部，汉置县，现为市，境内古迹除长坂坡外，还有关羽墓、周仓墓、玉泉寺铁塔等。

罗马帝国时代①修建的石桥以今法国南部的 Pont du Gard(加尔德)石拱桥(图 2-38)最为著名。该桥于公元 14 年开工建造，由著名将军阿库巴利指挥，公元 18 年完成。桥共分三层，顶层长 275 m，底层最大跨径 24.4 m。其中上层宽3 m、高 7 m，用于向附近的 Nimes 镇(今尼姆城)送水，所以该桥又称为渡槽；中层宽 4 m、高 20 m，供行人通行；下层宽 6 m、高 22 m，1743 年下层一侧被加宽改造，以通行车马。据说 19 世纪末，法国皇帝拿破仑三世曾进行过修复，因此图2-38中哪些属于原来的结构、哪些是后补的部分，已无法分清。该桥是典型的多功能桥，集人行桥、车行桥和输水桥(渡槽)于一身。

① 罗马国从奥古斯都(August，英文八月以其名表示)开始进入帝国时代，它分前期帝国(公元前 30—公元 284 年)和后期帝国(284—476 年)。公元 395 年狄奥多西死后，帝国正式分裂为东西两部分：西罗马帝国和东罗马帝国。公元 476 年西罗马帝国灭亡，东罗马帝国(或称拜占庭帝国)一直延续到 1453 年。

2.2.1.2 桥梁的今生

现代社会，不仅遇水搭桥，而且遇障也搭桥。利用桥梁跨越一切自然的、人为的障碍，使交通顺畅，超越了遇水搭桥的范畴。现代的桥有跨江河桥、跨湖泊桥、跨海桥、跨沟桥、跨线桥（跨越其他公路、铁路）、立交桥、城市高架桥等。其建桥材料主要为钢材、混凝土、石材，由此建成的桥可称为钢桥、钢管混凝土桥、钢筋混凝土桥、预应力混凝土桥、混凝土桥、石桥等。

桥梁根据用途不同，可分为人行桥、公路桥、铁路桥、铁路公路两用桥、城市高架桥、输水桥（渡槽）、管线桥等。桥梁工程所谈论的桥特指公路桥、铁路桥及铁路公路两用桥。

随着城市化进程的加快，交通拥堵已是一个亟待解决的问题。一些大城市不得不采用高架的办法来缓堵保畅，如济南、青岛的城市高架，上海延安路高架，成都机场路高架、二环路全线高架。高架长度可达数千米或数十千米，亦桥亦路，称高架桥可以，称高架道路也无不可，英语单词用 flyover 或 overpass 表示。新修建的高速公路中，在山区沿河线采用高架的路段也越来越多，如图 2-39 所示；城际快速路、高速铁路，很多路段也是采用高架方式建设。这种桥即是路、路即是桥的建造模式，颠覆了上千年的“桥归桥、路归路”的传统观念，将“逢山开道，遇水搭桥”融合为一个整体。

图 2-39 高速公路上的高架桥（道路）

2.2.1.3 遇水搭桥案例

南京，古之金陵、应天、江宁，是六朝金粉所在，诗仙李白有诗云：“吴宫花草埋幽径，晋代衣冠成古丘。三山半落青天外，二水中分白鹭洲。”南京受长江天险阻隔，严重影响两岸往来，遇水搭桥是历史的必然。自 20 世纪 60 年代修建南京长江大桥为始，已先后建成南京长江二桥、南京长江三桥和南京长江四桥，以及 2020 年底建成的南京长江五桥（江心洲长江大桥）。现以南京长江四桥为例，来介绍桥梁结构和桥梁建设的概貌。

南京长江四桥位于南京长江二桥下游约 10 km 处，是中国首座三跨悬吊悬索桥，外观类似美国旧金山的金门大桥，是南京绕城高速公路的组成部分，如图 2-40 所示。长江号称黄金水道，桥梁建设不应影响通航。与已建成通车的南京长江二桥、三桥相比，南京长江四桥通航净空由 24 m 提高到 50 m，可通过 5 万吨级海轮。桥梁全长 28.996 km，其中跨江大桥长约 5.448 km，其他情况如下：

主桥跨径：1418 m（超过跨径为 1385 m 的江阴长江大桥，位居中国第三）

设计标准：双向 6 车道高速公路

设计速度：100 km/h（两岸接线 120 km/h）

建设工期：5 年（2008 年 1 月—2012 年 12 月）

项目投资：68.6 亿元

2-40　南京长江四桥

该大桥于2012年12月24日正式通车，2013年2月8日正式通公交。六车道高速公路的设计交通量为小客车年平均日交通量4.5万～8万辆，而该桥的交通量大，到2014年底日交通量已超过6万辆。繁忙的交通，对促进社会经济的发展意义重大。

桥梁结构由上部结构和下部结构组成，对于悬索桥，主要承重构件为桥塔及其基础、悬索（主缆）、吊杆（吊索）、加劲梁（主梁，一般为钢箱梁）、锚碇等。

锚碇基础采用深基础中的沉井基础，桥塔基础为深基础中的钻孔灌注桩基础，施工现场如图2-41所示。

(a) 桥塔钻孔桩施工

(b) 锚碇基础施工

图2-41　桥梁基础施工

南、北主塔高度均为230 m，相当于两座金陵饭店的高度。主塔采用门式空间框架结构，主要由上、下塔柱及上、下横梁和拱梁组成。塔柱施工共分为51节段，其标准节段高度为4.5 m，单节最大混凝土浇筑量为303 m^3。主塔工程累计使用混凝土34768 m^3，钢筋5603 t。

主桥为三跨悬吊悬索桥，其主缆分跨为(166＋410.2)＋1418＋(363.4＋118.4)＝2476 m；塔顶主缆理论交点标高234.2 m，垂度157.50 m，主缆中心线最低点标高为234.2－157.50＝76.7 m，主缆垂跨比＝157.50/1418＝0.111。主缆采用高强度镀锌平行钢丝索股组成。每根主缆中，从北锚碇到南锚碇的通长索股有135股，北边跨另设6根索股，在北主索鞍上锚固；南边跨设8根背索，在南主索鞍上锚固。每根索股由127根直径5.35 mm的高强度镀锌钢丝组成。上部结构的施工如图2-42所示。

锚碇是用于固定大缆的端头，防止其滑动的巨大构件。在其前端上方，需设散索鞍，将大缆的各丝股分散开来。随后，各丝股分别连接下段埋在混凝土之中的各钢锚杆。再让钢锚杆通过锚梁或锚头的承压将丝股力传给锚块混凝土。凭着锚块混凝土的重量，可以抵抗大缆力的竖向（向上）分力；凭着锚碇底面同地基的摩擦力，可以抵抗大缆力的水平分力。过去，锚碇的外形大都和桥台相似，现在则常根据承受锚力的大小来决定其构造。在锚碇后部，引桥的桥墩设置在其上，有助于抵抗大缆力的竖向分力。锚碇可分重力锚和隧道锚两类，其中重力锚的主缆锚碇如图2-43所示。

(a) 桥塔施工

(b) 挂主缆并锚固

图 2-42　桥梁上部结构施工

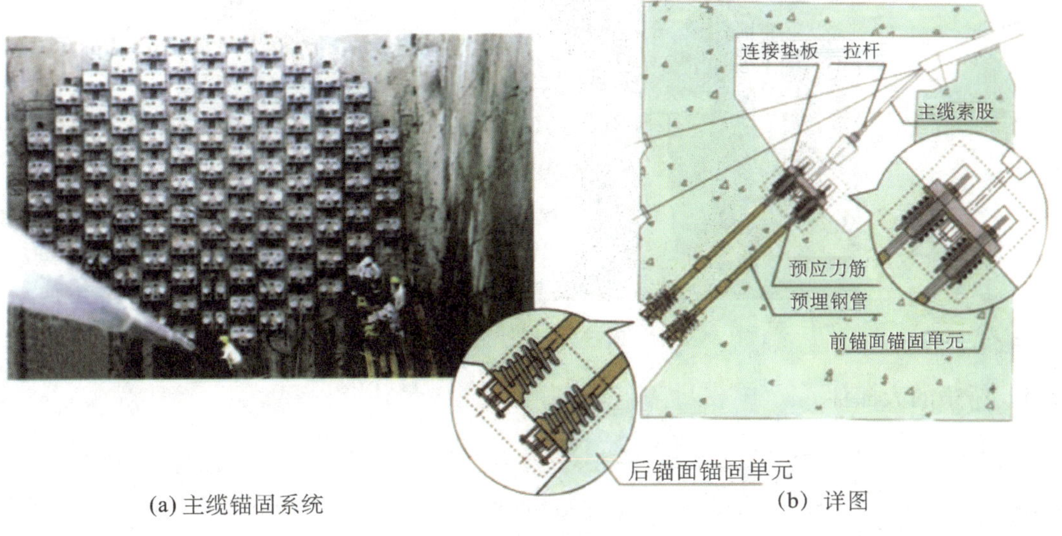

(a) 主缆锚固系统　　(b) 详图

图 2-43　主缆锚锭

钢箱梁桥面全长 2189.6 m，总重达 35853.3 t。设计采用全焊扁平流线型封闭钢箱梁结构形式，共分 144 个梁段。钢箱梁标准梁段长 15.6 m、高约 3.5 m、宽 38.8 m(含风嘴)，标准梁段重 240 t，其中最大单个梁段重约 280 t。钢桥面吊装采用 4 台缆载吊机分边跨、中跨分别进行钢箱梁施工，其中深水区梁段直接采用缆载吊机垂直起吊安装，南北边跨侧浅水区、无水区梁段则采用"临时栈桥存梁法"施工。中跨段为南京长江四桥最大、最重的节段，由两段标准梁段连接起来，最大吊装重量达 503 t，两台缆载吊机共同"抬吊"，如图 2-44 所示。

图 2-44　箱梁吊装

悬吊系统采用销铰式吊索和索夹的结构方案，吊索与索夹、钢箱梁为销铰式连接。全桥加劲梁共设(26＋89＋23)×2＝276处吊点，每处吊点设2根吊索。

钢箱梁吊装完成后，可进行桥面铺装施工、附属设施安装，并完成收尾和验收工作。

2.2.2 简论桥梁组成

桥梁由结构构件和非结构构件组成，如图2-45所示。结构构件称为大部件，是桥梁承受汽车荷载①、列车荷载或其他车辆荷载、人群荷载的构件，即桥梁的承重构件或承重结构；非结构构件称为小部件，是直接与桥梁服务功能有关的构件，即桥面构造。

图2-45 桥梁组成

2.2.2.1 桥梁的大部件

桥梁的大部件包括桥跨结构、支座系统、桥墩、桥台和墩台基础五大部分，又称为五个“大部件”。

(1) 桥跨结构。桥跨结构又称桥孔结构、上部结构，是路线(或线路)遇到障碍时，跨越障碍的结构物，故桥跨结构又称为跨越结构。它是桥梁支座以上(无铰拱起拱线或刚架主梁底线以上)跨越桥孔的总称。

(2) 支座系统。它位于桥墩、桥台与上部结构之间，作用是支承上部结构并将荷载传递到墩台上，并保证上部结构在荷载、温度变化或其他因素作用下产生一定的位移。常用支座有：简易垫层支座、弧形钢板支座、钢筋混凝土摆柱支座和橡胶支座等。

(3) 桥墩。桥墩是在河中或岸上支承两侧桥跨上部结构的构筑物，如图2-46所示。一般公路和铁路桥梁常采用的桥墩类型有实体(重力)式桥墩、空心式桥墩、构架式桥墩和柱式桥墩等。

(a)

(b)

图2-46 公路桥梁的桥墩

① 直接施加于结构上的集中力、分布力，工程上称为荷载。车辆荷载、人群荷载、风荷载、雪荷载等属于可变荷载；而结构自重属于永久荷载，又称为恒载；爆炸力，船舶、汽车的撞击力等，则属于偶然荷载。

(4) 桥台。桥台设在桥的两端，一侧与路堤相接，另一侧支承桥跨的上部结构。为了保护桥台和路堤填土，桥台两侧常做一些防护工程，比如锥形护坡。常用的桥台有实体式桥台(U形或八字形翼墙式桥台)和埋置式桥台等形式，如图 2-47 所示。

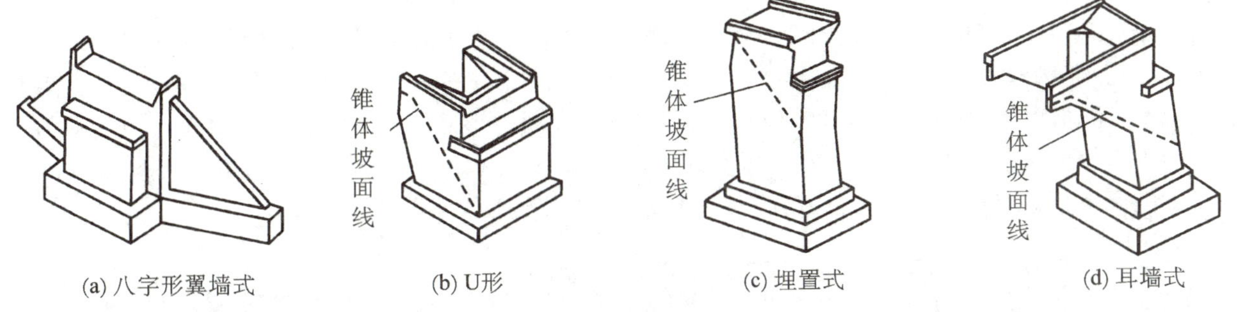

图 2-47 公路和铁路桥梁的桥台

(5) 墩台基础。墩台基础是桥墩、桥台的奠基部分，位于地面以下，要承担桥墩、桥台传来的全部荷载，并将荷载分散以后传至地基，其作用是承上启下。桥梁的基础类型有刚性扩展基础、桩基础(含钢管基础)、沉井基础和沉箱基础等。按埋置深度分，基础有浅基础(5 m 以内)和深基础(桩、沉井)两类。

大型桥梁的基础多为深基础。它深埋于地下、水下，施工难度大，工期受气候、水文影响，基础投资可高达总造价的 30%。

2.2.2.2 桥梁的小部件

桥梁的小部件包括桥面铺装、排水防水系统、栏杆(防撞栏杆)、伸缩缝和灯光照明五部分，又称为五个“小部件”。它们影响行车的舒适性、安全性，桥梁结构的耐久性，以及桥梁外表的观赏性。小部件的设计、施工也越来越受到人们的重视。

2.2.2.3 桥梁涵洞分类

桥梁单孔跨径反映技术复杂程度，多孔跨径总长反映建设规模，因此，根据单孔跨径 L_K 或多孔跨径总长 L 将公路桥涵分为特大桥、大桥、中桥、小桥和涵洞五类，见表 2-2。

涵洞是宣泄路堤下水流的构造物。建造涵洞时路堤不中断。根据洞身截面形状不同，涵洞可分为管式涵洞、箱形涵洞和拱式涵洞三类。管涵和箱涵，不论管径或跨径大小、孔数是多少，都称为涵洞。由表 2-2 可知，涵洞和桥梁之间的区别仅在于单孔跨径 L_K 上，工程上将桥梁和涵洞的设计统一在同一个规范内。

表 2-2 桥梁涵洞分类

桥涵分类	多孔跨径总长 L(m)	单孔跨径 L_K(m)
特大桥	$L>1000$	$L_K>150$
大 桥	$100\leqslant L\leqslant 1000$	$40\leqslant L_K\leqslant 150$
中 桥	$30<L<100$	$20\leqslant L_K<40$
小 桥	$8\leqslant L\leqslant 30$	$5\leqslant L_K<20$
涵 洞	—	$L_K<5$

2.2.3 再叙跨越雄姿

根据受力性能不同，桥梁结构可分为梁、拱、索三大基本体系，其中梁以受弯为主，拱以受压为主，索以受拉为主。由基本体系相互组合可以派生出多种桥形,常见桥形有梁式桥、拱式桥、刚构桥、斜拉桥和悬索桥等。

2.2.3.1 梁式桥

桥和梁并称桥梁,可见梁和桥之间关系密切。梁式桥是古老的结构体系,今天仍然随处可见。梁式桥以梁为主要受力构件,在外荷载作用下,结构产生弯曲变形,如图 2-48(b)所示。梁内部受力不均匀,材料利用不充分,故其跨越能力一般较小。图 2-48 所示为典型的梁式桥的形式,其中(a)为简支梁桥,(c)、(d)为连续梁桥,(e)为桁架式连续梁桥。梁式桥的截面形式可以是板(实心板或空心板)、T 形、箱形。图 2-49 所示为梁式桥的实际案例。梁式桥可由石材、钢筋混凝土、预应力混凝土等建造。

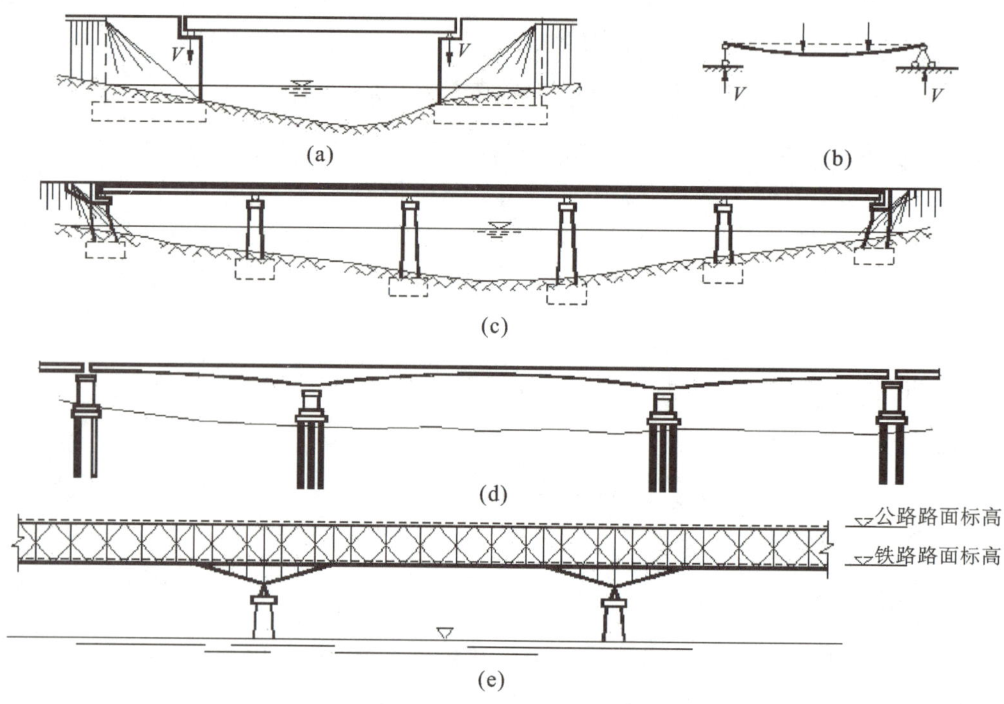

图 2-48 梁式桥的形式

图 2-49 梁式桥的实际案例

(1) 简支梁桥

简支梁桥就是每一梁跨越一孔,两端支承于桥墩、桥台上,它是应用最广、构造简单的梁式桥。相邻桥孔各自单独受力,故可设计成标准跨径和装配式构件。

飞云江桥位于浙江省瑞安市，跨飞云江，建成于1988年。该桥是目前国内最大的预应力混凝土简支梁桥，全长18×51+5×62+14×35=1718 m，桥面宽13 m，最大跨径62 m。主梁高2.85 m，间距2.5 m。

1976年建成通车的洛阳黄河公路大桥，如图2-49(d)所示。该桥67孔，每孔跨径50 m，全长3429 m。修建洛阳黄河公路大桥时，还专门研制了预应力梁的起吊设备。

(2) 连续梁桥

连续梁桥则是承重梁连续跨过几个桥孔，受力情况优于简支梁桥。同样跨径、相同荷载作用下，可减小截面、节省材料；而相同的跨径和断面尺寸，承载能力可提高。

六库怒江桥位于云南省西部怒江傈僳族自治州州府六库镇，跨怒江，建成于1991年，如图2-50所示。该桥为预应力混凝土连续梁桥，全长85+154+85=324 m，最大跨径154 m。三跨变截面箱梁，支点处梁高8.5 m，跨中梁高2.8 m。

图2-50　六库怒江桥

1996年建成通车的广东省南海市(今佛山市南海区)九江公路大桥为预应力混凝土连续梁桥，主桥跨径为50+100+2×160+100+50=620 m，最大跨径160 m，国内第一的连续梁桥纪录保持了十几年。目前，国内最大跨径的梁式桥为2013年建成的乐山岷江特大桥，桥形为由预应力箱梁形成的连续梁桥，主桥长740.8 m，桥孔布置为100.4 m、180 m、180 m、180 m、100.4 m，连续3孔跨径180 m，号称“亚洲第一跨”，该桥是四川省乐山到自贡高速公路的跨江桥。

世界上最大跨径的预应力混凝土简支梁桥为奥地利的阿尔姆(Alm)桥，建于1977年，跨径77 m；世界上最大跨径的预应力混凝土连续梁桥为巴西的瓜纳巴拉(Guanabara)桥，建于1974年，跨径300 m。

(3) 桁架式连续梁桥

杆件之间通过铰接方式(杆件在接头处可以有微小的相对转动)连接起来的构架，称为桁架。水平桁架的整体功能相当于一根梁，称为桁架梁；若桁架的整体功能相当于拱，则称为桁架拱。桁架的每根杆件只承受拉力或压力，受力均匀，材料利用合理，故跨越能力较大。

武汉长江大桥位于武汉市汉阳区龟山和武昌区蛇山之间，是我国第一座跨越长江的大桥，如图2-51(a)所示。该桥于1955年动工，1957年建成。正桥为铁路、公路两用的双层钢桁架梁桥，由三联(3孔为一联)9孔跨径各为128 m的连续桁架梁组成，共长1155.5 m，连同公路引桥总长为1670.4 m。武汉长江大桥将原京汉、粤汉两条铁路连接成京广铁路。原苏联专家参与了大桥的设计和建设。“一桥飞架南北，天堑变通途”，就是写的武汉长江大桥。

南京长江大桥位于南京市下关和浦口之间，结构与武汉长江大桥相同，如图2-51(b)所示。正桥10孔，由一孔128 m简支桁架梁、三联9孔跨径各为160 m的连续桁架梁组成，共长1577 m。连同引桥，铁路桥长6772 m，公路桥长4589 m。依靠自力更生，采用国产材料和国内技术，该大桥于1968年建成通车，将原京浦、沪宁两铁路连接成京沪铁路。正桥两端各有一对雄伟壮丽的桥头堡。桥头建有公园，供人们休息和欣赏大桥雄姿。

(a) 武汉长江大桥

(b) 南京长江大桥

图 2-51 桁架式连续梁桥之典型代表

2.2.3.2 拱式桥

弧形拱圈或拱肋是拱式桥的主要承重结构。在竖向外力作用下，桥墩和桥台将承受水平推力，而拱圈主要承受压力作用。因为水平推力反作用于地基基础，所以地质条件坚固的场地才适宜于修建拱桥。拱圈以受压为主，可采用抗拉能力弱、抗压能力强的圬工材料（砖、石、混凝土）和钢筋混凝土来建造。

(a)

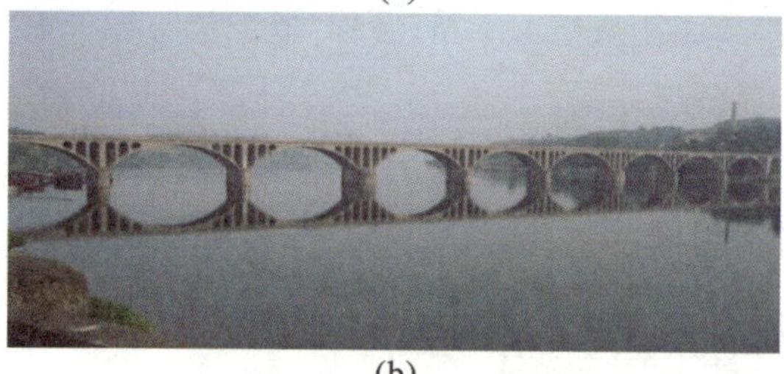

(b)

图 2-52 拱式桥的气势和韵律

拱桥很有气势，通常采用圆弧线、抛物线或悬链线等曲线作为拱的轴线，线形优美。单跨拱桥主要体现恢宏浩大的气势，多跨拱桥则表现出和谐优美的韵律，如图 2-52 所示。

按上部结构的行车道位置不同，拱桥分为上承式拱桥、中承式拱桥和下承式拱桥。桥面布置在拱之上的拱桥，称为上承式拱桥，石拱桥、混凝土拱桥多属上承式拱桥；桥面布置在拱之下的拱桥，称为下承式拱桥，下承式拱桥的拱圈和桥道之间通过吊杆（或绳索）传力；桥面布置在拱的中部的拱桥，称为中承式拱桥，提篮式拱桥、彩虹桥是中承式拱桥的例子。

图 2-53 所示为石拱桥的典型代表，图(a)为九溪沟石拱桥，图(b)为丹河大桥。重庆丰都九溪沟石拱桥建于 1972 年，主孔跨径 116 m，为当时同类桥梁世界第一。1978 年邮电部为此发行特种纪念邮票。丹河大桥位于山西晋城市郊，建成于 2000 年。该桥是晋焦高速公路上跨丹河的一座大型桥梁，主跨为 146 m 全空腹式变截面板拱，跨径组成为 2×30＋146＋5×30＝356 m。丹河大桥是国内目前跨径最大的石拱桥。

(a) 九溪沟石拱桥

(b) 丹河大桥(石拱桥)

图 2-53 石拱桥的代表

图 2-54 所示为正在施工的上承式钢筋混凝土拱桥。采用肋拱或箱拱，拱上设立柱（墩柱），立柱之间再架设预制的桥道板。拱是主要承重结构，行车道实为简支梁式桥（板式桥）。

(a) (b) (c)

图 2-54 施工中的上承式钢筋混凝土拱桥

万县长江大桥位于重庆市万州区(原四川省万县),是 318 国道跨长江的大桥,建成于 1997 年,如图 2-55 所示。该桥为上承式钢管混凝土劲性骨架箱形截面钢筋混凝土拱桥,单跨过江,净跨 420 m,居同类桥形世界第一。该桥获 1999 年交通部科技进步一等奖,获 2000 年国家科技进步一等奖。

(a) (b)

图 2-55 万县长江大桥

钢管拱桥或钢管混凝土拱桥通常采用中承式,跨径可以达到数百米,犹如一道彩虹跨江,故很多地方称之为彩虹桥,如图 2-56 所示。巫山长江公路大桥位于三峡风景区之巫峡入口处,2005 年建成,结构形式为中承式钢管混凝土双肋拱桥,全长 612.2 m,主桥净跨 460 m,建成时为同类桥形世界第一。2013 年建成的波司登大桥,位于四川省合江县,为成渝环线高速公路 G93 跨越长江的大桥,结构形式也为中承式钢管混凝土双肋拱桥,全长 841 m,主孔跨径 530 m,为目前同类桥形世界第一。

上海卢浦大桥(图 2-57),连接上海卢湾和浦东,2003 年建成,钢箱拱,全长 3900 m,主拱跨径 550 m,当时号称"世界第一拱",后来被重庆朝天门长江大桥超越。

重庆朝天门长江大桥(图 2-58),连接南岸弹子石和江北五里店,结构形式为钢桁架拱桥,2009 年建成,全长 1741 m,主跨 552 m,称为"世界第一拱桥"。大桥分上下两层,上层双向六车道,行人可经两侧人行道上桥;下层是双向轻轨轨道,并在两侧预留了两个车行道,以适应未来交通的发展。该桥形成了新的城市景观,成为重庆的标志性建筑之一。

(a)

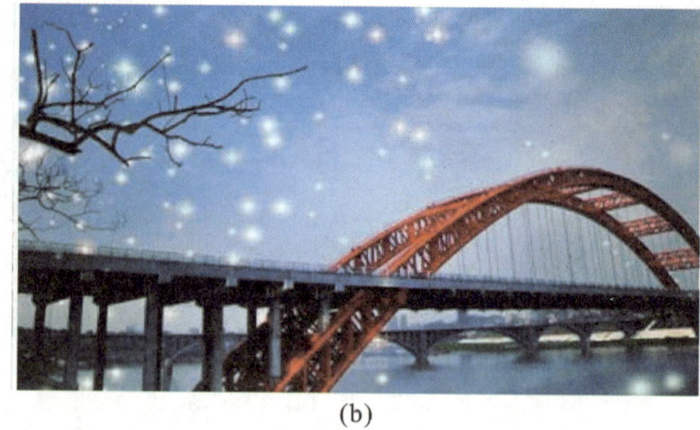
(b)

图 2-56　中承式钢管拱桥

图 2-57　上海卢浦大桥

图 2-58　重庆朝天门长江大桥

2.2.3.3　刚构桥

水平梁和立柱刚性连接组成的结构，称为刚架结构。所谓刚性连接，就是接头处构件之间无相对转动位移。刚构桥是以刚架结构作为桥梁的主要承重结构，梁、柱整体受力，它们同时受弯、受压、受剪。

如图 2-59 所示，刚构桥根据结构形式可分为三类，即 T 形刚构桥（T 形刚架桥）、连续刚构桥和斜腿刚构桥。刚构桥通常采用钢筋混凝土或预应力混凝土建造。图 2-60 所示为刚建成的连续刚构桥。

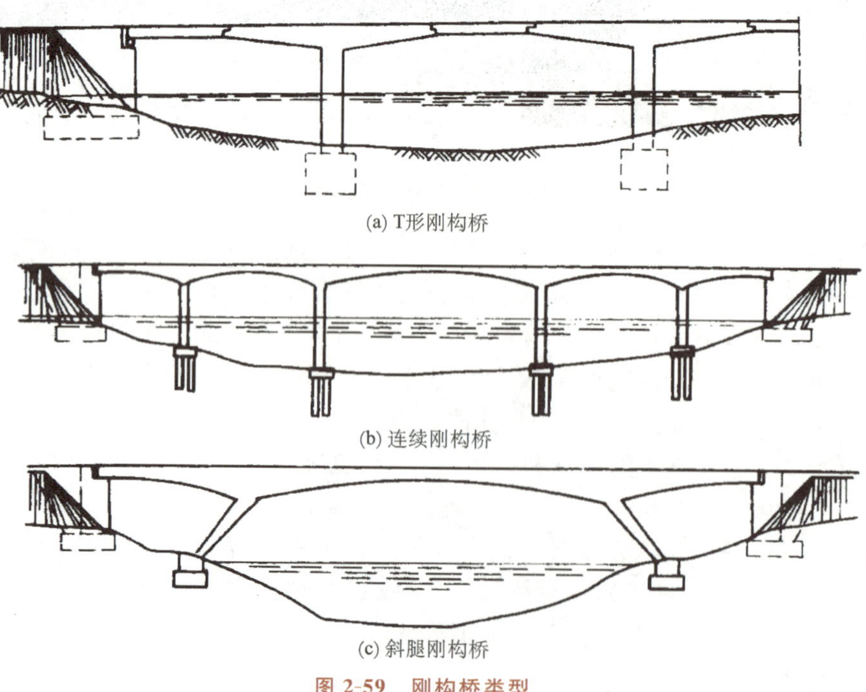

图 2-59　刚构桥类型

图 2-60 连续刚构桥

虎门大桥位于广东省东莞市虎门镇威远炮台附近，跨越珠江连通广州市南沙区，建于 1997 年，主桥长 4.6 km，引桥长 11.16 km，全长 15.76 km，造价超过 30 亿元。主航道桥为跨径 888 m 的悬索桥，辅航道桥为连续刚构桥。辅航道桥跨径布置为 150 m、270 m、150 m，主跨 270 m，是当时世界上最大跨径的连续刚构桥。该桥设计 6 车道，总宽 33 m。采用变截面箱梁，箱梁在支座处高 14.8 m，跨中梁高 5.0 m，箱底宽 7.0 m。

重庆长江大桥(图 2-61)位于渝中区石板坡和南岸区梨子园之间，跨越长江，建于 1980 年，为预应力混凝土 T 形刚构桥。T 形刚构的伸臂梁根部高 11 m，端部高 3.2 m，由两个单室箱梁组成。该桥共 8 孔，跨径布置为 86.5 m、138 m、138 m、138 m、138 m、156 m、174 m、104.5 m，主跨 174 m，中间带挂梁 35 m，桥全长 1120 m，宽 21 m，为国内同类公路桥梁之最。为满足日益增长的交通需要，于 2006 年在原大桥基础上建成复线，仍然为刚构桥。图 2-61 左侧为旧桥，右侧为新桥，实现旧桥、新桥车辆分向行驶。桥两头有大型拟人化雕塑四组，分别命名为春、夏、秋、冬。桥头有叶剑英的题词，现已成为重庆的标志性建筑之一。

图 2-61 重庆长江大桥

2.2.3.4 斜拉桥

斜拉桥由主梁、塔柱和拉索三部分组成，如图 2-62 所示。拉索受拉，塔柱主要受压。由塔柱和拉索支撑整个主梁，主梁一般采用钢桁架梁、钢箱梁或预应力混凝土箱梁。拉索、塔柱和主梁形成三角关系，具有很好的稳定性。

斜拉桥按拉索布置不同，可分为放射形斜拉桥、竖琴式斜拉桥和扇形斜拉桥；按索面的数目不同，又可分为双索面斜拉桥、单索面斜拉桥、三索面斜拉桥和四索面斜拉桥等；按塔柱数目分，有独塔斜拉桥、双塔斜拉桥。

斜拉桥的塔柱形式，从立面上看，有独柱形、A 形和倒 Y 形三种；从行车方向看，有独柱形、双柱形、门形、H 形、A 形、宝石形、倒 Y 形等。图 2-63 所示为施工中的宝石形塔柱斜拉桥。

图 2-62　斜拉桥

图 2-63　宝石形塔柱和钢箱梁

1955 年瑞典建成世界上第一座现代化斜拉桥，跨径为 74.7 m、182.6 m、74.7 m，采用门形框架塔、放射形拉索，加劲梁由两片板梁组成。1999 年建成的日本多多罗斜拉桥，主跨径达 890 m，如图 2-64 所示。

中国第一座现代斜拉桥为 1975 年建成的重庆云阳斜拉桥，跨径 76 m。重庆长江二桥建于 1995 年，斜拉桥主跨 444 m，采用钢筋混凝土主梁。建于 21 世纪初的南京长江二桥，为钢箱梁斜拉桥，跨径 628 m；南京长江三桥也为斜拉桥，跨径 648 m。苏通长江大桥位于江苏省东南部长江口南通段，连接苏州、南通两市，于 2008 年建成通车，该桥主桥为跨径达 1088 m 的斜拉桥，为斜拉桥中跨径最大的桥。

东海大桥(图 2-65)起始于上海南汇区芦潮港，北与沪芦高速公路相连，南跨杭州湾北部海域，直达浙江嵊泗县小洋山岛，2005 年建成通车。它由陆上桥梁、海上桥梁、海堤和开山路组成，总长 32.5 km，总宽 31.5 m，双向六车道，分上下行双幅桥面，设计行车速度 80 km/h。这是我国第一座外海跨海大桥，是上海国际航运中心深水港工程的一个组成部分。

图 2-64　多多罗斜拉桥

图 2-65　东海大桥

东海大桥陆上桥梁采用 30 m 跨预应力混凝土连续等高度箱形梁桥，梁高 1.6 m，每 5 跨为一联；海上非通航段桥孔采用 60 m、70 m 跨预应力混凝土连续箱梁，梁高分别为 3.5 m、4.0 m，每 5～6 跨为一联，联长 350 m 左右；大桥的海上设三个副通航孔，跨径分别为 120 m、140 m 和 160 m，采用预应力混凝土连续梁桥；主通航孔采用跨径为 73 m、132 m、420 m、132 m、73 m。主桥为双塔单索面钢和混凝土组合梁斜拉桥，全长 830 m，半漂浮体系，扇形索面布置。桥塔采用倒 Y 形塔，塔高 148 m。桥面离海面净高达 40 m，相当于 10 层楼高，可满足万吨级货轮的通航要求。该桥的设计首次采用 100 年设计基准期。

杭州湾大桥全长 36 km，于 2008 年建成通车，使宁波到上海的陆路里程缩短 120 km。北航道为主跨 448 m 钢箱梁斜拉桥，南航道为主跨 318 m 钢箱梁斜拉桥。其余引桥采用 30～80 m 不等的预应力混凝土连续箱梁结构。青岛胶州湾大桥全长 36.48 km，2011 年建成通车，目前为世界第一跨海长桥。

港珠澳大桥（工程名）是中国境内一座连接香港、珠海和澳门的桥隧工程，位于广东省伶仃洋区域内，为珠江三角洲地区环线高速公路南环段。整个工程全长约 55 km，其中珠澳口岸至香港口岸 41.6 km，跨海路段全长 35.578 km；三地共建主体工程 29.6 km，包括 6.7 km 海底隧道和 22.9 km 桥梁。该项目于 2009 年 12 月 15 日动工建设，2018 年 10 月 24 日正式通车，历时 9 年，总投资 1269 亿元。

港珠澳大桥分别由三座通航桥、一条海底隧道、四座人工岛及连接桥隧、深浅水区非通航孔连续梁式桥和港珠澳三地陆路联络线组成。其中，三座通航桥均为斜拉桥，从东向西依次为青州航道桥（主跨 458 m）、江海直达船航道桥（主跨 258 m）以及九洲航道桥（主跨 298 m）。

2.2.3.5 悬索桥

悬索桥主要由桥塔、主缆索和加劲主梁组成，是跨径超过 600 m 时应优先考虑的桥形。它由悬挂于塔架上的强大缆索作为主要承重结构，犹如倒置的拱，如图 2-66 所示。正所谓“桥中有大将，钢索当先锋”。钢索上面连接竖向吊杆（或吊索）将桥面系吊在空中，故又称吊桥。缆索承受拉力，由上万根高强度钢丝制成，锚固（固定）于两岸。

桥塔通常由钢或钢筋混凝土建造，高度达数十米甚至上百米。在竖向车辆荷载和横桥向风荷载作用下，桥面不仅会产生竖向位移，而且还会产生较大侧移，可导致梁体受扭破坏，故主梁必须加劲。主梁通常采用钢箱梁或钢桁架式梁。

金门大桥为悬索桥，位于美国西海岸的旧金山（三藩市），建成于 1937 年，如图 1-8(a)所示。桥跨组成为 343 m、1280 m、343 m，主跨 1280 m，6 车道。金门大桥建成后保持了 27 年世界第一的纪录，直到 1964 年美国另一座大桥丰拉扎诺大桥（主跨 1298 m、两个边跨各 370 m）建成为止。

江阴长江大桥位于江苏省江阴市，跨越长江，1999 年建成通车。桥面宽 33.8 m，全长 2888 m，过江跨径组成为 328 m、1385 m、295 m，主跨径 1385 m，居中国第四。

润扬长江大桥跨越长江，连接江苏省镇江与扬州两个城市。整个大桥分南汊悬索桥、北汊斜拉桥以及相连的高架桥和南北引桥，于 2005 年建成通车。其中南汊悬索桥如图 2-67 所示，主跨径为 1490 m，为目前中国第二、世界第四。

图 2-66 悬索桥

图 2-67 润扬长江大桥

西堠门大桥（图 2-68）是连接浙江省舟山本岛与宁波的连岛工程中的五座桥梁之一，2009 年建成通车。主桥为钢箱梁悬索桥，主跨径 1650 m，为目前国内第一、世界第二。

日本明石海峡大桥（图 2-69）连接神户与淡路岛，于 1998 年建成通车。该桥为 4 车道大跨径悬索桥，跨径划分为 960 m、1991 m、960 m，是目前世界上最大跨径的桥梁。

图 2-68　西堠门大桥

图 2-69　明石海峡大桥

2.2.4　回顾古桥文化

桥梁伴随人类的历史已有数千年，为人类的生产、生活提供服务，功不可没。它既是满足交通功能的结构，也是优美的艺术品，并形成了独特的桥梁景观和历史文化。这里介绍几座古代名桥，以传承这种文化。

2.2.4.1　赵州桥

赵州桥(图 2-70)又名“安济桥”，位于河北省赵县城南洨河之上。它是中国境内现存的最古老的大石拱桥。据文献记载，赵州桥为“隋匠李春之迹也”，公元 605 年由工匠李春创建。桥为单孔，全长 50.82 m，桥面宽约 10 m，跨径 37.02 m。弧形平缓，拱圈由 28 条并列的石条组成，上设 4 个小拱，既减轻重量、节省材料，又便于排洪，且增美感。在世界桥梁史上，其设计与工艺之新为石拱桥的卓越典范，跨径之大在当时亦属创举。该桥反映了当时世界建桥的最高水平。

赵州桥于 1953—1958 年间按最初桥样进行了修缮，现为全国重点文物保护单位。

关于赵州桥，民间有传说为鲁班所修。《小放牛》仍被今人所传唱：赵州桥来鲁班修，玉石栏杆圣人留，张果老骑驴桥上走，柴王爷推车轧了一道沟……鲁班为建筑工匠之“祖师爷”，将赵州桥的修建归功于鲁班，不足为奇；至于张果老，是道家传说人物，八仙之一。

2.2.4.2　洛阳桥

洛阳桥又称“万安桥”，位于福建省泉州市东北同惠安县交界的洛阳江万安渡，是我国著名的梁式古石桥。它建于 1053—1059 年，由泉州知府蔡襄督造，原有扶栏 500 个，石狮 28 只，石亭 7 所，石塔 9 座 。茅以升曾说：“洛阳桥是福建桥梁的状元。”

洛阳桥建桥八百余年来，先后修复 17 次。1932 年改建为钢筋混凝土公路桥，抗日战争时期遭到严重破坏。1993—1996年又进行保护性维修。现桥长742.29 m，宽4.5 m，44座船形桥墩，645个扶栏，104只石狮，1座石亭，7座石塔，如图2-71所示。

图2-70 赵州桥

图2-71 洛阳桥

该桥修建时，以磐石铺遍江底。用养殖海生牡蛎的方法胶固桥基，使其成为整体，此乃绝无仅有的造桥方法。

有蔡状元修洛阳桥的传说和戏曲，说观音菩萨曾相助，招聘奇人夏德海（下得海）在江中建桥墩。蔡状元者，蔡襄也，福建仙游人，生于1012年，卒于1067年，天圣八年（1030年）进士，官至端明殿学士，曾两次担任泉州知府，善书法，与苏轼、黄庭坚、米芾并称“宋四家”，有传世碑刻《万安桥记》。

2.2.4.3 广济桥

广济桥，俗称“湘子桥”，“文革”期间曾更名为“跃进桥”，位于广东省潮州市湘桥区，跨越韩江，全长500余米。始建于1171年，初名“康济桥”，后名“济川桥”。历经洪水、台风、地震等天灾，复遭兵火人祸摧毁，重建、重修达十余次，屡毁屡建、永不言败的精神气节可嘉！相传广济和尚以佛法帮助修桥，1435年重修后更名“广济桥”。1530年重修，桥东西两端共24个桥墩，中间以18只梭形木船搭成浮桥相连，每座桥墩上均建有楼阁，形成“十八梭船廿四洲”的独特风格，是国内唯一特殊构造的开关活动式大石桥。桥上形式各异的楼台亭阁是该桥的一大奇观，因兼作经商店铺，故有“廿四楼台廿四样”、“一里长亭一里市”之美称。

该桥于1939年被日本飞机炸毁。1958年大修，对全桥进行加固维修，并拆除十八梭船，建成双柱式桥墩两座，架设三孔钢桁架梁桥，成为直通大桥，桥面宽7 m，在原来石梁上铺设钢筋混凝土桥面，通行汽车；1977年桥面加宽至11 m，成为双车道公路桥，如图2-72(a)所示。1988年广济桥成为全国重点文物保护单位，2003—2007年期间，按照修旧如旧的原则进行全面维修，恢复“十八梭船”的启闭式浮桥及桥上亭台楼阁的独特风貌，如图2-72(b)、(c)所示。“湘桥春涨”，为潮州胜景之一。

“欲为圣明除弊事，肯将衰朽惜残年”，韩愈因反对迎奉佛骨，被贬为潮州刺史，路途感叹“云横秦岭家何在，雪拥蓝关马不前”。韩愈到任后为百姓做了不少好事，为人称颂。后世潮州人一则感念老韩家；二则传说其族侄（孙）韩湘子得道成仙，为八仙之一，也曾以仙术帮助修桥，曾有湘子书“洪水止此”的石碑立于桥畔，故民间称为“湘子桥”。

2.2.4.4 卢沟桥

卢沟桥又称“芦沟桥”，位于北京市南部，跨越卢沟河（今永定河），如图2-73所示。该桥始建于1189年，于1192年完工，清初重修。桥长266.5 m，宽7.5 m，最宽处9.3 m，由11孔石拱桥组成，关键部位均有铁榫连接，是北京最古老的石造联拱桥，也是华北地区最长的石桥。桥旁建有石栏，其上刻有石狮485个，姿态各异，生动雄伟，意大利威尼斯商人、旅行家马可·波罗于13世纪首先将其介绍到欧洲。“卢沟晓月”是京城一景，桥东头有清高宗爱新觉罗·弘历题字碑[图2-73(a)]。

“卢沟桥事变”就发生在这里。1937年7月7日，日本鬼子制造卢沟桥事变（史称“七七事变”），揭开了中国人民全面抗战的序幕。该桥现为国家重点文物保护单位，桥旁建有抗战纪念馆。

(a)

(b)

(c)

图 2-72 广济桥(湘子桥)

(a)

(b)

(c)

图 2-73 卢沟桥

2.2.4.5 枫桥、江村桥

因唐人张继的一首《枫桥夜泊》“月落乌啼霜满天，江枫渔火对愁眠。姑苏城外寒山寺，夜半钟声到客船”流传了一千多年，枫桥之名也因此而海内外尽知。

枫桥原为地名，张继夜泊枫桥时并无桥。此地因唐诗而闻名，1770 年当地人为诗配桥，1867 年重建，如图2-74所示。枫桥为石拱桥，椭圆形拱，桥下净空较高，便于通航，邻近有寒山寺。

寒山寺始名妙利普明塔院，相传因寒山、拾得二僧人居此，故名寒山寺。寺内有供奉寒山、拾得二僧（和合二仙）的寒拾殿，并有《枫桥夜泊》诗刻碑，以“姑苏城外寒山寺”闻名。

寒山寺庙门前有一座桥，名为江村桥，如图 2-75 所示。初建年代已无法考证，19 世纪后期进行了再建。桥形也为石砌拱桥，类似于枫桥，但拱形曲线略有差异，能适应地势较低的江南水乡的通航要求。该桥与枫桥一样，因寒山寺而闻名，也具有世界性的知名度。因寒山和拾得的佛教思想对日本佛学影响较大，寒山寺与日本宗教界渊源很深，来此朝拜的日本人较多，故该桥在日本相当闻名。日本学者伊藤学著有《桥梁造型》一书，该书以图文形式介绍了中国的赵州桥、江村桥和卢沟桥。

图 2-74 枫桥

图 2-75 江村桥

2.2.4.6 泸定桥

泸定桥位于四川省泸定县城西大渡河上，建于 1706 年，是由清圣祖爱新觉罗·玄烨御批建造的铁链吊桥。桥长约 103 m，宽约 3 m，由桥身、桥台和桥亭三部分组成，如图 2-76 所示。承重结构为 13 条锚固于两

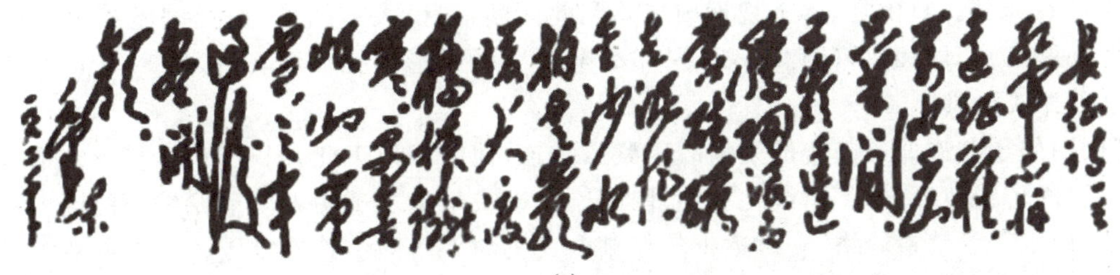

(a)

(b)

(c)

图 2-76 泸定桥

岸的铁链，其中桥面链 9 根、扶手链 4 根。每根铁链由 862～977 个铁环相扣，铁环由熟铁经手工打造而成，总重达 21 t。底链上铺满木板，扶手链与底链之间用小铁链相连，使 13 根铁链连成为一个整体。

1935 年中国工农红军长征途中，曾强渡此桥，毛泽东曾作诗曰："红军不怕远征难，万水千山只等闲。五岭逶迤腾细浪，乌蒙磅礴走泥丸。金沙水拍云崖暖，大渡桥横铁索寒。更喜岷山千里雪，三军过后尽开颜。"该桥因此而举世闻名，现已成为爱国主义教育基地。参观泸定桥一般分三部分，一是泸定桥本身，二是泸定桥革命文物博物馆，三是红军飞渡泸定桥纪念碑。纪念碑由邓小平题词，聂荣臻撰写碑文。

2.2.4.7 安澜桥

安澜桥为闻名中外的古索桥，由藤条和竹索建造，位于四川省灌县(今都江堰市)都江堰内江和外江的分水处，开始建造的年代应不晚于都江堰的修筑。

图 2-77 安澜桥

宋名"评事桥"，明毁于战火。清嘉庆八年，秀才何先德夫妇化缘捐资重建，以竹索承重，是世界上最著名的竹索桥。桥长 340 m 有余，用木桩分成 8 孔，最大跨径 61 m。全桥由 24 根竹篾编成的粗 5 寸的竹索组成，其中桥面索和扶栏索各半，桥面铺设木板以过行人。两岸行人可安渡狂澜，故更名"安澜桥"。民间为纪念何氏夫妇的修桥公德，又名"夫妻桥"。1974 年改建成铁索桥，并将河中木桩改成钢筋混凝土桩，如图 2-77 所示。安澜桥、二王庙、都江堰、伏龙观已经形成一个整体景区，供游客观光。

川剧《夫妻桥》演绎了何秀才夫妇修桥的曲折故事。

2.2.4.8 西湖断桥

"水光潋滟晴方好，山色空蒙雨亦奇。欲把西湖比西子，淡妆浓抹总相宜"道的是杭州西湖风景如画，醉倒游人，真乃人间天堂！西湖之上有诗人白居易任职时修筑的白堤，也有文学家苏东坡为官时建造的苏堤。苏堤春晓，断桥残雪，一直为游人所推崇。断桥，位于西湖白堤东端，唐时已建成。首次提到西湖断桥的是唐人张祜《题杭州孤山寺》诗："楼台耸碧岑，一径入湖心。不雨山长润，无云水自阴。断桥荒藓涩，空院落花深。犹忆西窗月，钟声在北林。"断桥之名，一说孤山之路到此而断；二说大雪初停，白堤皑皑如链，日出桥面积雪融化，白链到此而断。今日之断桥(图 2-78)，是 1921 年重建的拱形独孔环洞石桥，长 8.8 m，宽 8.6 m，单孔净跨 6.1 m，呈古朴淡雅风貌。

断桥之名同白娘子与许仙(许宣)的爱情故事紧紧相连，他们相识于此，同舟归城，借伞定情，后又在此邂逅，言归于好。民间传说故事，经不断演化和整理提升，文字最早见之于明人冯梦龙编刊的话本小说《警世通言》第二十八卷"白娘子永镇雷峰塔"。讲述千年蛇精白素贞与生药铺主管许宣人妖相恋的故事，恩爱夫妻遭金山寺禅师(和尚)法海无情拆散，并将白娘子镇压于雷峰塔下，许宣亦出家当和尚，故事以悲剧结尾，缠绵悲怆。后被评书、戏剧广为传播，且将许宣改为许仙，传统剧目有《白蛇传》、《断桥》、《雷峰塔》、《水漫金山》等。越剧《白蛇传》有这样的唱词："山水还依旧，……看到断桥桥未断，我寸肠断，一片深情付东流！"后来，电影、电视也加入到了传播的行列，尤以 1992 年赵雅芝版歌舞片《新白娘子传奇》最为经典，为广大观众熟悉和追捧。

2.2.4.9 瘦西湖五亭桥

五亭桥(图 2-79)因桥上建五亭而得名，是扬州瘦西湖的标志。五亭桥于 1757 年建在瘦西湖莲花堤上，故又称"莲花桥"。桥身为拱券形，由三种不同的拱券洞联系，桥孔共十五个。中心桥孔最大，跨径为 7.13 m，呈大的半圆形，直贯东西；旁边十二桥孔，布置在桥础三面，可通南北，为小的半圆形；两个桥阶洞则为扇形，可通东西。正面望去，连同倒影，形成五孔，大小不一，形状各殊。

图 2-78　西湖断桥

图 2-79　瘦西湖五亭桥

正面和侧面十五个洞，彼此相通。清风月满之时，每洞各衔一月，可领略到“十五的月亮十六圆”的绝妙奇景。正所谓“天下三分明月夜，二分无赖是扬州”。清人黄惺庵赞道：“扬州好，高跨五亭桥，面面清波涵月镜，头头空洞过云桡，夜听玉人箫。”

五亭桥西是二十四桥景区。唐人杜牧有诗道：“青山隐隐水迢迢，秋尽江南草未凋。二十四桥明月夜，玉人何处教吹箫。”二十四桥指一座砖桥，因古之二十四美人吹箫于此而得名。唐诗所指二十四桥已不复存在，20 世纪 80 年代当地人新建一桥，宽 2.4 m，长 24 m，两头各有二十四级台阶，两边各有二十四根栏杆柱，起名“二十四桥”，以满足游人“玉人夜吹箫”的遐想。

2.2.5 课程思政案例

港珠澳大桥——粤港澳通力合作建造“自信桥”，大湾区协调发展开启新篇章

港珠澳大桥是中国境内一座连接香港、广东珠海和澳门的桥隧工程（图 2-80），位于广东省珠江口伶仃洋海域内，东接香港，西接广东珠海和澳门，总长约 55 km，是粤港澳三地首次合作共建的超大型跨海交通工程。这座集桥、岛、隧于一体的世界最长跨海大桥，历经 6 年筹备、9 年施工，工程项目总投资额 1269 亿元，数万名建设者披荆斩棘，创造了世界桥梁史上的奇迹。

图 2-80　港珠澳大桥

港珠澳大桥分别由三座通航桥、一条海底隧道、四座人工岛及连接桥隧、深浅水区非通航孔连续梁式桥和港珠澳三地陆路联络线组成。其中，港珠澳大桥沉管隧道及其技术是整个工程的核心。其既能减少大桥和人工岛的长度，降低建筑阻水率，从而保持航道畅通，又可避免与附近航线产生冲突。沉管技术就是在海床上浅挖出沟槽，然后将预制好的隧道沉放至沟槽，再进行水下对接。港珠澳大桥的隧道由 33 节沉管连接而成，每节标准沉管段长 180 m，宽 38 m，高 11.4 m，排水量 7.8 万吨，相当于一艘满载的辽宁号航母，并且每节沉管的内部由超过 40 万根(近 1 万吨)钢筋和 7 万吨混凝土组成。为了保证沉管制作精度,建设者们需要亲身钻进壁厚仅 1.5 m 的钢筋笼里,把近 100 根注浆管的安装效果一一检查到位,确保每一个焊接位置的密闭性能。此外,沉管隧道安放和对接的精度要求也极高。工程首次在沉管隧道安置中采用了集数字化集成控制、数控拉合、精准声呐测控、遥感压载等为一体的无人对接沉管系统,并采用多艘大型巨轮、多种技术手段和人工水下作业相结合的方式进行沉管对接(图 2-81)。港珠澳大桥的沉管隧道是世界岛隧工程历史上首个真正意义上的外海深水安装沉管隧道,具有划时代的意义。

图 2-81　港珠澳大桥沉管隧道水下对接演示图

外海造岛也是港珠澳大桥建设中的重点工程之一。港珠澳大桥是一个桥梁与隧道的组合体,整个工程在海中全长 35 km,其中 29 km 是桥,6 km 是隧道。在桥梁与隧道之间,通过珠江口伶仃洋南北两侧的两个离岸人工岛进行连接。桥隧转换的关键在于人工岛,人工岛可不仅仅是用海底的泥沙堆砌一座岛出来,这座岛必须能够对抗方向不定的洋流和海风。如果没有结实的加固,必然一冲即散。受 800 万吨海床淤泥的影响,港珠澳大桥的施工团队采用了"钢筒围岛"方案(图 2-82):在陆地上预先制造 120 个直径 22.5 m、高度 55 m、重量达 550 t 的巨型圆形钢筒,通过船只将其直接固定在海床上,然后在钢筒合围的中间填土造岛,这种施工方法既能避免过度开挖淤泥,又能避免抛石沉箱在淤泥中滑动,为世界首创。

图 2-82　港珠澳大桥巨型钢筒围岛施工

从筹备到建成,港珠澳大桥建设历时 14 年,其间攻克了无数个世界级难题,打破了无数个世界纪录,是当之无愧的世纪工程。这座被誉为"人类工程金字塔顶的明珠"的大桥,全部由中国工程师独立自主设计完成,港珠澳大桥也因此被称为"自信桥"。2018 年 10 月 23 日,大桥正式开通,从珠海、澳门到香港的陆路交通路程由 3 小时缩短至半小时。港珠澳大桥为新时代粤港澳大湾区的发展注入了澎湃动力,自通车后,粤港澳三地人流、车流和物流更加紧密地联系在一起,大湾区内的要素流动更为便利。港珠澳大桥的建成通车是壮美的序曲,如今这首创新的乐章仍在持续奏响,谱写着大湾区发展的新篇!

2.3 关河万里路悠悠——道路工程

蕙心迢递湘云暮，兰思萦回楚水流。锦字织成添别恨，关河万里路悠悠。

——【唐】刘沧

道路是人工修筑的供机动车和非机动车行驶的通道，是交通运输的骨架；而交通运输是国民经济的命脉，是经济发展的基础产业。

道路运输是指人、货物借助车辆从甲地到乙地的移动过程。道路运输与铁路、水运、航空运输对接，实现货物及旅客的集中与分散(集散)；与铁路运输、内河运输分流，弥补铁路长距离运输的不足；进行面上运输，如农村运输、城乡运输、市内运输、港站的集散运输等；道路运输还具有国防运输的功能。

随着汽车产业的发展，轿车已走进千家万户，方便了人们出行，也提高了生活质量，同时增加了对道路资源的需求。“要致富先修路，要快富修高速”的理念已深入人心，全国各地正加大基础设施投资，新修道路、改建和扩建旧路的积极性一浪高过一浪。

图 2-83 多车道公路

2.3.1 论道路，密如蛛网

根据所在位置不同，道路可分为公路和城市道路；根据行政管理层级，又可分为国道、省道、县道和乡村道路，形成覆盖全国的路网。

2.3.1.1 公路分级

公路是连接城市、乡村、厂矿和林区的道路，是供汽车行驶，具备一定技术条件的交通设施，如图 2-83 所示。根据功能和所适应的交通量，公路分高速公路、一级公路、二级公路、三级公路和四级公路五个技术等级。

(1) 高速公路

高速公路是专供汽车分向、分车道行驶并全部控制出入的多车道公路。高速公路的年平均日设计交通量宜在 15000 辆小客车①以上。

(2) 一级公路

一级公路是供汽车分向、分车道行驶，并可根据需要控制出入的多车道公路。一级公路的年平均日设计交通量宜在 15000 辆小客车以上。

(3) 二级公路

二级公路为供汽车行驶的双车道公路。二级公路的年平均日设计交通量宜为 5000 ～ 15000 辆小客车。中国一些地方修建了不少介于二级和一级之间的公路，业内称为超二级公路。

(4) 三级公路

三级公路为供汽车、非汽车交通混合行驶的双车道公路。三级公路的年平均日设计交通量宜为 2000 ～ 6000 辆小客车。

① 交通量换算采用小客车为标准车型。各汽车代表车型及车辆折算系数规定如下：小客车 1.0，中型车 1.5，大型车 2.5，汽车列车 4.0。小客车是指座位数不超过 19 座的客车和载质量不超过 2 t 的货车，中型车指座位数超过 19 座的客车和载质量 2～ 7 t(包括 7 t)的货车，大型车指载质量为 7 ～ 20 t(包括 20 t)的货车，汽车列车指载质量超过 20 t 的货车。公路上行驶的拖拉机每辆折算为 4 辆小客车。

(5) 四级公路

四级公路为供汽车、非汽车交通混合行驶的双车道或单车道公路。双车道四级公路年平均日设计交通量宜在2000辆小客车以下;单车道四级公路年平均日设计交通量宜在400辆小客车以下。

凡满足上述条件的公路称为等级公路,否则为等外公路。等级公路的设计速度是公路设计中的一个重要参数,它是指气象条件良好、车辆行驶只受公路本身条件影响时,具有中等驾驶技术的人员能够安全、舒适驾驶车辆的速度。各级公路的设计速度规定值见表2-3。

表2-3 各级公路的设计速度

公路等级	高速公路			一级公路			二级公路		三级公路		四级公路	
设计速度(km/h)	120	100	80	100	80	60	80	60	40	30	30	20

公路设计的技术指标如转弯半径、弯道长度、停车视距、车道宽度、路肩宽度、最大纵坡等应由设计速度确定。

2.3.1.2 城市道路分级

城市道路就是城市范围内的道路,是供车辆通行并具备一定技术条件的交通设施;同时,城市道路还具有形成和促进发展城市结构布局的功能,提供通风和采光空间,作为上下水道、煤气、电力、通信设施埋设通道。

城市道路按道路在路网中的地位,交通功能以及对沿线的服务功能等,分为快速路、主干路、次干路和支路四个等级。

(1) 快速路

快速路应中央分隔、全部控制出入、控制出入口间距及形式,应实现交通连续通行,单向设置不应少于两条车道,并应设有配套的交通安全与管理设施。图2-84所示为成都三环路,全部控制出入口、全立交,双向十二车道的快速路。

图2-84 城市快速路

图2-85 城市主干路

快速路两侧不应设置吸引大量车流、人流的公共建筑物的出入口。

(2) 主干路

主干路(图2-85)连接城市各分区,应以交通功能为主。主干路两侧不宜设置吸引大量车流、人流的公共建筑物的出入口。

图2-85所示为成都市光华大道,连接中心城区和外围温江区。中央有分隔,但未控制出入口,与其他道路平面交叉,行车不如快速路顺畅。

(3) 次干路

次干路应与主干路结合组成干路网,应以集散交通的功能为主,兼有服务功能。

（4）支路

支路宜与次干路和居住区、工业区、交通设施等内部道路相连接，应以解决局部地区交通为主。

根据《城市道路工程设计规范》(CJJ 37—2012，2016 版)的规定，各级城市道路的设计速度见表 2-4。

表 2-4　各级城市道路的设计速度

道路等级	快速路			主干路			次干路			支路		
设计速度(km/h)	100	80	60	60	50	40	50	40	30	40	30	20

快速路和主干路可以设置主路（主道）和辅路（辅道）。主路是快速路或主干路中与辅路分隔，供机动车快速通过的道路；辅路是集散快速路或主路交通，设置于主路两侧，单向或双向行驶交通，可间断或连续设置的道路。快速路和主干路的辅路设计速度宜为主路的 40%～60%。

以图 2-84 所示的快速路为例，主路单向四条车道，运营初期行车速度依次为 100 km/h、80 km/h、80 km/h和 60 km/h；辅路两条车道，行车速度为 40 km/h。后经交通管理部门论证，行车速度调整为：主路四条车道依次为 100 km/h、100 km/h、100 km/h 和 80 km/h；辅路两条车道，统一为 60 km/h。

2.3.1.3　公路网络

全国公路网根据规划、管理层级不同，分为国家级公路、省级公路、县级公路和乡村公路，它们由等级公路和部分等外公路构成。

国家级道路是具有全国性政治、经济意义的主要干线公路，包括重要的国际公路、国防公路，连接首都与各省、自治区和直辖市的公路，连接各大经济中心、港站枢纽、商品生产基地和战略要地的公路。国家级公路网用字母 G 表示，分国家高速公路和普通国道（简称国道）两类，编号规则见表 2-5。

表 2-5　国家级公路网编号

国道类型	公路走向	公路代号	示　例
国家高速公路	首都放射线	G×	G1 京哈高速（北京—哈尔滨），G2 京沪高速（北京—上海）
	南北走向	G××（奇数）	G45 大广高速（大庆—广州），G75 兰海高速（兰州—海口）
	东西走向	G××（偶数）	G20 青银高速（青岛—银川），G76 厦蓉高速（厦门—成都）
	地区环线	G 9×	G91 辽中环线高速，G92 杭州湾环线高速，G93 成渝环线高速
	城市绕城	G××××	北京 G4501，上海 G1501，成都 G4202、武汉 G4201，重庆 G5001
	联络线	G××××	G7011 十天高速（十堰—天水）为 G70 福银高速的联络线
普通国道	首都放射线	G 1××	G105（北京—珠海），G109（北京—拉萨）
	南北走向	G 2××	G210（包头—南宁），G227（西宁—张掖）
	东西走向	G 3××	G301（满洲里—绥芬河），G328（南京—海安）

图 2-86 所示为 G5 京昆高速。北京—昆明高速公路，简称京昆高速（中国国家高速公路网编号 G5），北起北京，南抵云南昆明，途经北京、河北、山西、陕西、四川、云南 6 省市，全长约 2865 km。途经主要城市有北京、保定、石家庄、阳泉、晋中、太原、临汾、运城、渭南、西安、汉中、广元、绵阳、成都、雅安、西昌、攀枝花、武定、昆明。

图 2-87 所示 G318 为普通国道，即国道 318 或 318 国道（上海—聂拉木）。该条国道始建于 1950 年，1954 年建成。起点为上海人民广场，途经江苏、浙江、安徽、湖北、重庆、四川、西藏，终点为西藏聂拉木县樟木镇友谊桥，全长 5476 km，是中国目前最长的国道。因其横跨中国东中西部，囊括了平原、丘陵、盆地、高原景观，包含了江浙水乡文化、天府盆地文化、西藏人文景观，拥有从成都平原到青藏高原的高山峡谷一路的惊、险、绝、美、雄、壮的景观，而被《中国国家地理》杂志在 2006 年第 10 期评为“中国人的景观大道”。

图 2-86　京昆高速公路

图 2-87　普通国道(G318)

省级道路为省级干线公路，由高速公路和普通公路组成。在一省的公路网中，具有全省性的政治、经济、国防意义，并经省、直辖市、自治区统一规划确定为省级干线公路。省道用字母 S 表示，并用数字编号，例如 S4、S30、S103、S206、S307 等。

县道是具有全县政治、经济意义，连接县城和县内主要乡(镇)的道路，用字母 X 表示。乡村道路则是连接乡(镇)所在地和自然村落之间的道路，中国大多数地方已实现村村通公路，部分地方实现了村村通柏油路或水泥路。

中华人民共和国成立初期，我国公路通车里程仅 8 万千米，且缺桥少渡，标准很低，路况极差。经过 70 余年的建设，已有巨大改观，截至 2017 年底全国公路通车总里程达到 477.35 万千米，其构成如图 2-88 所示。其中高速公路二十年前从零起步，现已超过 13 万千米，跃居世界第一。2017 年底高速公路通车里程超过 6000 km 的省有广东、四川、河北、河南、内蒙古、湖南、江西及湖北等八个省(自治区)，而且有十多个省实现了县县通高速公路。2018 年，广东省高速公路通车里程率先突破 9000 km，四川省、河北省高速公路通车里程均超过 7000 km。四川省通车、在建和规划修建的高速公路总里程已逾 10000 km。路网规划还在进一步细化和加密、提升等级，布局更趋合理。发达的公路网，对发展经济、巩固国防、方便出行起着重要作用。

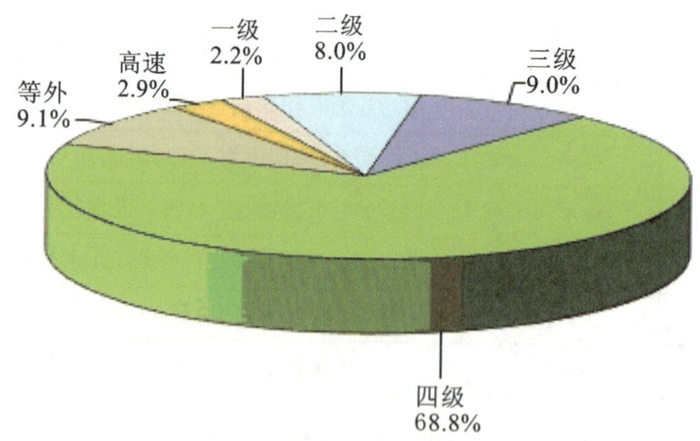

图 2-88　全国公路通车里程分技术等级构成(截至 2017 年底)

2.3.2　说组成，三维空间

道路长可达数千千米，宽和厚仅几米到数十米，是一条带状的三维空间人工构筑物，如图 2-89 所示。道路工程包括路基、路面、桥梁、涵洞、隧道等工程实体和沿线附属设施。公路的通道需要一定的净空高度(净高)，高速公路、一级公路、二级公路的净高应为 5.00 m，三级公路、四级公路的净高应为 4.50 m。

图 2-89 三维带状空间构筑物

2.3.2.1 路基

路基位于路面以下，是公路的主要工程构造物，是由填方和挖方形成的工程结构物。路基贯穿公路全线，与沿线的桥梁、涵洞和隧道等相连接。公路路基是路面的基础，为路面提供一个平整层，并承受路面传递下来的作用力。

根据填、挖不同，路基可分为路堤、路堑和半填半挖路基三种类型。填方路基称为路堤；挖方路基称为路堑；半填半挖路基是路堤和路堑的组合形式。

2.3.2.2 路面

路面与汽车轮胎接触，直接承受汽车碾压，是铺筑在路基上的层状结构物。

路面的功能是供汽车在道路上能全天候行驶，并保证汽车以一定的速度，安全、舒适、经济地运行。

2.3.2.3 桥涵隧道

桥梁是道路跨越江河湖泊、山谷或人工障碍物的跨越结构，见本章 2.2 节桥梁工程；涵洞是公路与沟渠相交的地方供水从路下流过的通道，作用与桥相同，但跨径(孔径)较小，形状有管形、箱形及拱形等。此外，涵洞还是一种洞穴式水利设施，可利用闸门调节水量。

隧道是道路穿越山岭、地下、水底的构筑物，详见本章第 2.5.1 节“隧道衬砌工程”。

2.3.2.4 附属设施

道路的附属设施主要包括排水设施、管理设施、安全设施、服务设施和绿化照明等。

(1) 排水设施

良好的排水系统，可以保证路基的稳定性、提高路基的抗压能力和抵抗变形的能力；提高路面结构抗压能力，延长路面的使用寿命。道路排水包括地面排水和地下排水两部分。

地面排水一般采用边沟、截水沟、排水沟、跌水与急流槽等方式来排除路面、路肩、中央分隔带等处的地面水。地下排水可采用盲沟(渗沟)和渗井等汇集水流，就近排除。若遇大量水流，则需加设专用地下沟、管予以排除。

(2) 管理设施

为保证行车安全，应设置交通标志和路面标线等管理设施。交通标志设在道路上空适当位置，有指示标志、警告标志、禁令标志三类。路面标线有以下几种：白实线——不准逾越的车道分界线；白虚线——车辆可以逾越的车道分界线；白箭头线——指示车辆转弯、直行；白斑马线——城市道路人行横道；黄网格线——汽车禁停区，此区域内汽车可通行，但不允许停留；黄实线——严禁车辆逾越的车道分界线。

(3) 安全设施

在公路的急弯、陡坡、高路堤、地形险峻路段等处，应有安全设施。安全设施可以是防护栏、防护柱、防护墙，也可以是人行天桥、人行地道等。

(4) 服务设施

公路服务设施包括车站、加油站、加气站、修理店、停车场、洗手间、餐厅、旅店等设施。

(5) 绿化照明

道路绿化可分为保护环境绿化和改善环境绿化两类。道路照明不仅可保证夜间车辆和行人的安全，而且还可美化路容，对城市夜景和节日照明有重要影响。

图 2-90　公路排水、照明与绿化

公路两侧种植行道树，是公路绿化的常见方式。但在有弯道的地方，不应妨碍行车视距。城市道路绿化，可采取乔木、灌木、草皮、花卉等组合安排，以形成不同风景、不同风格。

道路照明就是设置路灯系统。照明在平面上的布置方式有沿道路两侧对称布置、交错布置，沿道路中心线单排布置，沿道路单侧布置等；在立面上的高度一般为 6 ～ 10 m。

图 2-90 所示为某地方公路的边沟排水、路旁照明布置和两侧绿化的实际照片。城市道路通常采用地下排水管排水。

2.3.3　看公路，处处曲直

道路中线的空间位置，公路中称为路线，铁路上称为线路，这是行业差别。路线的投影有三个面，即平面、纵断面和横断面。水平面称为路线的平面，沿中线竖直剖切再行展开则是路线的纵断面，中线上任意一点的法切面是道路在该点的横断面。路线在平面上有转折、立面上有起伏，转折和起伏都必须平滑过渡，方能保证行车顺畅。道路在横向和纵向都要求顺利排水，即需设置横坡和纵坡。所以，道路无论是在平面上还是在立面上都是由直线和曲线构成的。

公路与公路或公路与铁路相交的部位，称为交叉口。交叉口是道路系统的重要组成部分，直接影响通行能力，它是道路交通的咽喉所在。

2.3.3.1　平曲线

道路中线在平面上的投影称为平面线形。图 2-91(a)所示为某段道路，可以清楚地看出其平面线形由直线、圆曲线和缓和曲线组合而成。直线、圆曲线和缓和曲线称为道路平面线形三要素。

(a)

(b)

图 2-91　公路平面线形

(1) 直线

两点之间以直线为最短,而且直线路段行车平稳、视距好,所以直线在道路中应用广泛。但长时间直线行车,易使驾驶员疲劳,所以直线段不宜过长。美国规定直线长度(m)不超过 3 分钟车程,日本和德国规定直线长度(m)不超过 $20v$ (v 为以 km/h 计的行车速度)。目前国际上还无统一标准,中国也无明确规定。

同向曲线之间插入的直线如果过短,那就很容易使驾驶员产生错觉——把直线和两端的曲线看成一反向曲线或一条曲线,从而引起判断和操作失误。对于反向曲线间的直线长度,要满足超高、加宽的需要。因此规定:

同向曲线之间的直线最小长度(m)不小于 $6v$;反向曲线之间的直线最小长度(m)不小于 $2v$。

(2) 圆曲线

圆曲线具有易与地形适应、可循性好、线路美观、易于敷设等特点,在设计中被广泛使用。车辆在圆曲线上行驶,会产生向心加速度,从而引起离心力。因离心力与半径 R 成反比,故 R 的取值不宜过小。

各级公路平面不论转角大小,均应设置圆曲线。在选择圆曲线的半径时,应与设计速度相适应。公路圆曲线最小半径值见表 2-6,公路圆曲线最大半径不宜超过 10000 m。

表 2-6　公路圆曲线最小半径

设计速度(km/h)		120	100	80	60	40	30	20
最大超高	10%	570	360	220	115	—	—	—
	8%	650	400	250	125	60	30	15
	6%	710	440	270	135	60	35	15
	4%	810	500	300	150	65	40	20
不设超高最小半径(m)	路拱≤2.0%	5500	4000	2500	1500	600	350	150
	路拱>2.0%	7500	5250	3350	1900	800	450	200

注:"—"为不考虑采用最大超高的情况。

(3) 缓和曲线

无离心力的直线段和有离心力存在的圆曲线段之间离心力应平稳过渡,否则,汽车不能正常行驶,乘客舒适度将大大降低。公路缓和曲线采用回旋线,在直线末端的曲率半径为无穷大(与直线相同),在圆曲线的接头处曲率半径为 R(与圆曲线半径相同)。当圆曲线的半径 R 大到一定程度时,直线与圆曲线直接衔接,汽车也能正常行驶,这时可以省略缓和曲线。

图 2-91(b)所示路线是在同一面坡上做方向相反的回头展线,称为回头曲线。当两点之间的高差较大、靠自然展线①无法取得所需的距离以克服高差,或因地形、地质条件等原因而不宜采用自然展线时,可采用回头曲线方式展线。

2.3.3.2　竖曲线

沿道路前进时,可能是平路,也可能是上坡或下坡。图 2-92所示的道路,先下坡,然后上坡。坡度发生变化的点为斜直线的交点,称为变坡点。变坡点处必须用曲线平滑过渡,才能保证行车平顺。所以道路的纵断面由直线段和曲线段构成。直线段又称坡度线,曲线段又称竖曲线。

图 2-92　公路纵坡

① 所谓自然展线,就是路线以适当坡度顺山坡自然地形,绕山嘴、侧沟,来延展距离、克服高差。

(1) 坡度线

坡度线分为上坡和下坡，设计时坡度应满足要求，坡长也应在规定的范围之内。

《公路工程技术标准》(JTG B01—2014)对各级道路的最大纵坡做出了规定，见表 2-7。特殊情况下，最大纵坡可增加 1%。

从行车安全、乘客舒适度和视距保证等条件出发，坡长 l 应限制在一定范围之内，即应满足条件：$l_{min} \leqslant l \leqslant l_{max}$。最小坡长与设计速度有关，见表 2-7；最大坡长取值在 200～1200 m 之内变化，不仅与设计速度有关，而且还与纵坡坡度有关。

表 2-7 公路的最大纵坡和最小坡长

设计速度(km/h)	120	100	80	60	40	30	20
最大纵坡(%)	3	4	5	6	7	8	9
最小坡长(m)	300	250	200	150	120	100	60

(2) 缓和坡段

犹如楼梯超过一定踏步时应设休息平台一样，当纵坡长度达到一定极限值时，应设一段缓坡，用以恢复在陡坡上降低的车速。一般缓和坡段的坡度≤3%，长度为 200～1200 m。

(3) 竖曲线

上坡和下坡之间的曲线为凸曲线，下坡与上坡之间的曲线为凹曲线。竖曲线宜采用圆曲线，设计时需要确定曲线半径、长度。竖曲线的最小半径和最小长度需满足相应的规定。

2.3.3.3 横断面

路基顶面两路肩外侧边缘之间的部分称为路幅。路幅布置有两种，一是无分隔带(图 2-87、图 2-92 和图 2-94)，二是有分隔带(图 2-84 和图 2-93)。可以利用分隔带来隔离对向车流，这种断面称为整体式断面；也可以将车道放在不同平面上予以分隔，这种断面称为分离式断面。

高速公路和一级公路可采用整体式断面和分离式断面。整体式断面应由车道、中间带(中央分隔带、左侧路缘带)、路肩(右侧硬路肩、土路肩)等部分组成，如图 2-93 所示；分离式断面应由车道、路肩等部分组成。二～四级公路的横断面应由车道和路肩等部分组成。

为了迅速排除路面和路肩上的雨水，将路面和路肩做成一定横向坡度的斜面，直线路段的路面为中间高、两边低呈双向倾斜，如图 2-93 所示。路面沿横向的曲线称为路拱。公路横坡通常取值为 1%～4%。路拱一般设计成如下线形：抛物线形(二次抛物线、三次抛物线)、直线形(两段直线)和折线形(由若干直线段构成)。

车辆在曲线段行驶要产生离心力，为部分抵消这个力对车辆的作用，将路面做成外侧高于内侧的单向横坡形式，这种横坡称为弯道超高，如图 2-94 所示。因为汽车在弯道上行驶需要的宽度比在直线上行驶的宽度大，所以当半径小于或等于 250 m 时，还应在弯道内侧加宽路面。

图 2-93 高速公路横断面组成

图 2-94 弯道超高

2.3.3.4 交叉口

根据交会点竖向标高设置安排的不同，道路交叉口可分为平面交叉口和立体交叉口两种类型，而立体交叉口又分为分离式立体交叉口和互通式立体交叉口。

(1) 平面交叉口(平交口)

平面交叉口的基本要求是通行能力适应各条道路的要求，保证转弯车辆行驶平稳，并符合排水要求。平交口的常见形式有十字形交叉、X形交叉、T形交叉、Y形交叉等。

图 2-95 平面交叉

① 十字形交叉。两条道路垂直相交，形成十字形，如图2-95所示。十字形交叉口又称十字路口，这种交叉形式简单，交通组织方便，街角建筑物容易处理，适用范围广，是最基本的交叉口形式。

② X形交叉。两条道路以锐角或钝角相交，形成X形。当锐角较小时，交叉口狭长，对转弯车辆行驶不利，且锐角街口建筑物难以处理，故锐角宜尽量取大值。规范规定，道路斜交时，锐角应不小于70°；受地形条件或其他特殊情况限制时，应不小于60°。

③ T形交叉。一条尽头路与另一条直行道路以近似于直角相交，形成T形交叉口。T形交叉口又称丁字路口。

④ Y形交叉。三条道路相交，形成Y形交叉口。Y形交叉的主要道路应设于交叉口的顺直方向。多条道路相交，形成多路复合交叉口。对于多路复合交叉口，因用地面积较大，且交通组织困难大，应用时应慎重考虑。

(2) 立体交叉口(立交口)

立体交叉是两条道路在不同高程上交叉，车流不相互干扰。按有无匝道连接上、下道路，可分为分离式立体交叉和互通式立体交叉两类。

① 分离式立体交叉。这种交叉形式可分为隧道式(下穿)和跨路式两种。分离式立体交叉是指一条道路从另一条道路下面穿过，两路之间无交换道路(匝道)连接，公路与铁路相交多设计成这种形式。

② 互通式立体交叉。互通式可分为部分互通和完全互通两类。在部分互通式立体交叉口中，至少存在一个平交口；完全互通式则为全立交，各种车辆(直行、左转、右转)互不干扰，如图2-96所示。

(a)

(b)

图 2-96 互通式立体交叉

高速公路与其他公路相交，必须采用立体交叉。一级公路同交通量大的其他公路交叉，宜采用立体交叉。二、三级公路之间的交叉，在交通条件需要或有条件的地点，可采用立体交叉。

2.3.4 筑路基，难免填挖

路基工程是道路工程中的一项重要工程。它是路面的基础、公路的主体，并与桥梁和环境景观相协调，形成蜿蜒曲折的工程实体，也是一件凝固的艺术品。路基敷设在地面之上，暴露于大气之中，受地形、地质、水文和气候等自然因素影响较大，其工程质量的好坏，直接影响到结构物的排水稳定、公路使用品质、旅客乘车的舒适度和正常的行车交通。

2.3.4.1 路基工程的特点

路基工程主要是土石方挖填、边坡防护加固、设置排水系统等现场施工，具有如下特点：

(1) 工艺简单

路基施工工艺有挖方、运土、铺平、碾压，由人工和机械相结合即可完成，技术要求不是很高，技术工人和大批民工都可参与其中。在机械设备不足的年代，修路时通常是全民动员，实行人海战术；现代修路，以机械为主要工具，大大降低了劳动强度。

(2) 工程数量大

路基工程的土石方数量大，劳动力和机械用量多，施工期长。据统计，平原微丘地区三级公路土石方为 8000～16000 m^3/km，山岭重丘地区三级公路土石方为 20000～60000 m^3/km，高速公路土石方量更大。

若挖方量大而填方量小，则会形成弃土；反之，若挖方量小而填方量大，则需要借土。为了减少弃土或借土，在设计路基标高时，一个标段(合同段)内应尽量使土石方平衡，即挖方量约等于填方量。

(3) 涉及面广

挖土、填土、弃土、借土涉及当地生态平衡、水土保持、农田水利等方方面面，对环境会造成一定影响，所以，项目建设前应进行环境影响评价(环评)。

(4) 投资高

公路的投资大，据统计：县乡道路造价为 500 万～1000 万元/km，高速公路造价为 6000 万～12000 万元/km，一般公路的路基造价占公路总投资的 25%～45%，一些山区可达到 65%。

2.3.4.2 土石方施工

路基施工可以采用机械施工，辅以人工施工。对于土方施工，运距较近时可采用推土机、平地机和铲运机施工；运距较远(>100 m)时，可采用挖土机配自卸汽车施工。

施工前应根据设计文件恢复路线，并进行中桩和边桩放样、边坡放样，用石灰线标出施工范围(边界)。路堑放坡开挖如图 2-97(a)所示；对于路堤，需分层铺平、及时碾压密实，如图 2-97(b)所示。

(a) 路堑放坡开挖

(b) 路堤施工

图 2-97 挖方和填方施工

石方施工常采用爆破技术。可使用的炸药有黑火药(硝钾∶硫黄∶碳粉＝75∶15∶10)、TNT 炸药、硝铵炸药,引爆材料有导火线、传爆线、雷管等。

2.3.4.3 路基施工质量

路堤基底应清理和压实,其承载力和稳定性不足时应进行处理,以保证路基稳定,减少完工后的沉降。路堑表面一定深度范围也应碾压密实。

路基压实程度用压实度衡量。压实度为施工现场土样的控制干密度与最大干密度的百分比。直接位于路面下的那部分路基称为土基或路床。路床顶面以下一定深度范围内的土层压实度(即路基压实度)应符合表 2-8 的规定。

表 2-8 路基压实度

路基部位		路床顶面以下深度(m)	压实度(%)		
			高速公路、一级公路	二级公路	三级公路、四级公路
上路床		0～0.30	≥96	≥95	≥94
下路床	轻、中及重交通荷载等级	0.3～0.8	≥96	≥95	≥94
	特重、极重交通荷载等级	0.3～1.2	≥96	≥95	—
上路堤	轻、中及重交通荷载等级	0.8～1.5	≥94	≥94	≥93
	特重、极重交通荷载等级	1.2～1.9	≥94	≥94	—
下路堤	轻、中及重交通荷载等级	＞1.5	≥93	≥92	≥90
	特重、极重交通荷载等级	＞1.9			

注:① 表列数值以重型击实试验法为准;

② 特殊干旱或特殊潮湿地区的路基压实度,表列数值可适当降低;

③ 三级公路修筑沥青混凝土或水泥混凝土路面时,其路基压实度应采用二级公路标准。

路基质量验收的标准项目除分层压实度以外,还有路基顶面弯沉、路基宽度、中线偏移值、纵断面高程、路拱和边坡比率等。

2.3.4.4 路基排水和防护

为了防止路基出现塌方等病害,保持边坡的整体稳定性,除应做好路基排水设施外,还应对路基进行防护和支挡。

路基变形和破坏的主要原因是受水的影响。对流向路基的地面水和地下水,需在路基外设置截水沟、排水沟或渗沟等进行拦截并排水;路基内的水源应用边沟、渗沟等予以排除。

路基边坡防护是保证路基稳定的重要措施。坡面防护分植物防护和工程防护两类,前者采用种草、植树以固土,后者在坡面加铺护面墙、混凝土板、砌石护坡以及人工织物护面等。图 2-98 所示为路基排水沟和防护工程措施。

挡土墙是路基的支挡结构,是承受路基侧压力的墙式构筑物。为了防止路基填土或山坡土塌方,同时收缩路基边坡,以减少土石方、拆迁和占用土地的数量,克服地形(如陡崖、建筑物等)的限制和干扰,可在挖方或填方路基边坡的底部和路肩处设置挡土墙。

(a)

(b)

图 2-98　路基排水和边坡防护

2.3.5　铺路面，无非软硬

路面是道路的结构层，暴露在自然界，在干湿变化、温度变化的条件下，长年承受重复行驶的各种车辆荷载的作用。为了保证行车的通畅、舒适和经济耐用的要求，路面应具有下列性能：承受荷载的能力和抵抗变形的能力，水温稳定性，耐久性，表面平整性，抗滑性和环保性。

2.3.5.1　路面面层类型及适用范围

公路路面由基层和面层组成。基层承受面层传来的力，并往下传，基层的形式主要有水泥稳定土、石灰稳定土、石灰工业废渣稳定土、级配碎石、级配砾石或级配砂砾以及填隙碎石；面层主要指最表面的磨耗层，它承受车轮垂直力和水平力的作用，并直接经受自然气候的影响。路面面层的类型和适用范围见表 2-9。

表 2-9　路面面层类型及适用范围

面层类型	适用范围
沥青混凝土路面	高速公路、一级公路、二级公路、三级公路、四级公路
水泥混凝土路面	高速公路、一级公路、二级公路、三级公路、四级公路
沥青灌入、沥青碎石、沥青表面处治路面	三级公路、四级公路
砂石路面	四级公路

沥青混凝土路面和水泥混凝土路面国际上称为有铺装路面，前者柔软、后者刚硬，适用于所有等级公路；沥青灌入路面、沥青碎石路面和沥青表面处治路面等称为简易铺装路面，适用于三级公路和四级公路；而砂石路面则称为未铺装路面，这种路面晴天灰多、雨天泥多，仅可用于四级公路。

2.3.5.2　沥青混凝土路面

沥青混凝土路面属于柔性路面，由不同颗粒尺寸的矿料（碎石、石屑、砂和矿粉）按最佳级配原则选配，按一定比例的沥青作结合料经拌和压实而成。沥青混凝土路面的优点是表面平整无接缝、行车舒适，振动小、噪声低，开放交通快、养护简便；缺点是温度敏感性高，履带车辆不能行驶。沥青混凝土路面是一种适合现代快速汽车交通的路面，新建、改建、扩建的各级道路均可采用。

路用沥青应在沥青拌合厂的沥青加温池中加热至 140～170 ℃（石油沥青）或 90～130 ℃（煤沥青），经管道输送到沥青拌合机。矿料应在沥青拌合厂的加热滚筒（干燥筒）加热至 150～170 ℃，矿粉填料不加热。加热后的矿料与沥青及矿粉按一定比例装入沥青搅拌机中搅拌，一般搅拌时间 30～50 s。混合料的控制出厂温度为 125～165 ℃，用具有保温条件的自卸汽车运输到工地。

沥青混凝土路面基层必须清扫干净，按规定浇洒透层油或黏层油。自卸汽车把沥青混凝土混合料倾卸于摊铺机料斗上，立即用摊铺机进行摊铺，摊铺机后面紧跟压路机碾压形成路面，如图 2-99 所示。

2.3.5.3 水泥混凝土路面

水泥混凝土路面属于刚性路面，可以是素混凝土路面，也可以是钢筋混凝土路面。水泥混凝土路面的优点是承受荷载的能力高，稳定性好，表面较粗糙、抗滑性能好，能适应履带车辆行驶，耐磨性好，使用寿命长（设计寿命 20～30 年）；其缺点在于水泥用量大，开放交通慢（养生时间长），有接缝致使行车有跳车振动，对超载敏感，损坏修复困难。水泥混凝土路面在公路、城市道路中广泛应用。

水泥混凝土路面的施工顺序为放样清底、安装模板、安设传力杆、拌制和运送混凝土、摊铺振捣、表面修整、养生。图 2-100 所示的水泥混凝土路面正在养生。为了减少温度变化引起的路面翘曲或开裂，混凝土板应设置许多纵横接缝构造，施工时应锯缝和填缝。

图 2-99 沥青混凝土路面摊铺与碾压

图 2-100 水泥混凝土路面

2.3.6 课程思政案例

新疆塔里木沙漠公路——探索低碳建设之路，促进“双碳”目标实现

塔克拉玛干沙漠公路（塔里木沙漠公路）始建于 1995 年，全长 566 km，是世界上贯穿流动性沙漠最长的等级公路。为抵御风沙侵袭，2006 年中国石油塔里木油田公司在公路沿线建成绵延 436 km 的生态防护林工程，布设了 109 座水井房日夜抽水浇灌，使植被深深扎根沙漠，实现了从“沙进人退”到“绿进沙退”的生态转变。2022 年 1 月，中国石油塔里木油田公司开始对沿线 86 个使用柴油发电的水井房进行光伏改造。2022 年 6 月 2 日，中国首条贯穿塔克拉玛干沙漠的等级公路——塔里木沙漠公路“零碳示范工程”正式投入运行。新建的 86 座光伏电站散布生态防护林带中，展现出别样“光”景，公路沿线植被彻底告别了柴油机发电灌溉的历史，实现公路全线零碳排放。塔里木沙漠公路已成为我国首条零碳沙漠公路。

中国石油塔里木油田公司聚焦“双碳”目标，积极响应国家“在沙漠、戈壁、荒漠地区加快规划建设大型风电光伏基地项目”的号召，2010 年试点建设了 12 座光伏发电灌溉示范站，以替代柴油机发电灌溉。2022 年，中国石油塔里木油田公司对剩余 86 口柴油机发电水源井进行光伏改造，实现生态防护林抽水灌溉零碳排放，每年较柴油发电减排二氧化碳约 3410 t，走出了一条光伏治沙的新路，让号称“死亡之海”的塔克拉玛干沙漠一步步成为“绿电热土”。

技术人员先后设计了三种功率的光伏发电设备（图 2-101），还采取光伏加储能方式，配套储能柜能储存 7 h 电能，以确保无太阳光照情况下抽水设备能够正常运行。光伏发电站总装机规模达 3540 kW，年发电量达 362 万千瓦时，产生的电力可满足 436 km 生态防护林每日灌溉所需。据测算，沙漠公路防护林总面积达 3128 万平方米，形成了以拐柳、沙拐枣、梭梭等为主的“绿色走廊”。按照固沙植物平均每万平方米每年捕集二氧化碳 6.4 t 计算，防护林每年可捕集二氧化碳约 2 万吨，负碳部分可中和沙漠公路过往车辆的碳排放，为我国荒漠治理和沙漠公路运行维护提供了“塔里木方案”。

图 2-101 塔里木沙漠公路光伏发电站

如今，穿行于塔克拉玛干沙漠时，车窗外除了滚滚黄沙，还会有片片绿意；每隔 4 km，就有一座水源井，每座水源井旁都装有太阳能光伏板，与红顶白墙的井房、葱葱郁郁的绿林相映成趣。从沙漠公路的贯通，到生态防护林建设，再到水源井光伏改造，中国石油塔里木油田公司以实际行动攻克了在沙漠极端环境下大规模植树造林的世界级难题，走出了一条绿色低碳的发展之路。

依托沙漠公路，中国石油塔里木油田公司先后在沙漠腹地及周缘开发建设了 32 座现代化油气田，一跃成为我国陆上第三大油气田和西气东输主力气源地。特别是近年来，中国石油塔里木油田公司发现并落实了富满 10 亿吨大油区和克拉-克深、博孜-大北两个万亿立方米大气区，建成了我国最大超深油气生产基地。在奉献清洁能源的同时，中国石油塔里木油田公司将“绿水青山就是金山银山”的理念贯穿油气生产全过程，近年来先后在戈壁荒漠造林绿化 483 平方千米，5 座矿山入选国家“绿色矿山”名录。

面对新疆的无限好“风”“光”，中国石油塔里木油田公司坚持新能源与油气协同发展，大力推进清洁替代等 5 个新能源示范区建设，秉持“开发一个区块、建设一片绿洲、撑起一片蓝天”的原则，在号称“死亡之海”的塔克拉玛干大沙漠建立多座绿色能源“特区”，全力打造“板上发电、板下种植、治沙改土、水资源综合利用”等多位一体的循环发展模式，实现油气开发和生态保护的协调发展，为建设美丽中国添光增彩。

2.4 八千里路云和月——轨道工程

三十功名尘与土，八千里路云和月。莫等闲，白了少年头，空悲切。

——【宋】岳飞

铁路(或铁道)是供使用机车牵引由若干车辆组成的列车循轨道行驶的线路。铁路可分为地上铁路和地下铁路。地上铁路形成全国性路网，进行客、货长距离运输，是国家交通运输的大动脉；地下铁路(简称地铁)属于一个城市的交通网络，以分流地面公交客流、方便居民出行为目的。

铁道工程是由轨道、路基、桥涵、隧道构成的异质结构体，该结构体为三维带状空间结构，如图 2-102 所示。铁道路基、桥涵等线下工程与公路路基、桥涵类似，不再重复；铁路隧道、公路隧道等内容见本章第2.5.1节“隧道衬砌工程”。这里给读者介绍线路、轨道工程、地上铁路和地下铁路的概况。

(a)

(b)

图 2-102 铁道工程构成

2.4.1 铁路线路曲线美

线路在空间位置是由它的平面和纵断面决定的。线路平面是指线路中心线在水平面上的投影，表示线路在平面上的具体位置；线路纵断面是沿线路中心线所作的铅垂剖面在纵向展直后，线路中心线的立面图，表示线路起伏情况，其高程为路肩高程。

线路平面和纵断面设计首先必须保证行车安全和平顺，即不脱钩、不断钩、不脱轨、不途停、旅客乘车舒适等；其次，应力争节约资金。线路设计既要力争减少工程数量、降低工程造价，又要考虑为施工、运营、维修提供有利条件，节约运营支出。从降低工程造价方面考虑，线路最好顺地面爬行，但因起伏弯曲太大，给运营造成困难，导致运营支出增大；从节约运营支出方面考虑，线路最好又平又直，但势必增加工程数量，提高工程造价。因此，设计时必须根据设计线的特点，分析设计路段的具体情况，综合考虑工程和运营的要求，通过方案比较，正确处理两者之间的矛盾。

平面曲线的曲率半径、纵断面的坡度都和列车设计速度有关，而设计速度又与铁路等级相联系。

2.4.1.1 铁路等级与设计速度

铁路等级是根据铁路线在铁路网中的作用、性质和远期客货运量，以及列车速度等条件，对铁路划定的级别。我国铁路根据运输性质的不同，将铁路分为客运专线铁路、客货共线铁路和货运专线铁路三类，根据其在路网中的作用、性质、设计速度和客货运量划分为高速铁路、城际铁路、客货共线铁路和重载铁路四个等级。

根据《铁路线路设计规范》(TB 10098—2017)的规定，现将各等级铁路的定义和设计速度做一介绍。

(1)高速铁路(high-speed railway)

高速铁路指设计速度 250 km/h(含预留)及以上运行动车组列车、初期运营速度不小于 200 km/h 的客运专线铁路。高速铁路设计速度分 350 km/h、300 km/h 和 250 km/h 三个档次。

(2)城际铁路(intercity railway)

城际铁路指专门服务于相邻城市间或城市群，设计速度 200 km/h 及以下的快速、便捷、高密度客运专线铁路。城际铁路设计速度分 200 km/h、160 km/h 和 120 km/h 三个档次。

(3)客货共线铁路(mixed passenger and freight railway)

客货共线铁路为旅客列车与货物列车共线运营、旅客列车设计速度 200 km/h 及以下的铁路。客货共线铁路分为Ⅰ、Ⅱ、Ⅲ、Ⅳ级，其划分应符合下列规定：Ⅰ级铁路——铁路网中起骨干作用的铁路，或近期年客货运量大于或等于 20 Mt 者；Ⅱ级铁路——铁路网中起联络、辅助作用的铁路，或近期年客货运量小于20 Mt且大于或等于 10 Mt 者；Ⅲ级铁路——为某一地区或企业服务的铁路，近期年客货运量小于 10 Mt 且大于或等于 5 Mt 者；Ⅳ级铁路——为某一地区或企业服务的铁路，近期年客货运量小于 5 Mt 者。以上年客货运量为重车方向的货运量与客车对数折算的货运量之和，每日一对旅客列车按 1.0 Mt 年货运量折算。

客货共线Ⅰ级铁路的旅客列车设计速度分 200 km/h、160 km/h 和 120 km/h 三档，客货共线Ⅱ级铁路的旅客列车设计速度分 120 km/h、100 km/h 和 80 km/h 三档。

(4)重载铁路(heavy haul railway)

重载铁路指满足列车牵引质量 8000 t 及以上、轴重为 27 t 及以上、在至少 150 km 线路区段上年运量大于 4000 万吨三项条件中两项的铁路。重载铁路的货物列车设计速度分为 100 km/h 和 80 km/h 两档。

2.4.1.2 线路平面曲线

线路平面是一个由曲线和与之相切的直线组成，且曲线中由圆曲线和缓和曲线构成曲率连续的线路，如图 2-103 所示。铁路缓和曲线通常采用三次抛物线、半波正弦曲线，也可采用高次曲线、一波正弦曲线。

(a) 直线路段

(b) 曲线路段

图 2-103 铁路直线和曲线路段

(1) 铁路平面曲线半径

为了满足行车安全、平顺，线路平面曲线半径取值应有限制。《铁路线路设计规范》(TB 10098—2017)规定：铁路平面曲线半径的最大值为 12 km。高速铁路平面最小曲线半径见表 2-10，城际铁路平面最小曲线半径见表 2-11，客货共线铁路平面最小曲线半径见表 2-12。重载铁路的平面曲线半径不应小于 800 m，困难条件下不应小于 600 m。

表 2-10 高速铁路平面最小曲线半径(m)

设计速度(km/h)			350	300	250
工程条件	有砟轨道	一般	7000	5000	3500
		困难	6000	4500	3000
	无砟轨道	一般	7000	5000	3200
		困难	5500	4000	2800

表 2-11 城际铁路平面最小曲线半径(m)

设计速度(km/h)		200	160	120
工程条件	一般	2200	1500	900
	困难	2000	1300	800

表 2-12 客货共线铁路平面最小曲线半径(m)

设计速度(km/h)		200	160	120	100	80
工程条件	一般	3500	2000	1200	800	600
	困难	2800	1600	800	600	500

铁路线路顺地面爬行的曲线展线方式示例如图 2-104 所示，可能是左弯、右弯、S 弯，也可能是回头弯、螺旋展线。

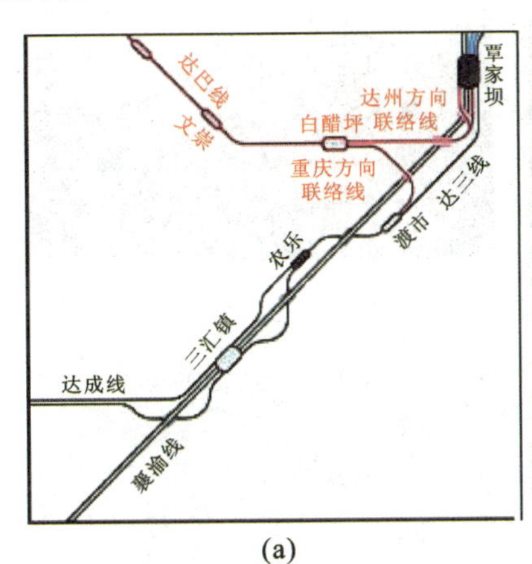

(a)

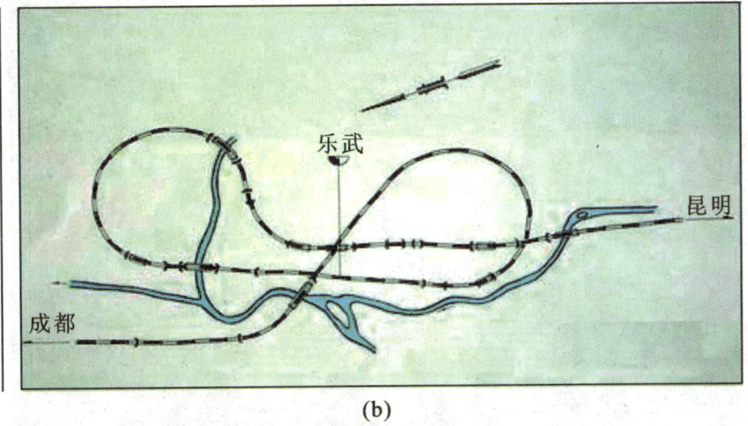

(b)

图 2-104 铁路曲线展线方式示例

图 2-105 所示为 S 形曲线和环形交叉曲线的案例，前者位于同一平面或缓慢升降标高之处，后者通过一个环形交叉后标高得到较大提升或下降。盘山路在同一面山坡展线，可能多次走回头路(图 2-106)，形成“楼上楼”的奇妙景观。

(a) S形曲线

(b) 环形交叉曲线

图 2-105 S 形曲线和环形交叉曲线

(2) 人字形铁路

中国境内最早的人字形铁路为詹天佑设计的，位于京张铁路线上，如图 2-107 所示。京张铁路起自京师顺天府丰台柳村，经八达岭，终到张家口，与原京奉铁路(京师至奉天，今北京至沈阳)接轨。该工程由詹天佑主持修建，于 1905 年动工，1909 年完工，历时四年，为我国政府独自修建的第一条铁路，此前的铁路为洋人所建。1923 年京张铁路延伸至包头，改称京包铁路。

图 2-106　盘山展线三叠交叉

京张铁路最困难的一段是南口至八达岭，不仅地势险峻，而且坡度很大。詹天佑将其设计成人字形铁路，以缩短线路，克服高差，采用“三十尺高一尺”，即 33.3‰的坡度。为了安全、平稳，北上的列车到了南口以后，采用两台机车，一台在前面拉，另一台在后面推，过了青龙桥，列车向东北方向前进，进入“人”字形线路的岔道口后折返，后车变前车，原来推的机车改在前面拉，而原先拉的机车则改为在后面推，使列车向西北方向前进，这样一来，列车上山爬坡就容易多了。这种设计在当时是一个创举，使八达岭隧道长度减少了一半，缩短了工期，减少了投资。人字形铁路附近的青龙桥车站已成为北京市的文物保护单位。

(a)

(b)

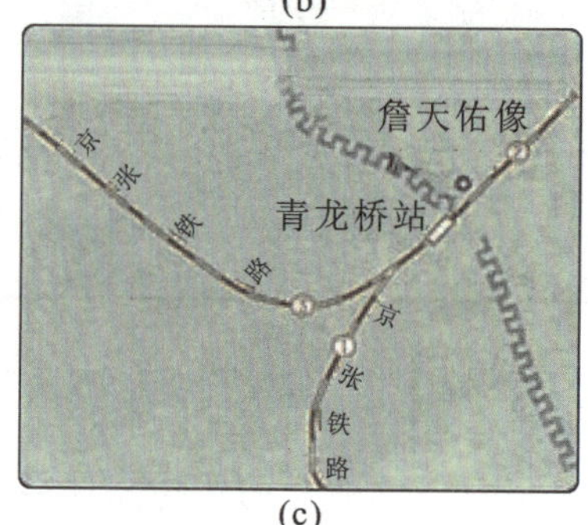

(c)

图 2-107　詹天佑和人字形铁路

2.4.1.3　线路纵断面

线路纵断面是由长度不同、陡缓各异的坡段组成的。坡段的特征用坡段长度和坡度值表示。坡度为 10‰，即表示每千米高差为 10 m。线路纵断面设计主要包括确定最大坡度、坡段长度、坡段连接与坡度折减等问题。

客货共线铁路、重载铁路的限制坡度应根据铁路等级、地形条件、牵引种类、机车类型、牵引质量和运输要求比选确定，并应考虑与邻接铁路的限制坡度相协调，但不得大于表 2-13 规定的数值。

表 2-13　客货共线铁路、重载铁路限制坡度最大值(‰)

铁路等级		Ⅰ			Ⅱ		
地形类别		平原	丘陵	山区	平原	丘陵	山区
牵引种类	电力	6.0	12.0	15.0	6.0	15.0	20.0
	内燃	6.0	9.0	12.0	6.0	9.0	15.0

由两台及以上机车牵引称为加力牵引，其中最常见的为双机牵引，偶见三机牵引。客货共线铁路、重载铁路电力、内燃牵引的加力牵引坡度分别不得大于 30‰和 25‰。

高速铁路、城际铁路采用动车组，即具有动力、固定编组、在日常运用中不摘钩的一组列车，其功率大，牵引和制动性能优良，能适应大坡度运行，一般情况下最大坡度不受牵引质量的限制，而应根据工程和运营两方面的技术经济条件，确定设计线的最大坡度。但区间正线的最大纵坡不宜大于20‰，困难条件下，经技术经济比较，不应大于30‰。

在线路纵断面的变坡点处，为了保证行车的安全平顺，设置的与坡段直线相切的竖向曲线称为竖曲线。常用的竖曲线有两种线形：一种线形为抛物线竖曲线，即用一定变坡率的20m短坡段连接起来的竖曲线；另一种线形为圆弧形竖曲线。因圆弧形竖曲线测设、养护方便，目前国内外均大量采用。竖曲线半径的选择受旅客舒适条件、保证车轮不脱轨、养护维修条件等因素限制。两坡段的坡度变化点称为变坡点，相邻两变坡点间的水平距离称为坡段长度，坡段长度应满足相应规定。

2.4.2 轨道工程技术高

轨道是铁路的主要技术装备之一，是行车的基础。轨道由钢轨、轨枕、道床、道岔、连接零件及防爬设备等主要部件组成，如图2-108所示。轨道的作用是引导机车车辆运行，直接承受由车轮传来的荷载，并把它传给路基或桥隧建筑物。轨道必须坚固稳定，并具有正确的几何形位，以确保机车车辆的安全运行。

(a)

(b)

图2-108 轨道组成

无砟轨道是用整体性较好的混凝土道床代替散粒道砟道床的轨道结构形式，轨道的累积变形小，可持久保持轨道几何形态，大幅减少养护维修工作量，在高速铁路和城市轨道交通中应用较为广泛。

2.4.2.1 钢轨

钢轨是轨道的主要部件，它的功用在于引导机车车辆的车轮前进，承受车轮的巨大压力，并将所承受的荷载传给轨枕、道床及路基。同时，钢轨必须为车轮提供连续、平顺和阻力最小的滚动表面。在电气化铁道或自动闭塞区段，钢轨还可兼做轨道电路之用。

钢轨的断面形状采用具有最佳抗弯性能的工字形断面(图2-109)，由轨头、轨腰和轨底三部分组成。每根钢轨端部留有三个圆孔，供连接时穿螺栓用。轨距是钢轨顶面下16 mm处两股钢轨作用边之间的距离，这里不受钢轨磨耗和肥边的影响，便于轨道维修工作的实施。标准轨距为1435 mm，大于标准轨距者称为宽轨距，小于标准轨距者称为窄轨距，我国路网采用标准轨距。

钢轨的类型以每米长度大致质量的千克数(kg/m)表示。目前，我国铁路的钢轨类型主要有75 kg/m、60 kg/m、50 kg/m及43 kg/m。

我国有缝线路轨道钢轨标准长度为12.5 m和25 m两种，对于75 kg/m钢轨只有25 m长一种。还有用于曲线内股的缩短轨，对于12.5 m标准轨系列的缩短轨有短40 mm、80 mm和120 mm三种；对于25 m轨的缩短轨有短40 mm、80 mm和160 mm三种。

轨道上钢轨与钢轨之间用夹板和螺栓连接，称为钢轨接头，如图2-110所示。接头处轮轨动力作用大，养护维修工作量大，接头是轨道结构的薄弱环节之一。

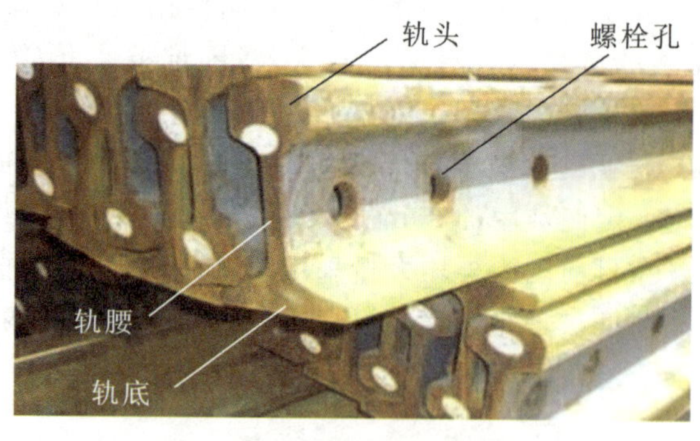

图 2-109 钢轨断面

图 2-110 钢轨接头

为适应钢轨热胀冷缩的需要，在钢轨接头处要预留轨缝，轨缝一般预留 2～8 mm。轨缝应设置均匀。每千米线路轨缝总误差：25 m 钢轨地段不得超过±80 mm，12.5 m 钢轨地段不得超过±160 mm。绝缘接头轨缝不得小于 6 mm。

为了减少接头对行车舒适性的不利影响，可采用长钢轨铺设。在焊轨厂将 25 m 长标准钢轨焊接成 250～500 m 长轨条，由长轨车将轨条运往铺轨工地后，采用气压焊或铝热焊的方法焊成 1000～1500 mm 的长轨节，再把这些长轨节焊接成区间或跨区间无缝线路，最后用高强度扣件把钢轨强制扣紧在混凝土轨枕上，使其几乎没有相对位移。

我国攀枝花钢铁公司、鞍山钢铁公司和包头钢铁公司均能生产长度大于 25 m 的长尺钢轨。新建铁路设计速度大于或等于 120 km/h 时，应积极采用 100 m 长定尺钢轨(60 kg/m)和 75 m 长定尺钢轨(75 kg/m)铺设无缝线路。在焊轨厂将 5 根 100 m 长定尺钢轨依次焊接成 500 m 长的一根整体钢轨，用特制平板车运抵现场，焊接铺设，形成无缝线路。钢轨长尺化可以提高其成材率，减少焊接接头数量，提高轨道运行的平顺性及安全可靠性，是轨道的发展方向。

2.4.2.2 轨枕

轨枕是轨道结构的重要部件，一般横向铺设在钢轨下的道床上，承受来自钢轨的各向压力，并弹性地传布于道床，同时，轨枕能有效地保持轨道的几何形状，特别是轨距和方向。图 2-111 所示为轨枕和钢轨组成轨排后，现场铺设。

图 2-111 轨排铺设

轨枕按其使用目的不同，分为用于一般区间的普通轨枕、用于道岔上的岔枕和用于无砟桥梁上的桥枕。轨枕按其材质不同，分为木枕、混凝土枕和钢枕。

在我国主要干线上，除部分小半径曲线上存在木枕外，绝大部分线路已铺设混凝土轨枕。混凝土枕按配筋方式分，有普通钢筋混凝土枕和预应力混凝土枕两大类。普通钢筋混凝土枕抗弯能力很差，容易开裂失效，已被淘汰。预应力混凝土枕在制作时给混凝土施加了一定的预压应力，因而具有抗裂性能好、用钢量少的优点。我国主要采用整体式预应力混凝土枕，简称混凝土枕(PC 枕)。

每千米线路上铺设轨枕的数量应根据运量及设计行车速度等运营条件确定，一般在 1520～1840 根之间。

2.4.2.3 道床

道床是路基和轨枕之间的结构层，是轨枕的基础。道床的作用是把轨枕传下的车辆重力均匀传到路基面上，阻止轨道在列车作用下产生位移，并缓和列车的冲击作用。同时，道床还具有便于排水以保持路基面和轨枕干燥，以及便于调整线路平面和纵断面的作用。

根据结构类型不同，道床分为有砟道床[图 2-108(a)和图 2-111]和无砟道床[图 2-108(b)]两种。有砟道床采用碎石作为道砟，铺设厚度、顶面宽度和边坡坡度应满足相应要求；无砟道床采用现浇钢筋混凝土道床。相比于有砟轨道，无砟轨道具有高平顺、高稳定和少维修的优点，主要结构形式包括整体道床轨道、板式轨道、轨枕埋入式轨道及轨枕支承式轨道等。

2.4.2.4 道岔

道岔是使机车车辆从一股轨道分支进入另一股轨道，或跨越另一股轨道的线路设备，它的基本功能是实现线路的连接和交叉。线路连接和交叉设备总称为道岔和交叉，习惯上简称为道岔。铁路列车的到发、会让、越行、调车以及机车摘挂等作业的线路都必须采用道岔；道岔还用于铁路路网与厂矿、港口专用铁路的连接，以及在区间两线之间改变行驶线路的连接。道岔是铁路轨道的一个重要组成部分。由于道岔具有数量多、构造复杂、使用寿命短、限制列车速度、行车安全性低、养护维修投入大等特点，所以它与曲线、接头并称为轨道的三大薄弱环节。

最常用、最简单的线路连接设备是普通单式道岔，它由转辙器、转辙机械、辙叉、连接部分和叉枕组成，如图 2-112 所示。转辙器包括两根尖轨和两根基本轨，起引导机车车辆转向的作用；转辙机械用来移动尖轨的位置，有手动和电动两种；辙叉设在两条钢轨的交叉处，由一副辙叉和两根翼轨组成，其作用是使运行在一条钢轨上的车轮越过另一条钢轨。辙叉有固定式和可动式两种。采用固定式辙叉，需在辙叉两侧设护轨，以防车轮脱落。

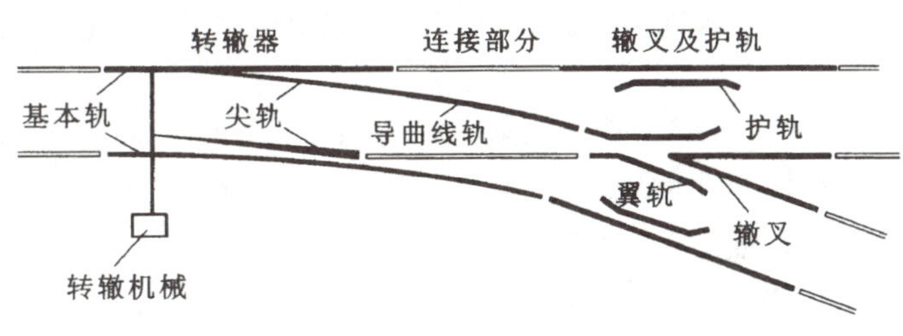

图 2-112 普通单式道岔示意图

除了单式道岔外，还有双开、三开、交分道岔等，可供多个方向转向。图 2-113 所示为道岔实例。

2.4.2.5 扣件

钢轨与轨枕的连接是通过中间连接零件实现的。中间连接零件也称为扣件，其作用是将钢轨固定在轨枕上，防止钢轨倾覆，保持轨距并阻止钢轨相对于轨枕的纵、横向移动。图 2-114 所示为轨道扣件。

图 2-113 道岔实例

图 2-114 扣件

2.4.3 地上铁路大动脉

铁路运输是以钢轨引导列车运行的运输方式，具有节能、环保、安全、大运力的特点，在我国经济社会发展中的地位至关重要。铁路建设周期长，投资大。起自四川江油，经成都，终点为峨眉山的城际铁路，全长314 km，2008年底开工，2014年底开通运营，周期长达6年，总投资逾400亿元；京沪高铁，总长1318 km，投资2209亿元，平均每千米投资达1.676亿元。所以，铁路的快速发展，是一个国家实力的体现。

铁路是国民经济大动脉、国家重要基础设施和大众化交通工具，是综合运输体系的骨干，民间称其为“铁老大”，其不可替代的重要性在每年的“春运”中得到充分体现。完善网路，大力发展高速铁路、重载铁路是时代的需要。

2.4.3.1 路网密度大

1949年中华人民共和国成立时，全国铁路通车里程不到2.2万千米，且分布极为不合理，主要集中于东北、中部和沿海各省，西南西北地区却几乎没有铁路，而且铁路设备简陋，标准极低。中华人民共和国成立后修建的第一条铁路是成渝铁路（成都—重庆），1950年动工，1952年建成通车，全长505 km；随后建成包兰铁路（包头—兰州）、宝成铁路（宝鸡—成都）、兰新铁路（兰州—乌鲁木齐）、成昆铁路（成都—昆明）、川黔铁路（重庆—贵阳）等干线铁路，使铁路路网布局得以改善。其中宝成铁路是第一条电气化铁路，凤州到秦岭段坡度为30‰，双机牵引。经过50年的建设，到20世纪末全国铁路营业里程达到5.8万千米，净增加3.6万千米。

进入21世纪后，铁路建设提速，十余年的时间里净增里程超过前50年。到目前为止，我国基本建成了贯通东西南北的铁路路网。南北干线有：哈大、京沈、津沪、京九、京广、太焦—焦枝—枝柳、宝成—成昆、成渝—川黔—黔桂—湘桂（柳州至友谊关）等线；东西干线有：滨洲—滨绥、京秦—京包—包兰—兰青—青藏、石太—石德—胶济、新焦—新菏—兖石、陇海—兰新、沪杭—浙赣—湘黔—贵昆、广梅汕—三茂等线。围绕东北经济区、环渤海经济区、长江三角洲及沿长江经济区、中部五省经济区、西南及华南部分省区、西北经济区六大经济区域的铁路网构架已基本形成。

2015年底全国铁路营业里程为12.1万千米，2018年底为13.17万千米，而到2021年底突破15万千米，其中高速铁路运营里程已经达到4万千米。每年都有数千千米新线投产。

截至2021年底，全国铁路营业里程达到15.07万千米，路网密度156.7千米/万平方千米。其中复线里程8.97万千米，复线率59.5%；电气化里程11.08万千米，电气化率73.3%。2021年全年铁路完成旅客发送量26.12亿人，旅客周转量9567.81亿人·千米；货物发送量47.74亿吨，货物周转量33238亿吨·千米。全年完成铁路固定资产投资7489亿元，投产新线4208 km。

2004年初，国务院原则上通过了我国《中长期铁路网规划》，并于2008年进行了调整。根据该规划，到2020年，中国铁路运营里程将达到12万千米，复线率和电气化率分别达到50%和60%以上，主要繁忙干线实现客货分线，基本形成布局合理、结构清晰、功能完善、衔接顺畅的铁路网络，运输能力满足国民经济和社会发展需求，主要技术装备达到或接近国际先进水平。当前和今后的任务是加快建设“四纵四横”铁路快速客运网，建设区际大运力干线。我们已经知道，2020年底的铁路营业里程14.63万千米，已经远远超过了规划于2020年达到的12万千米的目标。建设速度远超规划。

2016年版修编的《中长期铁路网规划》期限为2016—2025年，远期展望到2030年。《中长期铁路网规划》预期到2025年，铁路网规模达到17.5万千米左右，其中高速铁路3.8万千米左右，网络覆盖进一步扩大，路网结构更加优化，骨干作用更加显著；展望到2030年，基本实现内外互联互通、区际多路畅通、省会高铁连通、地市快速通达、县域基本覆盖。

2.4.3.2 高铁速度快

高速行车是铁路现代化的重要标志，行车速度指的是正规运营中实现的速度而非试验速度。自1964年日本建成世界上第一条高速铁路（东京—大阪高速铁路）以后，50多年来，高速铁路从无到有，迅速发展。21世纪的铁路运输业将会出现轮轨系统高速铁路的全面发展，全球性高速铁路网建设的时期已经到来。中国高速铁路起步晚，但发展快，高铁技术已跻身世界先进行列。

(1) 高速客运专线

我国的铁路运输现状是:在经济发达、人口密集、客货流稳定增长的方向上,虽已形成交通运输大通道,但客货运量高度集中,既有铁路通过能力已经饱和。故应修建最高时速 250～350 km/h 的高速客运专线,实现客、货流分线运行,以满足快速发展的客、货运输的需求。高速客运专线的基础设施建设应一步到位,并从客运最繁忙区段开始,由段而线、由线而网逐步建设。

国家规划了“四纵四横”客运专线,见表 2-14;除此之外,还规划了重要路段客运专线。重要路段客运专线有:南昌—九江、柳州—南宁、绵阳—成都—乐山、哈尔滨—齐齐哈尔、哈尔滨—牡丹江、长春—吉林、沈阳—丹东等重要路段客运专线;九个区域城际客运系统:环渤海地区、长江三角洲地区、珠江三角洲地区、长株潭地区、成渝地区、以郑州为中心的中原城镇群、武汉城市圈、以济南和青岛为中心的城镇群、以福州为中心的海峡西岸城镇群等城际客运系统,覆盖区域内主要城镇。这些客运专线大都为高速铁路和城际铁路,少部分为客货共线Ⅰ级铁路(设计速度 200 km/h)。2020 年底,客运专线(高速铁路+城际铁路)运营里程已达到 4.5 万千米。

表 2-14　四纵四横客运专线

序号	1	2	3	4
四纵	北京—上海客运专线	北京—武汉—广州—深圳客运专线	北京—沈阳—哈尔滨(大连)客运专线	上海—杭州—宁波—福州—深圳客运专线
四横	徐州—郑州—兰州客运专线	杭州—南昌—长沙—贵阳—昆明客运专线	青岛—石家庄—太原客运专线	南京—武汉—重庆—成都客运专线

上述规划的四纵四横铁路已全部建成。2016 年版修编规划在原规划“四纵四横”主骨架基础上,提出增加客流支撑、标准适宜、发展需要的高速铁路,同时充分利用既有铁路,形成以“八纵八横”主通道为骨架、区域连接线衔接、城际铁路补充的高速铁路网。

具体规划方案:一是构建“八纵八横”高速铁路主通道。“八纵”通道为:沿海通道、京沪通道、京港(台)通道、京哈-京港澳通道、呼南通道、京昆通道、包(银)海通道、兰(西)广通道;“八横”通道为:绥满通道、京兰通道、青银通道、陆桥通道、沿江通道、沪昆通道、厦渝通道、广昆通道。二是拓展区域铁路连接线。在“八纵八横”主通道的基础上,规划布局高速铁路区域连接线,目的是进一步完善路网,扩大高速铁路覆盖。三是发展城际客运铁路。在优先利用高速铁路、客货共线铁路开行城际列车服务城际功能的同时,规划建设支撑和带领新型城镇化发展、有效连接大中城市与中心城镇、服务通勤功能的城市群城际铁路。

(2) 高铁动车组

铁路机车按出现的时间先后顺序,有蒸汽机车、内燃机车和电力机车三类。中国已于 1988 年停产蒸汽机车,人类历史上最后 27 辆蒸汽机车于 2005 年 10 月 30 日在内蒙古通辽—集宁铁路线正式停运。现在路网运行的机车有东风(DF)系列内燃机车和韶山(SS)系列电力机车,最高时速为 100～170 km,不能用于高速牵引。

为满足高速铁路牵引动力的需要,在引进国外先进技术的基础上,我国自主设计制造了 CRH 系列动车组,如图 2-115 所示。所谓动车组,就是具有牵引动力、固定编组、在日常运用中不摘钩的一组列车。一般编组 8 辆,也可以是 16 辆,轴重不大于 17 t。CRH 动车组又称为“和谐号”,根据型号不同,运行最高速度分别为 200 km/h、250 km/h、300 km/h、350 km/h 和 380 km/h。和谐号动车组是我国高铁技术的代表之一。

列车的研发水平也在进步,2017 年推出了和谐号的升级版——复兴号动车组列车,它是中国标准动车组的中文命名。复兴号的三个级别为 CR400、CR300、CR200,数字表示最高时速,而持续时速分别对应 350 km/h、250 km/h 和 160 km/h,适应于高速铁路、城际铁路、客货共线铁路。目前线路上开行的有“CR400AF”、“CR400BF”和“CR200J”三种型号,其中字母 CR 是 China Railway 的缩写,即中国铁路;A 和 B 为企业标识代码,代表生产厂家,A 代表红神龙配色、B 代表金凤凰配色;F 代表技术类型代码,表示动力分散式机车,J 代表动力集中电动车组,N 代表动力集中内燃动车组。

京沪高铁全长 1318km,2011 年 6 月 30 日通车,初期运营速度 310 km/h,5 小时之内便可从北京南站到

(a)

(b)

图 2-115　和谐号动车组

达上海虹桥站，大大方便了人们的出行；“复兴号”于 2017 年 6 月 26 日 11 时 05 分，在京沪高铁两端的北京南站和上海虹桥站双向首发，按 350 km/h 的速度正式上线运营，所需时间进一步压缩。

(3) 旅客列车分类

按运行远近和运行速度，可对旅客列车进行分类。CRH 和 CR 动车组列车分三类：G 字头列车（铁路部门将其简称为“高”）——高速动车组列车，最高运行速度 350/300/250 km/h；C 字头列车（简称“城”）——城际动车组列车，最高运行速度 350/300/250/200/160 km/h；D 字头列车（简称“动”）——动车组列车，最高运行速度 250/200/160 km/h。

内燃、电力牵引旅客列车的分类如下：直达特快旅客列车（Z），最高运行速度 160 km/h；特快旅客列车（T），最高运行速度 140 km/h；快速旅客列车（K），最高运行速度 120 km/h。除此之外，还有普通旅客快车（普快），普通旅客慢车（普客），临时旅客列车（L）和旅游列车（Y）等。

2.4.3.3　重载运量多

“重载”二字可能指重载铁路，在铁路等级中已有定义，属于货运专线铁路；也可能指重载列车，它可以在重载铁路上开行，也可以在客货共线铁路上开行。

重载列车是指在货运量到发集中的运输线路上采用大型专用货车编组，采用双机或多机牵引开行的一种超长、超重（5000 t 及以上）的货物列车。重载运输的特点，一是车辆载重量大，二是编挂辆数多，所以单次运货量多，如图 2-116 所示。我国铁路发展重载运输主要采用两个途径：一是对既有干线铁路进行配套改造，在既有主要繁忙干线上开行 5000 t 级整列式重载列车；二是新建能力大、标准高的重载运输专线，如大秦（大同—秦皇岛）双线电气化重载运煤专线、神黄（神木—黄骅港）铁路等。

(a)

(b)

图 2-116　重载货物运输

近十年来，我国的重载运输技术取得了突破性的进展。通过系统集成创新，铁路运输行业已掌握两台和谐型机车牵引 2×10000 t 重载组合列车的成套技术，掌握了 4 台韶山 4 型机车牵引 2×10000 t 和 4×5000 t

重载组合列车的成套技术。2007 年 8 月 2 万吨重载列车在大秦线上开行；2014 年 4 月由中国铁路总公司在大秦铁路组织实施的 3 万吨重载列车运行试验取得成功。

目前，我国京广、京沪、京哈、陇海等繁忙铁路干线在大量开行时速 160～200 km 的 CRH 动车组运送旅客的同时，普遍开行 5000～6500 t 重载货物列车。这种客货共线运行，运行速度、运行密度、载重三者并举的运输组织模式，是世界铁路运输的一项重大创举。

2.4.4 地下铁路小网络

城市地下铁路(或铁道)简称地铁，如图 2-117 所示。地铁是一个城市的轨道交通，属于捷运交通系统，它可方便居民出行或上下班，也为流动人口提供便利的交通服务。一座城市，一条地铁的作用有限，只有多条地铁形成网络后，疏解交通的功能才能充分发挥。地铁的建设周期较长，投资较大。目前国内每千米地铁投资少则 5 亿元，多则 10 亿元以上，平均投资 7 亿元左右。它是市政工程，属于公共服务项目，需要城市的财政支持，与地方经济实力紧密相关。

图 2-117 城市地铁

2.4.4.1 地铁的发展

1863 年英国在伦敦修建第一条地铁，随后各发达国家的重要城市纷纷效仿。各国拥有第一条地铁的城市和年份如下：巴黎 1890 年，柏林 1902 年，纽约 1904 年，东京 1927 年，莫斯科 1933 年等。纽约地铁目前共有车站 472 个；伦敦地铁年运量 7.5 亿人次，占公交运量的 95%；巴黎的地下铁道，年运输量达 15 亿人次；莫斯科地铁是最繁忙的地铁之一，年最高客流量达 33 亿人次。

我国地铁起步较晚，1969 年我国第一条地铁在北京建成。到 20 世纪末期，仅北京、天津、上海、广州四个城市拥有地铁，见表 2-15。

表 2-15 20 世纪我国城市第一条地铁建设时间及里程

建设地点	北 京	天 津	上 海	广 州
建设时期	1965—1969 年	1983—1984 年	1990—1995 年	1993—1995 年
里程(km)	23.6	7.4	21.0	18.4

进入 21 世纪后，随着经济的发展，我国城市地铁(城市轨道交通)真正受到了重视，目前进入了快速发展阶段。

2.4.4.2 地铁线路

地铁交通线路的设计必须满足行车安全、平顺与养护维修工作方便等要求，符合有关设计规范的规定，并保证具有一定的舒适度。

地铁线路按其在运营中的作用可分为正线、辅助线和车场线。正线是指列车正常运行的线路，一般为双线。辅助线包括车辆段出入线、停车场出入线、车站配线(存车线、渡线、折返线)及两线路之间的联络线。车场线包括牵出线、车底停留线、检修线及综合基地内各种作业线。

地铁线路由直线和曲线组成。直线平顺，如图 2-117 所示；曲线圆滑，如图 2-118 所示。曲线路段钢轨磨损严重且养护困难，因此应限制车速。而且半径不宜过小，圆曲线的最小半径按表 2-16 取值。

图 2-118 地铁曲线路段

表 2-16　地下铁道线路最小曲线半径标准(m)

线路类型	正 线	辅助线	车场线
一般情况	300	200	110
困难情况	250	150	80

城市轨道交通线路主要用于客运，列车质量较小，不受机车牵引力的限制，因此没有限制坡度的概念。线路允许设计的最大坡度即为最大坡度。正线允许的最大坡度值主要受行车安全、旅客舒适、运营速度三方面影响，一般不大于 30‰。在困难地段(例如深埋线路从地下上升到地面段)，若有充分理由，可将正线坡度设计到 35‰。辅助线的最大坡度不大于 40‰。随着各种城市轨道交通车辆性能的改进，允许的最大坡度值在增加。

2.4.4.3　中国地铁建设热潮

地铁在大城市、特大城市和超大城市公共交通中起到越来越重要的作用，其优越性主要体现在运量大，是公交车的 6～8 倍，完善的地铁网可承担市内公共交通运量的 50%左右；地铁行车速度快且准时，不受行车路线的干扰，其运行速度是地面公共交通工具的 2～4 倍，运输成本较低，安全、可靠、舒适；地铁的大部分线路敷设在地下，能合理地利用城市地下空间，保护城市景观。因此，中国已有地铁运营的城市，仍然在加紧修建地铁；没有地铁的城市也正在修建地铁或准备修建地铁。

目前北京地铁线网已全部覆盖城市中心，营运里程已达 807 km；上海轨道交通车站 508 个、长度为 831 km，形成了轨道交通基本网络。京沪这两个超大城市地铁日均客运超 1000 万人次，年客运量接近 40 亿人次，稳居世界第一、第二名。至 2022 年底，我国已开通地铁运营的城市有北京、上海、广州、天津、深圳、南京、重庆、成都、武汉、杭州、苏州、西安、沈阳、佛山、大连、长春、昆明、长沙、郑州、宁波、无锡、哈尔滨、厦门、徐州、乌鲁木齐、常州、洛阳、青岛、东莞、贵阳、南宁、南昌、福州、济南、呼和浩特、太原、石家庄、温州、兰州、合肥、嘉兴、绍兴、芜湖等 43 个城市。此外，唐山、临沂、惠州、淄博、泉州等城市也在为早日开通地铁而拼搏。预计到 2025 年，中国内地开通运营城市轨道交通的城市将达到 50 个，运营里程将超过 15000 km。

不谈直辖市和东部发达地区的城市地铁，仅介绍位于中西部的准一线城市武汉和成都的地铁运营和在建情况，中国各城市地铁建设的热情和呼声便可见一斑。

被喻为“九省通衢”的武汉，是华中重镇，人口密集，发展地铁十分必要。武汉地铁又称武汉轨道交通，是武汉市的城市捷运交通系统。2004 年 7 月地铁 1 号线一期通车运营，2014 年 5 月地铁 1 号线全线开通；2012 年底，地铁 2 号线一期开通，是我国首条穿越长江的地铁；2013 年 12 月地铁 4 号线一期开通。截至 2022 年 12 月，武汉地铁运营线路共 11 条，包括 1 号线、2 号线、3 号线、4 号线、5 号线、6 号线、7 号线、8 号线、11 号线、16 号线、阳逻线，运营总里程数达到 460 km，加上 49 km 有轨电车里程，武汉轨道交通运营总里程数达到 509 km，线路长度居中国第七位、中西部第二位；武汉轨道交通在建线路共有 10 条(段)，包括 3 号线二期、5 号线二期、6 号线三期、前川线二期、新港线一期、11 号线东段二期、11 号线三期首开段、11 号线四期、12 号线、19 号线等线路，在建里程 162.5 km。按照国家发改委的第四期建设规划批复，至 2024 年，将建成 12 号线等项目，形成 14 条线路运营、总长 606 km 的轨道网，全面实现“主城连网、新城通线”。

“天府之国”成都，是华西重要城市，正在建设天府新区，居民和流动人口都很多。成都地铁是成都市的城市捷运交通系统，地铁 1 号线一期于 2010 年 9 月开通，车辆和运营情况如图 2-119 所示，为中国西部首条地铁线路。截至 2021 年 12 月，成都地铁共开通 12 条线路(1～10 号线，17、18 号线)，线路总长 518.96 km，共计 373 座车站投入运营，46 座换乘站，地铁运营总里程居中国第五；截至 2022 年 9 月，成都地铁在建线路共有 8 条(成都地铁 8 号线二期、成都地铁 10 号线三期、成都地铁 13 号线一期、成都地铁 17 号线二期、成都地铁 18 号线三期、成都地铁 19 号线二期、成都地铁 27 号线一期、成都地铁 30 号线一期)，共计里程178 km。成都市域铁路在建线路共有 2 条(轨道交通资阳线、成都市域铁路 S5 线)，共计 97.7 km。到 2024 年底，成都市将形成总长超 700 km 的轨道交通网络。

(a)

(b)

图 2-119 成都地铁车辆和运营情况

轨道交通除地铁以外，还有城市轻轨。城市轻轨大多采用浅埋隧道或高架方式，比地铁投资少，见效快，上海、天津、武汉、重庆等城市都建有轻轨线路。

2.4.5 课程思政案例

印尼雅万高速铁路——推进“一带一路”战略，建设人类命运共同体

雅万高速铁路(Jakarta-Bandung High-Speed Railway)，是一条连接印度尼西亚首都雅加达和印度尼西亚第四大城市万隆之间的高速铁路，是东南亚首条高速铁路，也是中国境外首条采用中国标准和技术合作建设的时速 350 km 的高速铁路(图 2-120)。

图 2-120 雅万高速铁路

2016 年 1 月 21 日，雅万高速铁路开工奠基；2018 年 6 月全面开工；2022 年 4 月 6 日，重难点工程 2 号隧道斜井至出口段和 4 号隧道顺利贯通，6 月 21 日，全线 13 座隧道全部贯通。该项目线路正线全长 142.3 km，全线设计 4 座车站，由中国国家铁路集团有限公司所属中国铁路国际有限公司牵头的中方企业联合体与印度尼西亚企业联合体采取合资、合作建设和管理方式建设和运营。

雅万高速铁路主要工程中桥梁长度 83.80 km，占比 58.88%，隧道长度占比 11.82%，路基长度占比 29.3%，且铁路沿线为热带雨林气候区，存在大量的不良地质和特殊岩土，这对线路建设具有较大影响。

其中，1 号隧道为项目控制性工程，也是重点工程之一，属单洞双线隧道，全长 1885 m，其中盾构隧道长 1469 m。该隧道地质以黏性土、山灰胶结状圆砾、砂类土、细砾土为主，地下水位高、地表水丰富。洞身经过火山堆积层，岩体破碎，自稳能力差，泥岩强度低，风化严重。盾构施工过程中还需下穿构(建)筑物密集区、高速公路及其互通匝道，侧穿两座清真寺等，施工难度及风险极高。

针对复杂的地质环境，国内中交天和机械设备制造有限公司为雅万高铁1号隧道“量身定做”了刀盘直径13.19 m、长约101 m、重2600余吨的泥水平衡盾构机，准备了应对一切突发情况的“工具包”，拥有沉降控制、分层逆洗、超大直径盾构机超长距离掘进不换刀、刀具磨损实时监测等多项世界先进技术。其中，超大直径盾构机超长距离掘进不换刀、刀具磨损实时监测技术为世界首创。2018年9月29日，雅万高铁1号隧道施工盾构机在中交天和机械设备制造有限公司的常熟基地下线。2019年4月，这件“重器”从中国上海出发，沿着“21世纪海上丝绸之路”，漂洋过海抵达印度尼西亚。

雅万高铁的建设全程运用中国标准，并对许多前沿技术进行了本土化。中国企业把先进的技术标准带到了海外，为当地量身打造了一套中国方案。这是中国高铁全系统、全要素、全生产链走出国门的“第一单”，也是“一带一路”倡议的标志性工程和印度尼西亚国家战略项目。同时，雅万高铁连接印度尼西亚首都雅加达和其第四大城市万隆，这条线路建成通车后，雅加达到万隆的列车运行时间将由当初的3个多小时缩短至40 min，对助力印度尼西亚经济社会发展、深化中国和印尼两国经贸合作和人文交流、促进“一带一路”建设等都具有十分重要的意义。

2.5 土润岩生雨——岩土工程

土润岩生雨，林幽寺隔江。归当访仙隐，相对酒盈缸。

——【宋】章鉴

构成地表的岩石和覆盖的土层称为岩土。工程建设中有关岩土的利用、整治或改造的科学技术，就是岩土工程。岩土工程内容广泛，对象多样，这里仅介绍隧道、地下洞室、基坑支护和边坡治理等常见的岩土工程。

2.5.1 隧道衬砌工程

隧道是修建在地下、水下或山体中，两端有出入口，铺设铁路或修筑公路(道路)供列车或机动车辆通行的构筑物。根据施工方式不同，隧道可分为明挖隧道和暗挖隧道两类；而根据所在位置不同，隧道又可分为山岭隧道、水下隧道和城市隧道三类；根据长度不同，隧道可分为短隧道、中长隧道、长隧道和特长隧道四种类型，详见表2-17。

表2-17 隧道按长度分类

隧道类型	短隧道	中长隧道	长隧道	特长隧道
公路隧道	$L \leqslant 500$ m	500 m $< L \leqslant 1000$ m	1000 m $< L \leqslant 3000$ m	$L > 3000$ m
铁路隧道	$L \leqslant 500$ m	500 m $< L \leqslant 3000$ m	3000 m $< L \leqslant 10000$ m	$L > 10000$ m

隧道结构由主体构筑物和附属构筑物两部分组成。隧道的主体构筑物是为了保证车辆的安全运行而修建的，一般由洞身衬砌和洞门组成；隧道的附属构筑物则是为了养护、维修工作的需要，以及供电、通信等方面的要求而修建的。

2.5.1.1 隧道的开挖与衬砌

隧道的孔洞可以采用明挖或暗挖形成。为了使围岩稳定，确保运营安全，需要按一定轮廓尺寸建造一层具有一定厚度和承载能力的支护层。隧道支护层的施工过程称为隧道衬砌，支护结构称为衬砌结构。隧道衬砌分一次衬砌和二次衬砌。一次衬砌即初期支护或喷锚支护，由锚杆、钢筋网、钢架、喷射混凝土组成，混凝土紧贴开挖岩面；二次衬砌是在初期支护的基础之上，布置钢筋，立模板，浇筑混凝土。所以，隧道结构又称为衬砌结构。

(1) 明挖隧道

浅埋隧道一般采用明挖施工。图 2-121 所示为正在施工的明挖隧道。其工序是：首先沿路线或线路开挖出一条沟槽(放坡开挖或支护开挖)；然后绑扎钢筋，立模浇筑混凝土侧墙或边墙；再绑扎顶部钢筋，立模浇筑混凝土，形成顶板或顶拱；铺筑底部混凝土，最后回填覆盖。

图 2-121　明挖隧道衬砌

(2) 暗挖隧道

深埋隧道采用暗挖，即不揭开表面，暗中开挖，可采用钻爆法、盾构法等方法开挖。钻爆法适用于各种地质条件和地下水条件，是比较经济的一种隧道开挖方法；盾构法适合于松软含水地层或地下线路(路线)隧道埋深达 10 m 或更深的情况。盾构设备昂贵，故对施工区段短的工程不太经济。

钻爆法，又称矿山法，其工序是钻孔、安放炸药、爆破、出渣、支护，分全断面开挖和部分断面开挖两种方式。全断面开挖时，使用移动式钻孔台车，全断面一次钻孔，并进行装药、连线，然后将钻孔台车后退到 50 m 以外的安全地点，再起爆，隧道断面一次爆破成型，清理渣土并外运。出渣后，钻孔台车再推移至开挖面就位，开始下一个钻爆循环。同时，应及时进行喷锚支护(初期支护)，二次衬砌后，可铺筑底面混凝土。图 2-122所示为钻爆法开挖的现场图。

(a)

(b)

图 2-122　钻爆法开挖隧道

盾构法施工的设备是盾构机，如图 2-123 所示。其基本开挖原理是旋转并推进刀盘，通过盘形滚刀破碎岩石，隧道断面一次可成型。所谓盾构法施工，就是使用盾构机在地下掘进，通过护盾的保护，在机内安全地进行开挖、出渣和衬砌，从而构筑成隧道的施工方法。其作业面由稳定的开挖面、盾构机挖掘和衬砌三部分组成。图 2-124 所示为盾构施工的现场。

图 2-123　盾构机

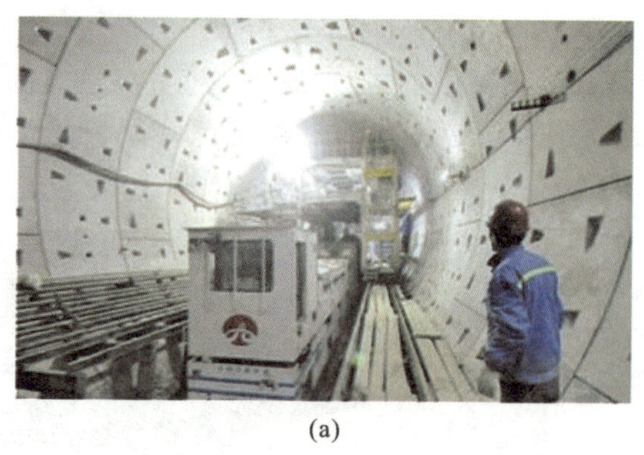

(a)

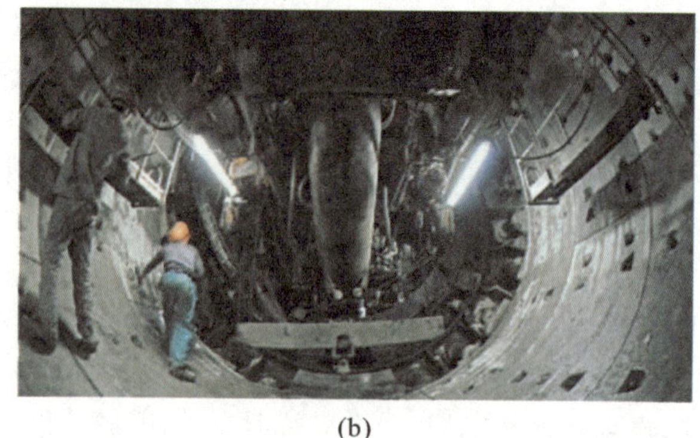

(b)

图 2-124　盾构法施工

2.5.1.2　山岭隧道

从山岭或丘陵下穿越的隧道称为山岭隧道。在地形复杂的山岭、丘陵地区选线时，采用隧道可为其提供最佳方案，因为隧道能克服高程障碍，缩短里程，减少坡度并增大弯道半径，从而提高路线（或线路）的技术标准。

（1）山岭公路隧道

随着高速公路建设的加快，山岭公路隧道同步增加，数量达到数千座。秦岭终南山隧道和四川双螺旋隧道是两个典型的代表。

秦岭终南山隧道（图 2-125）位于包茂高速公路（G65）陕西段，北起西安市长安区五台乡青岔村，南抵柞水县营盘镇，全长 18.02 km，2007 年 1 月建成通车，为目前中国第一长公路隧道。该隧道为双洞双向车道，净宽10.5 m，限高 5 m，设计行车速度 80 km/h，总投资 32.93 亿元。隧道中设计了人性化的特殊光带，通过不同灯光和幻灯图案变化，呈现出“蓝天”、“白云”、“彩虹”等景象，仿佛到了洞外，有效地缓解了驾驶员的疲劳。

(a)

(b)

图 2-125　秦岭终南山隧道

双螺旋隧道位于京昆高速公路（G5）四川段石棉县境内乌托山中，如图 2-126 所示。图 2-126(a)为隧道贯通时的情形，图 2-126(b)为 V 形峡谷内公路和隧道展线全貌。该隧道为国际首创双螺旋小半径曲线形隧道，实现了在 4 km 的峡谷范围内连续爬升 450 m，为解决路线爬升、克服海拔高差提供了新的范本。下洞入口海拔 1889 m，上洞出口海拔 2215.8 m，通过 10 km 的路程爬升 326.8 m。该隧道于 2010 年贯通，2012 年 4 月建成通车。

目前世界上最长的公路隧道是挪威的洛达尔隧道，长达 24.51 km，为单洞隧道。

（2）山岭铁路隧道

随着铁路建设向山区发展，隧道越来越显示出其优越性。采用隧道可大幅度地缩短线路长度，降低线路

(a)

(b)

图 2-126 双螺旋隧道

标高，改善通过不良地质地段的条件，降低铁路投资等。进入 21 世纪以来，山岭铁路隧道长度被不断刷新。在中国，超过 20 km 的特长隧道有乌鞘岭隧道、吕梁山隧道、太行山隧道、西秦岭隧道和新关角隧道等十座。乌鞘岭是祁连山支脉，乌鞘岭隧道位于兰新线兰武段(兰州—武威南)新增二线铁路打柴沟车站和龙沟车站之间，为双洞单线隧道，全长 20.05 km，2006 年 8 月双线开通，如图 2-127 所示；太中银(太原—中卫—银川)铁路吕梁山隧道为双洞单线隧道，全长 20.8 km，2009 年 9 月洞通，2011 年全线建成通车；石太(石家庄—太原)客运专线太行山隧道位于河北省和山西省交界处，穿越太行山脉主峰，为双洞单线隧道，全长 27.839 km，2007 年 7 月全线贯通，时称亚洲第一隧道；兰渝(兰州—重庆)铁路西秦岭隧道，位于甘肃省陇南市武都区，为双洞单线隧道，全长 28.236 km，是我国目前第二长铁路隧道，2014 年 7 月全线贯通；新关角隧道为西格(西宁—格尔木)铁路二线控制性工程，为双洞单线铁路隧道，全长32.645 km，2014 年 4 月全线贯通，是我国目前第一长铁路隧道。

图 2-127 乌鞘岭特长隧道

世界上最长的山岭铁路隧道为穿越阿尔卑斯山脉的新圣哥达隧道，全长 57 km，2010 年 10 月贯通。

2.5.1.3 水下隧道

穿越江河或海底的隧道称为水下隧道。公路或铁路遇到水面障碍物时，修桥跨越是一个方案，建水下隧道也是可选方案。水下隧道分水底段和河岸(海岸)段，可采用钻爆法、盾构法施工，也可采用沉管法施工。所谓沉管法，就是陆上预制钢筋混凝土管状结构或管状钢结构，分节下沉至水底，连通后形成水下通道，无须开挖。

(1) 越江隧道

上海黄浦江打浦路隧道为我国第一条水下公路隧道，建成于 20 世纪 60 年代末期，全长 2761 m。随着上海城市建设的发展，上海黄浦江底陆续开通了延安路隧道、外滩观光隧道、外环路隧道、大连路隧道等 12 条隧道，使浦东和浦西之间连接更加紧密。

目前，已建成多座长江越江隧道，如上海连接崇明岛的长江隧道、南京长江隧道、武汉长江隧道等；广州建成了多座穿越珠江的铁路隧道和市政隧道。不久的将来，长江、黄河、珠江还将有更多的越江隧道出现。

(2) 海底隧道

我国第一条海底隧道为 2010 年建成的厦门翔安公路隧道，如图 2-128 所示，该隧道全长 8.695 km，其中海域段长 6.05 km，起自厦门岛五通，止于厦门市翔安区西滨，由两个车行隧道和一个服务隧道组成，其中车行隧道按一级公路标准建设，双向六车道，总投资约 32.8 亿元。胶州湾海底隧道连接青岛和黄岛两地，双向六车道，设计速度 80 km/h，2011 年建成通车，隧道全长 7.8 km，其中海域段长 3.95 km，总投资 36.59 亿元，是我国建成的第二条海底公路隧道。

图 2-128　厦门翔安隧道

海底铁路隧道首推日本青函隧道，全长 53.85 km，其中水底 23 km，建造于 1964—1988 年，工期长达 24 年，总投资 46 亿美元；第二长海底铁路隧道为英国和法国之间的英吉利海峡隧道，全长 50.5 km，其中水底 37.2 km，建造于 1986—1993 年，建设资金达 150 亿美元。

经过专家研究论证，我国即将启动辽宁省大连市至山东省烟台市的高速铁路项目，拟修建隧道穿越渤海湾。在旅顺确定一个入地点，蓬莱选一个登陆点，隧道全长 123 km，建成后将是世界第一长海底铁路隧道，总体投资估算约需 2600 亿元。

2.5.1.4　城市隧道

城市隧道是城市地面、水面以下穿越的隧道，其中以城市道路隧道和地铁隧道为主。

为改善城市道路交通和景观，大、中城市通常修建下穿隧道，比如下穿铁路隧道、交叉口一条道路下穿过另一条道路；或下穿道路和地面道路一起组成立体交通体系，地面交通以服务功能为主，下穿隧道以畅通为主。杭州西湖下穿隧道和扬州瘦西湖下穿隧道，则较好地处理了城市道路交通和景区的关系。

中国有近四十个城市在修建地铁。城市地铁区间隧道分为箱形和圆形两种，前者多采用明挖法施工，后者通常采用盾构法施工。根据地下岩土情况、埋置深度和区间长度，地铁隧道也可以采用钻爆法(矿山法)施工。

2.5.2　地下洞室工程

人类对地下空间的利用，除交通运输中的隧道外，还广泛用于工业建筑工程(工厂、电站)、民用建筑工程(人民防空、地下商场、地下停车场)等地下建筑工程。地下工程中的洞室由人工开挖(明挖、暗挖)建造，或改造利用天然溶洞和废弃坑井。

2.5.2.1　地下洞室设施类型

地下洞室工程是对地下空间的直接利用，根据使用目的不同，可分为生活设施、市政设施、生产设施、储藏设施、输送设施、防灾设施等六大类设施。

(1) 生活设施

地下生活设施主要是指人们用以生活的地下或半地下式住宅、储藏窖室、车库及掩护体等地下设施。我国黄土地区修建窑洞(图 2-129)供居住之用，寒冷地区挖菜窖冬季储藏蔬菜，干旱地区建水窖收集雨水供人畜饮用等，都是典型的地下生活设施。

地下住宅冬暖夏凉，具有节能效果，但需要除湿、采光、安装通风设备，造价较高。因此，将地下住宅内部环境改造为高标准居住环境，使大量人口穴居于地下，并不现实。

(a)

(b)

图 2-129 地下住宅——窑洞

(2) 市政设施

市政设施包括公用设施和功能设施。城市的发展需要开发地下空间,地下空间用作市政公用设施的有地下商业街、停车场、下沉式广场、地下过街人行通道等;功能设施是为改善城市功能的各项设施,包括埋设在地下的各类管线、变电站、水厂、污水处理系统、地下垃圾处理系统、管沟等。

(3) 生产设施

地下生产设施即地下工业厂房,包括地下印刷厂、地下水力发电厂、地下核电厂等,如图 2-130 所示。将有噪声污染、振动污染、辐射污染等的工业厂房迁至地下,有益于改善环境,提高市民生活质量;将保密程度高的工业厂房、核能设施等建于地下,更具保密性。

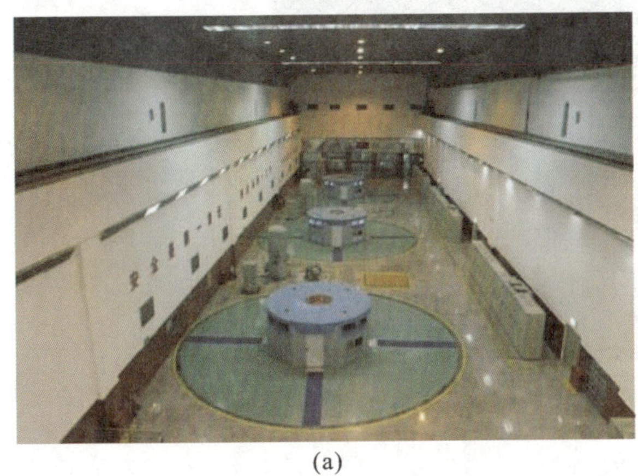
(a)

(b)

图 2-130 地下厂房

(4) 储藏设施

地下储藏设施的修建是地下空间利用的一个重要方面,主要包括能源储藏、粮食储藏、用水储藏和放射性废弃物处理等。

(5) 输送设施

输送设施包括各种地下铁路、公路、管道等,其中地铁、下穿道路、输水管道、输油管道是城市基础设施建设利用地下空间的主要目的。

(6) 防灾设施

灾害有地震、洪水等自然灾害和火灾、战争等人为灾害两类。地下空间对各种自然、人为灾害具有较强的综合防御能力,地下防灾设施是指为防止灾害、减少灾害损失所修筑的避难设施,如地震避难所、人防工程。当灾害来临时,防灾设施启动其使用功能,平时可按别的用途使用。

2.5.2.2 城市地下建筑工程

我国地下建筑工程始于20世纪60年代的"备战、备荒",兴盛于20世纪70年代的"深挖洞,广积粮",各大中城市都纷纷修建城市地下防空洞,目的是防止敌机空袭。当时的防空洞用途单一,没有考虑到和平时期与城市功能相结合。后来,北京、上海等城市将防空洞改造成地下住宅或旅馆;杭州、重庆等城市的防空洞,每到夏天对市民开放,成为消暑纳凉的去处,也算是合理利用防空设施。

人民防空工程简称人防工程,是指为保障战时人员与物资掩蔽、人民防空指挥、医疗救护而单独修建的地下防护建筑,以及结合地面建筑修建的战时可用于防空的地下室。随着国家综合国力的提高和国际关系趋向缓和,我国逐渐把地下空间利用的出发点从防空工程转移到国防与经济建设综合考虑,目前基本上形成了"平战结合,为民造福"的地下空间利用指导原则。现代城市中,地下商业街、地下停车场、地下过街通道、下沉式广场等随处可见。

成都市顺城街人防工程于20世纪90年代由政府投资建设,平战结合,战时防空,和平时期作为商业用途,如图2-131所示。顺城街地下商业街,全长1300 m,宽18.4～29.0 m,中间步行道宽7.0 m,两边为店铺,有30个出入口,另有设备(通风、排水等)和生活设施房间、灾害监控中心办公室等。1993年建成,以"天座商城"之名开业,2009年停业。2010年更换东家,取得40年经营权,对其重新改造,形成地下两层、总建筑面积达到9万平方米的商城,增加出入口,连接地铁站,以"地一大道"之名面市。广州、郑州、沈阳、哈尔滨、武汉、大连、长沙等城市也建有名为"地一大道"的地下商业街。

图2-131 成都市顺城街地下商业街

西宁大什字地下商业街也是平战结合的人防工程,战时作为人员隐蔽场所和战备物资库,平时作为地下商业街并兼作城市过街通道。该项目位于城市中心,地下一层呈十字形布置,十字形圆心处设8个地下过街通道,沿线设置17个出入口和1个地下广场。该地下商业街东西长约745 m、宽18 m,南北长151 m、宽22 m,净高4.2 m,总建筑面积超过2万平方米,2010年投入使用,投资约2亿元。

地下街在城市建设中起着多方面的作用,主要体现在以下三方面:①优化城市交通,减少地面人员交叉流动,实现人车分流;②地下街与商业开发相结合,解决地面购物及服务设施等的不足,繁荣城市经济;③改善城市环境,建立交通枢纽及各建筑物之间的联络通道,满足战备要求。

现代大中城市大量修建高层建筑或超高层建筑,基坑开挖较深,通常都建有地下室。住宅楼的地下室可用作停车库,写字楼的地下室除用作停车以外,还可开设商场、影视剧院、娱乐健身场所等。

2.5.3 基坑支护工程

为了结构的稳定,建筑物(构筑物)基础都埋置于地面以下,基础和地基接触,建造时需要挖开地面才能施工。基础工程和基坑支护工程是岩土工程的重要组成部分。

2.5.3.1 地基和基础

支承基础的土体或岩体称为地基。任何建筑物或构筑物都是建造在地层上的，地基是地层的一部分。基础上的压力通过一定深度和宽度的土体或岩体来承担，这部分土体或岩体就是地基。直接和基础底面接触的土层称为基础的持力层，简称持力层。

地基包括岩石地基和土层地基两类。凡是未经人工处理就能满足设计要求的地基，称为天然地基；如地基软弱，则需要经过人工加固处理才能满足设计要求，这样的地基称为人工地基。很明显，人工地基的施工成本高于天然地基。

将房屋上部结构所承受的各种作用（或荷载）传递到地基上的结构组成部分，称为基础。建筑基础是建筑结构的最下面部分，通常位于地面以下，所以又称为下部结构。基础的作用是承担上部荷载，并将上部荷载和自身重量（重力）传递给地基。基础底面直接和地基接触，它们之间的作用与反作用称为基底压力。因为地基的承载能力较低，所以基础底面尺寸要加以扩大，以减小基底压力，满足地基承载力要求、变形要求和稳定性要求。基础本身还应满足安全性、适用性和耐久性方面的功能要求。

基础底面到地面的距离称为基础的埋置深度。根据埋置深度的不同，可将基础分为浅基础和深基础两类。通常把埋置深度小于或相当于其底面宽度的基础，称为浅基础，如柱下单独基础（图 2-132）、条形基础[图 2-133(a)]、筏形基础[图 2-133(b)]、箱形基础[图 2-133(c)]等；而对于浅层土质不良，需要利用深处良好地层的承载能力，采用专门施工方法和机具建造的基础，称为深基础，如桩基础、沉井基础、沉箱基础和地下连续墙等。

图 2-132 柱下单独基础

基础的设计、施工和检测统称为基础工程，其重要性体现在以下两个方面：

(1) 占用相当的造价和工期

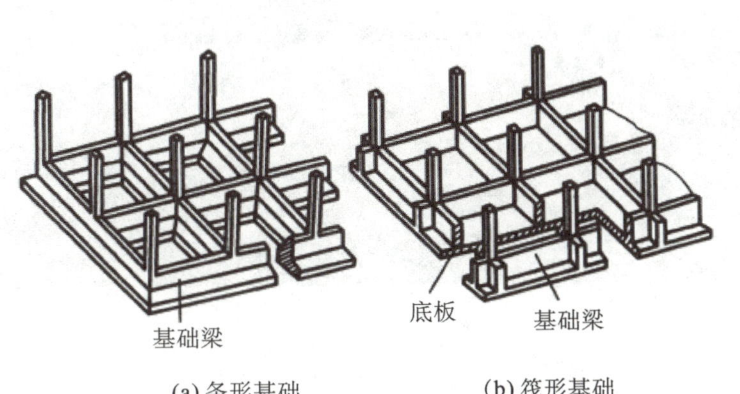

(a) 条形基础

(b) 筏形基础

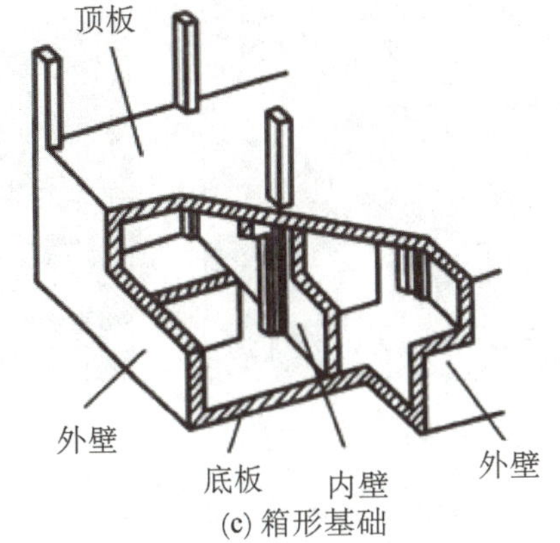

(c) 箱形基础

图 2-133 整体式浅基础

基础工程在地下或水下作业，施工难度较大，造价、工期和劳动力消耗量在整个工程中所占的比重也较大。有统计资料表明，我国多层建筑基础造价超过总造价的 25%，工期占总工期的 25%～30%。如果采用人工地基或桩基础，其造价和工期所占比例会更大。高层和超高层建筑还要增加基坑开挖和支护的工程量和费用。

(2) 属于隐蔽工程

基坑回填后，基础埋于地下，属于隐蔽工程，这里是施工管理或监理的重点工作之一，通常被确定为质量控制点。一旦发生地基事故或基础事故，因其在建筑物下方，整改不易或后果严重，所以，地基、基础的勘察、设计和施工质量，直接关系到建筑物的安危。统计资料表明，在工程事故中，以地基基础事故为最多。

经过长期的实践，人类在地基基础设计与施工方面均取得了不少成功的经验，使大量的高楼大厦如雨后春笋般出现在人们眼前。在解决城市人口激增、用地面积受限的矛盾方面，做出了重要贡献。但是，在工程实践中也有失败的教训，出现了一些工程事故，其中不少与地基基础失效有关。

比萨斜塔位于意大利西部古城比萨市，是比萨大教堂的钟楼，共 8 层，总高 55 m，如图 2-129 所示。该塔于 1173 年破土动工，修建到 4 层 24 m 高时出现倾斜。限于当时的技术水平，因不知原因而于 1178 年停工；近一百年后的 1272 年重新开工，因倾斜问题仍然不能解决，1278 年又被迫停工；1360 年再次复工，直到 1370 年全塔竣工。该塔楼以斜闻名，科学家伽利略曾在此做过自由落体的科学试验，现已成为意大利的重要旅游景点。全塔总重大约 14500 t，塔北侧沉降超过 1 m，南侧下沉近 3 m，倾斜严重时塔顶偏离竖直中心线 5 m 多。这是典型的地基不均匀沉降导致的倾斜。1932 年曾经做过一次纠偏处理，当时在塔基灌注了 1000 t 水泥，但未能奏效。21 世纪初，经过科学家和工程技术人员的不懈努力，该塔的倾斜程度已明显减小，加固取得成功。

2.5.3.2 基坑支护

为进行建筑物（构筑物）地下部分的施工，由地面向下开挖出的空间称为基坑。与基坑开挖相互影响的周边建筑物（构筑物）、地下管线、道路、岩土体及地下水体，总称为基坑周边环境。所谓基坑支护，就是为保护地下主体结构施工和基坑周边环境的安全，对基坑采取的临时支挡、加固、保护与地下水控制的措施。

支挡或加固基坑侧壁的承受荷载的结构称为支护结构，支护结构的类型有放坡、支挡式结构、土钉墙、重力式水泥墙等类型。

（1）放坡

如果基坑不深，且周围场地开阔，可采用放坡开挖，如图 2-135 所示。边坡的坡度为高度与底宽之比，通常用 $1:m$ 表示，m 称为坡度系数。

图 2-134　比萨斜塔

图 2-135　放坡

施工中，土方放坡坡度的留设应考虑土质、开挖深度、施工工期、地下水水位、坡顶荷载及气候条件等因素。当地下水位低于基底，在湿度正常的土层中开挖基坑或管沟，如敞露时间不长，在一定限度内可挖成直壁且不加支撑。

放坡开挖以后，还要进行护坡，以防边坡发生滑动。土坡的滑动一般是指土方边坡在一定范围内整体地沿某一滑动面向下和向外移动而丧失其稳定性。采取的护坡措施，一是及时排除雨水、地面水，防止坡顶集中堆载及振动；二是采用钢丝网细石混凝土（或砂浆）护面层加固。

（2）支挡式结构

支挡式结构是以挡土构件和锚杆或内支撑为主要构件，或以挡土构件为主要构件的支护结构，如图 2-136所示。

(a)

(b)

图 2-136 排桩内支撑支护

挡土构件是设置在基坑侧壁并嵌入基坑底面的支护结构，为竖向构件，例如排桩、地下连续墙；锚杆是由杆体（钢绞线、普通热轧钢筋、热处理钢筋或钢管）、注浆形成的固结体、锚具、套管、连接器所组成的一端与支护结构构件连接，另一端锚固在稳定岩土体内的受拉杆件；内支撑则是设置在基坑内的由钢筋混凝土或钢构件组成的用以支撑挡土构件的结构部件。

排桩是沿基坑侧壁排列设置的支护桩及冠梁（顶部钢筋混凝土连梁）所组成的支挡式结构部件或悬臂式支挡结构；地下连续墙是分槽段用专用机械成槽、浇筑钢筋混凝土所形成的连续地下墙体。桩、墙式支护结构的设计计算较为成熟，施工经验丰富，适应性强，是较为安全可靠的支护形式。

图 2-137 土钉墙

（3）土钉墙

土钉是设置在基坑侧壁土体内的承受拉力和剪力的杆件。由随基坑开挖分层设置的、纵横向密布的土钉群，喷射混凝土面层及原位土体所组成的支护结构，称为土钉墙，如图 2-137 所示。

（4）重力式水泥墙

重力式水泥墙是由水泥土桩相互搭接成格栅或实体的重力式支护结构，应根据地区经验设计施工，确保支护的有效性。

2.5.4 边坡治理工程

边坡是指具有倾斜角度的山体表面或地壳表面，包括坡面、坡顶、坡脚及其下部一定深度内的岩土体。倾斜的地面称为斜坡，工程开挖所形成的斜坡称为边坡。在道路、水利水电、采矿、土建等工程中，存在大量的岩石及土质边坡。保证边坡稳定是边坡治理的出发点和目标所在。

2.5.4.1 边坡的类型

边坡可按成因、组成物质、陡缓程度和高度等进行分类。

边坡按成因可分为自然边坡和人工边坡两类。在自然条件下形成的天然山坡和谷坡是自然边坡，它是在地壳运动产生的隆起或下弯中形成的；人工边坡（又称岩土工程边坡）是在人为开挖或填方后形成的。岩土工程边坡包括挖方边坡与填方边坡。

根据边坡的组成物质，边坡又分为土质边坡和岩质边坡。土质边坡是指由土、砂、碎石、块石、孤石或碎裂结构岩体等组成的边坡；岩质边坡是指由块体结构、层状结构、镶嵌碎裂结构的岩体组成的边坡。

按边坡的陡缓程度划分，坡度小于 10°时为缓坡，10°～30°时为斜坡，30°～45°时为中等坡，45°～60°时为陡坡，60°～75°时为峻坡，75°～90°时为直立坡，大于 90°时为倒坡。

按边坡的高度还可划分为：①低边坡——坡高小于 10 m；②中低边坡——坡高为 10～30 m；③中等边坡——坡高为 30～70 m；④高边坡——坡高为 70～150 m；⑤超高边坡——坡高为 150～300 m；⑥特高边坡——坡高大于 300 m。

2.5.4.2 边坡的加固与防护

当边坡在一定条件下可能存在不稳定隐患时，应采取勘察技术和地质分析方法及一些理论方法进行稳定性评判，同时采取预防加固措施，消除安全隐患，避免失稳；对已发生变形、局部开裂或滑动等情况的边坡，应及时采取防护与治理措施。

边坡防护与治理主要有四大措施：排水、减荷、支挡和加固。对于具体边坡，可以根据不同情况综合应用防护与治理措施。

(1) 排水：采用坡面排水孔、截排水沟、地下排水孔(井)，减少水的渗入。

(2) 减荷：以削坡降低边坡荷载为主，减少下滑力。

(3) 支挡：主要以挡墙、土锚钉、地梁、锚墩、抗滑桩等对岩土进行支挡，以防滑移。其中抗滑桩技术侧重深层处理，常规断面多为矩形，断面尺寸一般小于 4 m，桩深多在 40 m 以内。

(4) 加固：边坡内部加固可采用普通砂浆锚杆、预应力锚杆(锚索)、锚筋桩、钢筋束、微型桩、旋喷桩和各种注浆等来进行加固。坡面防护加固主要采用各种材料的护坡结构和构造来进行加固，如实体衬砌护坡，各种几何形状、尺寸与材料的网格护坡，植草技术、添加各种纤维材料的喷护材料、采用机制和化工合成材料的挂网体系等。

典型的边坡加固处理案例如图 2-138 所示。

(a)

(b)

图 2-138 边坡加固处理案例

2.5.4.3 边坡治理工程实例

(1) 湖北秭归链子崖危岩体

链子崖危岩体位于长江西陵峡右岸兵书宝剑峡出口处。陡崖高 70～100 m，由二叠系栖霞灰岩夹泥岩组成，底部有厚 1.6～4.2 m 的煤层。危岩体被 40 余条深度不等的裂缝切割，体积约 331 万立方米。1995 年政府对危岩体做了处理：对底部煤层采空区做混凝土承重阻滑工程，防止不均匀沉降和滑动；对陡崖危岩体进行预应力锚索加固，采用 1000 kN、2000 kN、3000 kN 锚索；对控制层间滑动的软弱夹层进行混凝土置换；对整个陡崖斜坡作挂网锚喷；对宽度较大的裂缝设置防雨盖板，如图 2-139 所示。采取上述处理措施后，危岩体处于稳定状态。

(2) 重庆奉节李子垭危崖崩塌体

该崩塌体位于重庆奉节竹园镇崔家河与高治河交汇处，由大洪山、马头包、鹰嘴崖和黑湾 4 个危岩体组成，共计方量 6300 万立方米。危岩体为厚层砂岩，底部为煤层，陡崖高程 650～900 m。陡崖底部煤层采空

(a)

(b)

图 2-139 链子崖危岩体加固处理

引起地表大范围变形，其沉降值一般为 1.5 m，最大沉降达 7.8 m，表明岩层倾倒或崩塌条件已形成。由于规模大，危及下部居民生命财产安全及水库电站的稳定，因此，1991 年政府在此设立了预警点。1991 年 8 月 17 日 9 时马头包崩塌 500 万立方米，1992 年 10 月 16 日又崩塌 2000 万立方米，1994 年 4 月 21～27 日鹰嘴崖崩塌 20 余次共计 8000 m^3，2011 年 8 月大树镇大树村塌方量逾 1000 m^3，等等。但由于预报准确，减少了居民生命财产损失。

该区域岩土上硬下软的二元地质结构是其形成危岩的内在因素，地下大规模采空则是危岩体形成的最直接外因。目前采用群测群防的方法，一旦出现塌方预兆，立即转移、安置危险区群众。

对李子垭危崖崩塌体的根本治理，尚需时日。

2.5.5 课程思政案例

川藏铁路——挑战地形极限，攀越技术高峰

川藏铁路是中国境内一条连接四川省与西藏自治区的快速铁路，呈东西走向，东起四川省成都市、西至西藏自治区拉萨市，线路全长 1838 km，是我国国内第二条进藏铁路，也是我国西南地区的干线铁路之一（图 2-140）。随着“一带一路”建设的深入推进，西部地区成为我国对外开放前沿，川藏铁路成为继青藏铁路之后世界屋脊通往内地的又一条大动脉，对边疆的发展建设和生态保护意义重大。

图 2-140 川藏铁路成雅段

该工程采用兴建新线与合并旧线的方式修筑，分期分段建设运营；拉林段与成雅段于 2014 年 12 月开工建设；雅林段于 2020 年 11 月开工建设。2018 年 12 月 28 日，川藏铁路成雅段开通运营。2021 年 6 月 25 日，川藏铁路拉林段开通运营。

川藏铁路总体地形特征为“八起八伏”（图 2-141），累计爬升高度达 1.6 万多米，相当于征服了两座珠穆朗玛峰的高度。全线依次经过四川盆地、川西高山峡谷区、川西高原区、藏东南横断山区、藏南谷底区等5个地貌单元，山高谷深，地形条件极其复杂；同时将跨14条大江大河、21座4000 m以上的雪山，集合了多种极端地理环境和气候特征。其线路建设需要面对崇山峻岭、地形高差、地震频发、复杂地质、季节冻土、山地灾害、高原缺氧以及生态环保等难题，被称为“最难建的铁路”，极大地考验了中国土木工程建设者的勇气。

由于极端起伏的地形条件，川藏铁路全线将以隧道和桥梁为主，隧道总长达1400 km，占线路总长的80%。其中最难的当属雅安至林芝段，正线线路长1011.01 km，隧道72座，总长838.25 km，桥梁89座，总长119.84 km，桥隧总长958.09 km，占线路长度的94.76%，被网友戏称“川藏地铁”。

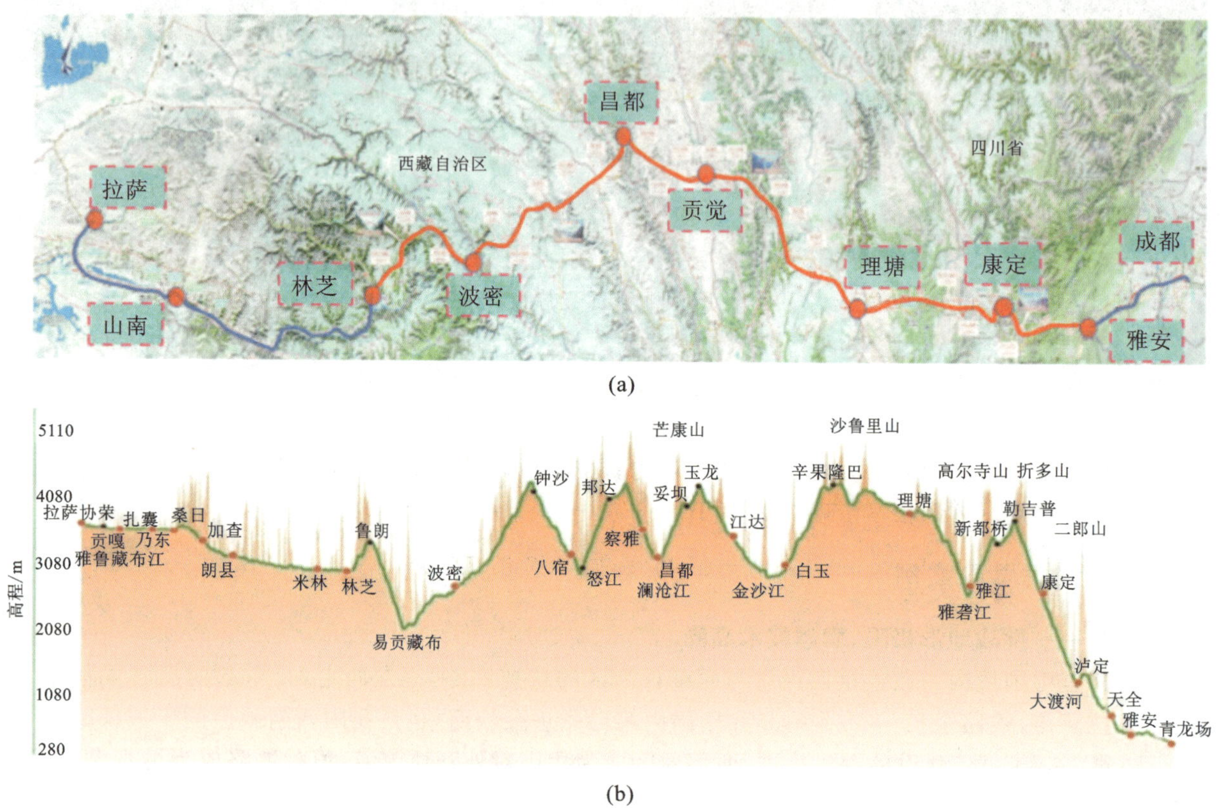

图 2-141　川藏铁路地形图

巴玉隧道是川藏铁路拉林段重难点控制性工程之一，全长13.037 km，超过2000 m埋深和7500 m独头掘进，为一级风险隧道，其中有94%位于岩爆区。岩爆发生的强度、频率和形态多样，单次最长持续时间达20余小时，这在世界隧道施工史上均属罕见。为有效应对岩爆，建设者们对掌子面前方地应力、岩爆等级、岩爆预警及预防等进行深入分析，建立了涵盖微震监测、地应力检测和超前地质预报等岩爆预警、预测和观测平台，发明了跟踪岩爆的微震传感器阵列动态布置技术，并首次搭建青藏高原远距离无线通信传输的岩爆实时微震监测系统，以预警施工中岩爆的发生。

藏木特大桥也是该项目的重点工程之一，大桥横跨水深达66 m的雅鲁藏布江，全长525.1 m，采用了中承式钢管混凝土拱，主拱跨径430 m，是世界上跨度最大的铁路钢管拱桥。大桥主拱钢材首次采用免涂装耐候钢新材料，提高了桥梁使用寿命。因雅鲁藏布江不通航，大桥施工期间需要通过旱路运输材料。同时，还要克服施工场地狭小、温差大、紫外线强、强阵风、机械人工效率低下等不利因素，解决高烈度地震和地质断裂、高地应力、高地热力、高密卵石层、高地质灾害等世界难题。

川藏铁路是一条发展经济、利民便民之路。建设川藏铁路是促进西部经济社会发展的需要。随着“一带一路”建设的深入推进，西部地区成为我国对外开放前沿，生机和活力必将进一步焕发。川藏铁路直接将拉萨与西南重要的交通枢纽成都联通，同时横贯藏南。川藏铁路通车之后，从成都到拉萨的时间将减少到13 h，夕发朝至。从北京到拉萨的时间也仅为22 h。

川藏铁路更是一条滚石上山、舍我其谁之路。建设者们始终坚持在生产的一线，面对常年气候多变、地震频发、空气稀薄缺氧、阳光辐射强等极端复杂的生产环境，他们从未退缩，日复一日地在用“精神的海拔”与“物理的海拔”进行着特殊较量。川藏铁路的建设者们充分发扬了“两路”精神，将这条铁路建成经得起历史检验、令国人骄傲的精品工程！

2.6 高峡出平湖——水利工程

更立西江石壁，截断巫山云雨，高峡出平湖。神女应无恙，当惊世界殊。

——毛泽东

水是一切生命之源，人类的生存和社会发展都离不开水。人类可利用的淡水资源只有江河水、湖泊水和浅层地下水，由降雨和融雪补充。雨水除了蒸发、被土地吸收和拦截的以外，沿着地面流走的水叫径流。渗入地下的水可以形成地下径流。全国平均年降水量为 6.19 万亿立方米，年平均径流量约 2.8 万亿立方米。但在时间分配和区域分配上很不均匀，绝大部分径流发生在每年 7～9 月份(汛期)，致使洪涝灾害频发；大部分径流分布在西南、东南及沿海地区，多雨地区防洪而少雨地区抗旱成为各地的主要工作之一。

水利工程是对自然界的地表水和地下水进行控制和调配，以达到除害兴利目的而修建的工程。水利工程体现在一个“利”字，控制和调节水资源在时间和空间上的分布，防止洪涝、抗击旱灾，为人们生活和农业生产提供良好的环境和物质条件。水利工程包括防洪工程、农田水利工程(排水灌溉工程)、水力发电工程、给排水工程、航道与港口工程等；而水利资源在国民经济中的利用，则主要包括水上运输、水力发电，居民区、工矿企业供水，向干旱地区输水，农业灌溉与排水，水产、养殖，旅游开发等。

2.6.1 筑坝建闸千秋功

为了综合利用水利资源，使其为国民经济各部门服务，达到防洪、灌溉、发电、给水、航运、旅游开发等目的，需要在河流或渠道的适宜地段修建各种建筑物(或构筑物)以控制和支配水流，满足国民经济发展的需要，这些建筑物统称水工建筑物。由不同类型的水工建筑物构成的综合体称为水利枢纽。水利枢纽一般具有防洪、灌溉、发电、航运、渔业等综合效益。枢纽型水利工程，因投资多、工程量大、施工难度大、效益大，故又称为大水工。两千多年前秦国蜀郡太守李冰主持修建的都江堰工程，现在仍然在使用，大水工功在千秋！

水利枢纽可以按其作用、水头、规模等进行分类。水利枢纽一般都承担多项任务，按综合利用的情况可分为防洪发电水利枢纽、灌溉航运水利枢纽和防洪灌溉发电水利枢纽；按其规模可分为大型水利枢纽、中型水利枢纽和小型水利枢纽；按其承受水头的大小分为高、中、低水头枢纽。

水利枢纽工程通常是水利工程体系中最重要的组成部分，一般由挡水建筑物(壅水)，泄水建筑物，进水建筑物，必要的水电站厂房以及通航、过鱼、过木等专门性的水工建筑物等组成。

2.6.1.1 拦河大坝

拦河大坝是指拦断河流，抬高水位以形成水库的建筑物。根据筑坝材料不同，拦河大坝可分为土石坝、砌石坝、混凝土坝和钢筋混凝土坝。一般习惯上分为土石坝、重力坝、拱坝等类型。

(1) 土石坝

土石坝是最古老的坝型，在坝工建筑中被广泛采用，它泛指由当地土料、石料或混合料，经过抛填、碾压等方法筑成的挡水坝。当坝体材料以土和砂砾为主时，称为土坝；当坝体材料以石渣、卵石、爆破石料为主时，称为堆石坝；当土料、石料均占相当比例时，称为土石混合坝。高度 30 m 以内者为低坝，30～70 m 者为中坝，超过 70 m 者为高坝。

土石坝可采用黏性土料或混凝土防渗。若整个坝体由单一的黏性土料构成，则称为均质土坝；若两侧为透水性较强的砂土、碎石土等，防渗黏性土或混凝土位于坝体中部，则称为心墙坝；若防渗设施为倾斜的，位于坝体的上游面，则称为斜墙坝。

图 2-142　黄河小浪底土石坝

我国最大的土石坝为黄河小浪底水利工程的拦河坝，如图2-142所示。大坝位于河南省济源市境内，南距洛阳40 km，2001年竣工。设计最大坝高154 m，坝顶宽15 m，坝底最大宽度为864 m，长1667 m，为黏土斜心墙堆石坝。地下发电厂房的总装机容量180万千瓦。小浪底水利工程的功能为防洪、防凌、发电、排砂，库区自然形成旅游景点。

四川省西部雅江县境内的雅砻江两河口水电站，总装机容量300万千瓦。该工程于2014年开工，工期9年。其中大坝高295 m，是国内第一高的土石坝。大坝填筑工程量为4160万立方米，总投资预算为664亿元。

(2) 重力坝

重力坝是由浆砌料石、混凝土修筑的大体积挡水建筑物，在水压力作用下，依靠自身重力产生的抗滑力来维持平衡和稳定，基本断面形式为三角形。

三门峡水利工程是我国在黄河上修建的第一座大型水库，时称“万里黄河第一坝”，如图2-143所示。该工程是以防洪为主、综合利用的大型水利枢纽工程，于1957年开工，1960年基本建成，1965年部分改建。主坝为混凝土重力坝，长713.2 m，最大坝高160.6 m；副坝为钢筋混凝土心墙土坝，长144 m，最大坝高24 m；主、副坝总长857.2 m。坝后式电站厂房的总装机容量为25万千瓦。

世界上最高的混凝土重力坝是瑞士的大狄克逊坝，最大坝高285 m。

(3) 拱坝

拱坝是一种建造在峡谷中的拦河大坝，常做成水平拱形，凸边面向上游，两边紧贴着峡谷壁。拱坝实际上是一个空间壳体结构，平面上呈拱形。上游水平水压力一部分通过拱作用传给两岸基岩，另一部分通过垂直梁的作用传到坝底基岩。坝体稳定性主要依靠两岸拱端的反力作用维持。拱是一种较好的坝型，其特点是轻盈，弹性较好，嵌固于山体岩石中，稳定性和抗震性能好。

拱坝的形式有四种：①定圆心等半径式拱坝(圆弧拱)；②定圆心定中心角式拱坝；③变半径式拱坝；④双曲拱坝。

石门水库位于陕西省汉中市境内褒谷南口内古栈道石门处，是以灌溉为主，兼顾发电、防洪、养鱼的大型水库。该项目于1969年开工，1975年大坝建成。拦河大坝为变圆心、变半径的钢筋混凝土双曲拱坝(图2-144)，最大坝高88 m，最大底宽27.3 m，坝顶宽5 m，坝顶弧长254 m。中部设六孔泄洪闸，最大泄水量5250 m^3/s。项目所在地为古褒国所在地，是褒姒(烽火戏诸侯主角之一)的故乡，也是汉丞相曹操书写“衮雪”之处，现已成为旅游景区。

图 2-143　黄河三门峡重力坝

图 2-144　石门水库双曲拱坝

2.6.1.2 通航船闸

船闸是在水位集中跌落的拦河大坝处，用以保证通航的箱形水工建筑物，如图 2-145 所示。船闸由闸室、上下游闸首、闸门、引航道和相应设备组成。闸室两端设置闸门，与上下游隔开。船只下行时，先将闸室充水，待室内水位与上游相平时，开启上游闸门，让船只进入闸室。随即关闭上游闸门，将闸室内水放出，待其降至与下游水位相平时，开启下游闸门，船只出闸。船只上行时，则相反。船闸须设有专门充水、放水系统及操纵闸门启闭的设备。根据水位差大小不同，船闸可做成单级或多级。

(a)

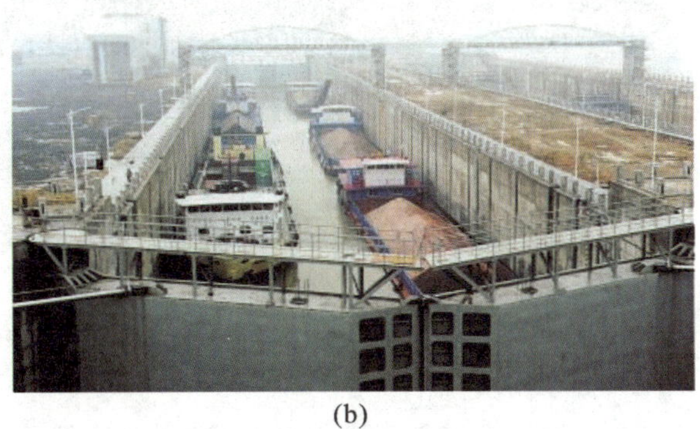
(b)

图 2-145 通航船闸

闸首是将上下游航道隔开的挡水建筑物，分上闸首和下闸首，通常采用整体式钢筋混凝土结构，边墩和底板刚性连接在一起。闸室是由上下闸首和两侧的闸墙围成的空间，一般由混凝土建造或由料石砌筑。闸墙上设有系船柱、浮式系船环等，供船舶在闸室内停泊时系缆用。可以启闭的闸门通常为钢结构，一般设计成"人"字形。

如有需要，还可以建设垂直升船机，让船舶坐"电梯"快速过坝。

2.6.1.3 过水建筑物

这里的过水建筑物指泄水建筑物、取水建筑物和输水建筑物。

(1) 泄水建筑物

泄水建筑物是指用于宣泄水库不能容纳的多余水量，排放泥沙和冰凌等的水工建筑物，可与坝体结合在一起，也可以单独设置在坝体外。如各种溢流坝、坝身泄水孔、岸边溢洪道等都是泄水建筑物。

(2) 取水建筑物

取水建筑物或进水建筑物是指将水引入渠道、隧洞、管道的建筑物。其作用是保证用水部门的需要，不断平稳地从库区引水。如引水隧洞的进水口段、灌溉渠首和供水用的扬水站等。

(3) 输水建筑物

输水建筑物是为了发电、灌溉和供水的需要，从上游向下游输水用的建筑物。如渠道、引水隧洞、渡槽、倒虹吸管等。

2.6.1.4 水电站建筑物

水电建设是一项改造自然的宏伟事业，是国民经济获得动力能源的重要途径。水力发电通过水工建筑物和动力设备将水能转变为机械能，再将机械能转变为电能。流量的大小和水头的高低是影响水力发电的两个主要因素。所谓水头，就是指单位质量水体所具有的机械能，它是位置水头、压力水头和流速水头三者之和，通常用高度表示，单位为米。当流量不大时，集中落差形成水头是一种较好的水能开发措施。我国水电装机容量和年发电量跃居世界第一，已建成大中小型水电站 45000 余座，总装机容量超过 2.1 亿千瓦，年发电量近 7000 亿千瓦时。

水电站建筑物主要包括引水渠、隧洞、前池、调压井、压力水管、厂房等。水电站可分为以下六类：

(1) 河床式水电站

河床式水电站是在平坦河段上,用低坝建筑的水电站。当水头不高或落差不大时,电站厂房本身能抵抗上游水压力,通常将厂房和坝体并列在同一轴线上,使厂房成为挡水建筑物的一个组成部分,因此称为河床式水电站,如图 2-146(a)所示。

(a)

(b)

图 2-146 河床式和坝后式水电站

(2) 坝后式水电站

若水头较高,上游水压力很大,厂房结构已不足以承受上游水压力,也不能靠自身重量维持稳定,此时可将厂房与坝体分开,将厂房布置在坝的后面靠河岸一侧,此类电站称为坝后式水电站,如图 2-146(b)所示。

(3) 引水式水电站

当水头相对较高时,常用引水渠、引水隧洞、管道等将水引进厂房发电,故称引水式水电站,如图 2-147 所示。

装机容量主要取决于水头和流量的大小,山区河流的特点是流量不大,但天然河道的落差一般较大,发电水头可通过修造引水明渠和引水隧洞来取得,因此,山区河流处适合于修建引水式水电站。

(4) 混合式水电站

在同一河段上水电站的水头一部分由水坝集中,而另一部分由引水渠集中,这种布置方式的电站叫混合式水电站。

(5) 抽水蓄能电站

抽水蓄能电站就是采用抽水方式集中水头进行发电的电站。在系统负荷较低时,利用富余的电量把水从较低的水库(下池)抽到较高的水库(上池)中储存起来,而在系统要承担高峰负荷时,再把水从上池中放出来发电。

图 2-148 所示为天荒坪抽水蓄能电站的上池和下池。天荒坪抽水蓄能电站位于浙江省安吉县境内,总装机容量为 180 万千瓦。广州抽水蓄能电站位于广州市从化区,是大亚湾核电站的配套项目,为保证大亚湾核电站的安全经济运行和满足广东电网填谷调峰的需要而兴建,其总装机容量为 240 万千瓦。

图 2-147 引水式水电站

图 2-148 天荒坪抽水蓄能电站

(6) 潮汐电站

潮汐电站利用海水潮汐发电。在有条件的海岸边，选择口小肚大的海湾，在湾口处修筑拦水坝，同时修建双向发电站（可逆发电机组）以及双向泄水闸门。涨潮时，外海潮水高于湾内水位，此时外海水将经过电站发电；退潮时，外海潮水下落，水位降低，湾内之水经电站反向流至外海发电，故一次涨退潮便可发电两次。我国海岸线长约 1.8 万千米，估计可开发的潮汐发电装机容量约 2200 万千瓦。

图 2-149 所示为我国第一座双向潮汐电站——江厦潮汐电站。江厦潮汐电站位于浙江省温岭市乐清湾北端江厦港，最大潮差 8.39 m，平均潮差 5.08 m，在港口修筑高为 15.6 m 的黏土心墙堆石坝，形成港湾水库。1980 年第一台机组投产发电，设计总装机容量 3900 kW，已装机容量 3200 kW，昼夜发电 14～15 h，每年向电网输送 1000 多万千瓦时的电能。

图 2-149　江厦潮汐电站

另外，利用大海波浪能量发电也是一种获得电能的途径。世界上利用波浪发电的成功案例在挪威。

2.6.1.5　典型枢纽介绍

(1) 二滩水利枢纽

二滩水电站位于四川省西南部的雅砻江下游，坝址距雅砻江与金沙江的交汇口 33 km，距攀枝花市区 46 km，系雅砻江干流规划建设的 21 个梯级电站中开发的第一个水电站，以发电为主，是 20 世纪我国建成发电的最大水电站。该项目于 1991 年 9 月开工，1998 年 7 月第一台机组发电，2000 年全部完工。电站装机容量 330 万千瓦（6 台 55 万千瓦的混流式水轮发电机组），多年平均发电量 170 亿千瓦时。

二滩水电站的挡水建筑物为混凝土双曲拱坝，坝顶高程 1205 m，坝高 240 m，是我国第一座高度超过 200 m 的拱坝。坝顶弧长 774.65 m，拱冠处坝顶厚度 11 m、坝底厚度 55.74 m。设计拱坝的水平拱圈轴线为抛物线，拱冠梁上游面为三次多项式曲线。

泄水建筑物包括坝顶溢流表孔、泄洪中孔、放空底孔和右岸泄洪洞，最大泄洪流量 23900 m^3/s。坝体分三层开孔，7 个 11 m×11.5 m（宽×高）溢流表孔，6 个 6 m×5 m（宽×高）泄洪中孔，4 个 3 m×5 m（宽×高）放空底孔。表孔和中孔的最大泄洪能力达 16300 m^3/s；右岸两条泄洪洞分别长 883 m 和 1253 m，断面尺寸为高 13.5 m、宽 13 m，最大泄洪能力达 7600 m^3/s。坝后设有高 35 m 的二道坝和长 300 m 的水垫塘以及下游河床的防冲护岸工程，作为泄洪消能和护岸构筑物。图 2-150 所示为二滩水电站泄洪景观。

地下厂房系统布置在雅砻江左岸，包括厂房进水口、压力管道、地下式厂房、主变室及交通线、母线洞、通风洞、尾水调压室、尾水隧道、500 kV 开关站和第一副厂房等建筑物。左岸引水发电系统包括：坝前左岸 81 m高的塔式进水口和 6 条直径 9 m 的引水压力管道；长 280 m、宽 25.5 m、高 64 m 的地下厂房；尾水调压室和 2 条尾水洞；主变压器室和 6 条母线洞；500 kV 电缆斜井；以及进厂交通洞、通风洞和竖井、排水廊道等设施。

二滩水电站的主体工程土石方开挖量达 814.72 万立方米，地下洞室开挖量 370 万立方米，混凝土浇筑量为 598 万立方米。金属结构安装量 1.9 万吨。整个工程总投资接近 300 亿元，总工期 9 年。

(2) 小湾水电站

小湾水电站工程位于云南省西部大理州南涧县和临沧市凤庆县的澜沧江中游河段。该工程以发电为主，兼有防洪、灌溉、拦砂及航运等作用，是澜沧江中下游河段规划八个梯级开发的第二级。总库容 150 亿立方米，总装机容量 420 万千瓦，年平均发电量为 190 亿千瓦时。2010 年 8 月 6 台机组全部投产，总投资接近 300 亿元。

小湾水电站枢纽工程的挡水建筑为抛物线形变厚度双曲拱坝，坝顶高程 1245 m，最大坝高 294.5 m，坝顶中心线弧长 892.8 m。拱坝共分 43 个坝段，泄洪坝段宽 22～26 m，其余坝段宽 20 m。坝顶宽度从中心到拱端由 12 m 渐变到 16 m。工程全貌如图 2-151 所示。

图 2-150 二滩水电站泄洪景观

图 2-151 小湾水电站全貌

发电站布置采用地下厂房方案，由竖井式进水口、埋藏式压力管道、地下厂房[326 m(长)×29.5 m(宽)×65.6 m(高)]、主变开关室[257 m(长)×22 m(宽)×32 m(高)]、尾水调压室[251 m(长)×19 m(宽)×69.17 m(高)]和两条尾水隧道等建筑物组成。

(3) 长江三峡工程

三峡工程全称为长江三峡水利枢纽工程，如图 2-152 所示。项目位于长江西陵峡中段，坝址位于湖北省宜昌市长江西陵峡中的三斗坪镇，下距已建的葛洲坝水利水电枢纽 38 km。坝址河谷开阔，基岩为坚硬完整的花岗岩，具有修建混凝土高坝的优越地形、地质和施工条件。整个工程包括一座混凝土重力坝，一座坝后式水电站，一座永久性双线五级通航船闸和一架升船机。大坝全长 2335 m，坝顶高程 185 m，蓄水高程 175 m，水库长 600 多千米。坝底宽 115 m，顶宽 40 m。

图 2-152 长江三峡工程

1994 年 12 月 14 日，三峡工程正式宣布开工，1997 年 11 月 8 日胜利实现了大江截流，2003 年 6 月 1 日蓄水发电，2009 年土建全部完工。2012 年 7 月 4 日最后一台机组投产发电，总装机容量 2240 万千瓦，成为全世界最大的水力发电站。截至 2018 年 7 月 31 日，三峡电站累计发电量达到 1.14 万亿千瓦时。三峡工程总工期长达 18 年，总投资超过 2000 亿元。

长江三峡水利枢纽是治理和开发长江的战略性工程，集防汛、发电、航运、供水、旅游等作用为一体。

① 防洪。兴建三峡工程的首要目标是防洪。三峡水利枢纽是长江中下游防洪体系中的关键性骨干工程，经三峡水库调蓄，可使荆江河段防洪标准由十年一遇提高到百年一遇。遭遇千年一遇特大洪水时，可配合荆江分洪等分蓄洪工程的运用，防止荆江河段两岸发生干堤溃决的毁灭性灾害，减轻中下游洪灾损失和洪水对武汉市的威胁。

② 发电。三峡水电站总装机容量 2240 万千瓦，主要供往华中、华东地区，部分送到重庆，可照亮半个中国。与火力发电相比，年发电可以减少排放二氧化硫 200 万吨、一氧化碳 1 万吨和大量工业废水。

③ 航运。三峡水库显著改善了宜昌至重庆 660 km 的长江航道，万吨级船队可直达重庆港。航道单向年通过能力可达到 5000 万吨，运输成本可降低 35%～37%。经水库调节，宜昌下游枯水季最小流量能达到 5000 m^3/s 以上，使长江中下游枯水季航运条件也有较大的改善。上海至重庆畅行无阻，东西物资往来融通，使千里川江①成为连通中国东中西部发展的水上高速公路，长江真正成为黄金水道。

④ 其他。三峡水库之水引至丹江口水库，汇入南水北调中线方案的总干渠，流经河南、河北直至北京、天津，解决沿途各省市水荒之危，并对缓解在北煤南运中争交通、挤投资、占耕地、恶化生态、污染环境等方面，都具有十分重要的现实意义和深远的历史意义。

三峡建坝后，库区形成 1150 km^2 的水面。除航道外，仍有近 700 km^2 水面流速变缓、水质变清变肥、表水层转暖，是淡水水产养殖基地。长江三峡是中国和世界闻名的风景区和旅游胜地之一。三峡周围地区是巴楚文化之乡，历代都留下了众多各具特色的文化遗迹，构成了从新石器时代至近代绵延 5000 余年的历史文化宝库，具有极大的旅游价值。三峡水库蓄水后，原来滩多流急、浪花涛涌的景观消失了，但三峡的雄、奇、幽、美的基本风貌未变。现代化的三峡工程和三峡自然景观遥相呼应，使三峡旅游业有着更美好前景。

2.6.2 砌岸护堤保平安

江河湖泊沿岸有大量的耕地，并居住着大量的人口，为了农业生产不遭洪灾，也为沿岸居民生命安全不受威胁，需做护岸工程和堤防工程。

2.6.2.1 护岸工程

护岸工程是指为防止河流侧向侵蚀及因河道局部冲刷而造成河岸局部坍塌等灾害，使主流线偏离被冲刷地段的保护性工程设施。防护工程措施：一是直接加固岸坡，在岸坡植树、种草；二是抛石或砌石护岸。护岸工程材料通常为毛石、料石和混凝土。

图 2-153 所示为护岸工程的案例。对于城区江（河）段，护岸后不仅改善了市容，而且可形成滨江、滨河公园，成为人们休闲、健身的好去处。

2.6.2.2 堤防工程

沿江、河、渠、湖、海岸或行洪区、分洪区、围垦区的边缘修筑的挡水建筑物称为堤防，如图 2-154 所示。堤防是防御洪水泛滥，保护居民和农业生产的主要工程措施。河堤约束洪水后，将洪水限制在行洪道内，使同等流量的水深增加，行洪流速增大，有利于泄洪排砂。堤防还可以抵挡风浪和抗御海潮。堤上可以行人、行车，也可以由河道部门封闭。

---

① 长江分上游、中游和下游三段，其中湖北宜昌以上为上游，宜昌至江西湖口为中游，湖口以下为下游。长江上游青海玉树至四川宜宾段称为金沙江，宜宾至宜昌段称为川江（长 1020 km）。川江中奉节至宜昌段因穿过三峡，故又称峡江。长江中游湖北枝江至湖南岳阳城陵矶段，别称荆江，420 km 江段，历史上水灾严重，1952 年兴建分洪工程。长江下游扬州以下旧称扬子江，所谓“扬子江心水，蒙山顶上茶”。长江的英译为 Yangtze River，长江三峡则为 the Yangtze Gorges。

图 2-153 护岸工程案例

图 2-154 堤防工程案例

堤防的分类方式较多。按修建位置不同，可分为河堤、江堤、海堤、湖堤、水库堤及渠（沟）堤等；按其功能不同，可分为干堤、支堤、子堤、遥堤、隔堤、行洪堤、防洪堤、围堤（或圩垸）、防浪堤等；按修筑材料不同，可分为土堤、石堤、土石混合堤、混凝土防洪墙等。

（1）黄河大堤

黄河下游在华北平原形成高耸的“悬河”，从古至今一直是沿线人民的心腹之患，威胁着 25 万平方千米地区内的人民生命财产安全。因此，一代代黄河儿女认真研究治黄方略，总结古代的治黄经验，为管束住滚滚东流的河水，北岸自孟县以下，南岸自郑州铁桥以下，除了个别河段傍依山麓外，两岸皆筑有大堤。黄河大堤全长达 1370 km，犹如“水上长城”。黄河大堤包括两岸的临黄大堤、北金堤等，是黄河下游防洪工程体系的重要组成部分。图 2-155 所示为黄河大堤郑州段，此为标准化堤坝。

（2）荆江大堤

荆江大堤（图 2-156）位于荆江北岸荆州市，上起荆州区枣林岗，下至监利县城南，全长 182.35 km。堤防保护范围包括荆江以北、汉江以南，东抵新滩镇，西至沮漳河的广大荆北平原地区，直接保护荆北平原 500 万人口和 800 万亩耕地，以及许多城镇和其他重要资源的安全。因此，荆江大堤被列为长江防洪重点确保工程。

三峡工程、葛洲坝等水利枢纽的兴建，极大改善了荆江大堤的防洪压力。如今，荆江沿岸已成为长江航运的重要节点区域。

图 2-155 黄河大堤郑州段

图 2-156 荆江大堤

2.6.3 南水北调惠民生

中国是一个水资源比较丰富的国家，但存在着严重的空间分布不均衡性，南方水资源丰富，北方少雨干旱，许多城市存在严重的缺水现象。跨流域调水是解决北方城市缺水的有效措施之一，国家已先后完成了引滦入津、引黄济青、引碧入连、引黄入晋等供水工程；为解决北方缺水的一个更大的工程便是南水北调。南水北调的建设对合理调配水资源，改变北方地区水资源严重短缺的局面，保证社会经济的稳定发展具有非常深远的意义。南水北调工程实施后，不仅能缓解西北地区、华北平原中西部和华北平原东部水资源的严重不足，为这些地区的可持续发展提供水资源支撑，而且能给这些地区带来巨大的社会、经济、环境和生态效益。

南水北调是一项艰巨而浩大的战略性基础设施工程，国家对南水北调已做了大量的勘察、规划、研究、论证等工作，部分进入了实施阶段。南水北调工程分为东线、中线和西线三条线路。

2.6.3.1 输水通道介绍

南水北调的输水通道除东线部分利用京杭大运河以外，还需要建设输水渠道、倒虹吸管、渡槽和隧洞等输水通道。除此之外，为满足南水北调沿途省市用水，还应建设调节及配水建筑物等。

(1) 渠道

渠道是通过挖填修筑的人工输水水道，一般为梯形断面，低级渠道可为矩形或半圆形断面。为了减少水的渗漏损失，渠道底面和侧面均需硬化。远距离输水渠道主要分为总干渠、干渠和支渠等固定渠道，如图2-157所示。

(a) 干渠

(b) 支渠

图 2-157 输水渠道

① 总干渠设在南水北调的取水点，为总的输水通道，断面大、流量大。

② 干渠是输水的主水渠，由总干渠分流的渠道。

③ 支渠是由干渠分流出去的输水渠，是干渠的下一级渠道。

对于灌溉渠道，支渠以下再细分为斗渠、农渠和毛渠。斗渠是指灌溉系统中，由支渠引水到农渠的渠首，是支渠的分支；农渠是从斗渠中将水引流到各个田块的固定渠道，是斗渠的分支；毛渠是农渠的分支，是将水送到每块田地里去的小渠，属于田间临时渠道，可为各个田块提供用水。

(2) 倒虹吸管

倒虹吸管是输送渠道水流过河渠、溪谷、洼地和道路的压力管道，如图 2-158 所示。倒虹吸管常用钢筋混凝土制作，也有用混凝土、钢管制作的，主要根据承压水头、管径和材料供应情况选用。倒虹吸管由进口段、管身段和出口段三部分组成。

图 2-158 倒虹吸管

(3) 渡槽

渡槽是输送渠道水流跨越河流、溪谷、洼地和道路的架空水槽，如图 2-159 所示。渡槽除用于南水北调输水外，还普遍用于灌溉输水，也用于排洪、排砂等。大型渡槽还可以通航。渡槽由砌石、混凝土、钢筋混凝土等建造。渡槽和桥梁的区别在于前者过水，后者过汽车、列车和行人。

(4) 隧洞

水工隧洞是在山体中或地下开凿的过水洞，如图 2-160 所示。水流充满整个断面的隧洞称为有压隧洞；当洞内水流存在自由表面时，此隧洞称为无压隧洞。有压隧洞和无压隧洞的设计要求不同。

图 2-159 渡槽

图 2-160 输水隧洞

(5) 调节及配水建筑物

为了向沿途省市分水，应建设调节及配水建筑物，比如分水闸、节制闸。分水闸[图 2-161(a)]是设于总干渠以下各级渠道的渠首，用以控制分水流量的水闸；节制闸[图 2-161(b)]利用启闭闸门调节上游水位和下泄流量。

(a) 分水闸

(b) 节制闸

图 2-161 分水闸和节制闸

2.6.3.2 南水北调东线工程

南水北调东线工程从江苏省扬州附近的长江干流引水，利用京杭大运河以及与其平行的河道输水，连通高邮湖、洪泽湖、骆马湖、南四湖、东平湖，并作为调蓄水库，经泵站逐级提水进入山东聊城东平湖后，分两路供水，一路向北穿黄河后自流到天津；另一路向东经新辟的胶东地区输水干线接引黄济青渠道，向胶东地区供水。东线工程从长江引水，有三江营和高港 2 个引水闸，三江营是主要引水闸。在长江低潮位时(冬季、春季)，高港承担经三阳河向宝应站加力补水任务。从长江至洪泽湖，由三江营抽引江水，分运东和运西两线，分别利用里运河、三阳河、苏北灌溉总渠和淮河入江水道送水。洪泽湖至骆马湖采用中运河和徐洪河双线输水。骆马湖至南四湖有三条输水线：中运河至韩庄运河、中运河至不牢河和中运河至房亭河。南四湖内除利用湖西输水外，需在部分湖段开挖深槽，并在二级坝建泵站抽水入上级湖。南四湖以北至东平湖，利用梁济运河输水至邓楼，建泵站抽水入东平湖新湖区，沿柳长河输水送至八里湾，再由泵站抽水入东平湖老湖区。穿过黄河的位置选在解山和位山之间，包括南岸输水渠、穿黄枢纽和北岸出口穿位山引黄渠三部分。穿黄隧洞设计流量 200 m^3/s，需在黄河河底以下 70 m 打通一条直径为 9.3 m 的倒虹隧洞。江水过黄河后，接小运河至临清，立交穿过卫运河，经临吴渠在吴桥城北入南运河送水到九宣闸，再由马厂减河送水到天津北大港。从长江到天津北大港水库输水主干线长约 1156 km，其中黄河以南 646 km，穿黄段 17 km，黄河以北 493 km。胶东地区输水干线工程西起东平湖，东至威海市米山水库，全长 701 km。自西向东可分为西、中、东三段，西段即西水东调工程；中段利用引黄济青渠段；东段为引黄济青渠道以东至威海市米山水库。东线工程规划只包括兴建西段工程，即东平湖至引黄济青渠段 240 km 河道，建成后与胶东地区应急调水工程衔接，可替代部分引黄水量。

根据供水目标和预测的当地来水、需调水量，考虑各省市意见和东线治污进展，规划东线工程先通后畅、逐步扩大规模，分三期实施。第一期工程：主要向江苏和山东两省供水。抽江水速度为 500 m^3/s，年平均抽江水量达 89 亿立方米，其中新增抽江水量 39 亿立方米。过黄河时供水速度为 50 m^3/s，向胶东地区供水速度 50 m^3/s。第二期工程：供水范围扩大至河北、天津。工程规模扩大到抽江水速度 600 m^3/s，过黄河时抽江水速度为 100 m^3/s，到天津后为抽江水速度 50 m^3/s，向胶东地区供水速度为 50 m^3/s。第三期工程：增加北调水量，以满足供水范围内 2030 年国民经济发展对水的需求。工程规模扩大到抽江水速度 800 m^3/s，过黄河时抽江水速度为 200 m^3/s，到天津时抽江水速度为 100 m^3/s，向胶东地区供水速度为 90 m^3/s。

南水北调东线一期工程输水干线长 1467 km，全线共设立 13 个梯级泵站，共 22 处枢纽、34 座泵站，总扬程 65 m，总装机台数 160 台，总装机容量 36.62 万千瓦，总装机流量 4447.6 m^3/s，具有规模大、泵型多、扬程低、流量大、年利用小时数高等特点。该工程建成后成为亚洲乃至世界大型泵站数量最集中的现代化泵站群，其中水泵水力模型以及水泵制造水平均达到国际先进水平。

图 2-162　江都水利枢纽

2013 年 12 月南水北调东线一期工程开始送水。长江下游江苏扬州江都泵站引水，通过 13 级泵站提水北送，经山东东平湖后分别输水至德州和胶东半岛。设计年抽江水量 87.7 亿立方米，供水范围涉及江苏、安徽、山东 3 省的 71 个县(市、区)，直接受益人口约 1 亿人，总投资 500 多亿元。图 2-162 所示为江都水利枢纽。

2.6.3.3　南水北调中线工程

南水北调中线工程，从长江最大支流汉江中上游的丹江口水库东岸岸边引水，经长江流域与淮河流域的分水岭南阳方城垭口，沿唐白河流域和黄淮海平原西部边缘开挖渠道，在河南荥阳市王村通过隧道穿过黄河，沿京广铁路西侧北上，自流到北京颐和园的团城湖。其供水范围主要是唐白河平原和黄淮海平原的西中部，供水区总面积约 15.5 万平方千米，重点解决河南、河北、天津、北京 4 个省市沿线 20 多座大中城市生产和生活用水，并兼顾沿线地区的生态环境和农业用水。南水北调中线工程输水干渠总长达 1277 km，向天津输水，输水干渠长 154 km。

输水通道中除渠道外，还有大量的倒虹吸管、隧洞和 49 座渡槽。漕河渡槽是 2007 年建成的我国最大的输水渡槽，如图 2-163 所示。该渡槽位于河北省满城县境内，跨越漕河，全长 2300 m，共 76 孔，主体工程为 41 跨筒支梁结构的大型预应力混凝土渡槽，单孔最大跨径达 30 m，上部槽体为三槽一联的矩形预应力混凝土槽体，底宽 20 m，设计流量为 125 m^3/s，并设退水闸一座。总投资达 8.72 亿元。

南水北调中线第一期工程建设的主要目标如下：丹江口大坝加高后，从丹江口水库自流引水，通过硬化明渠输水到河南、河北、北京、天津 4 个省市，水源基本可以自流到广大的北方地区。南水北调中线一期主体工程由水源区工程、输水工程和汉江中下游治理工程三大部分组成。水源区工程为丹江口水利枢纽后期续建；输水工程即引汉总干渠和天津干渠。中线一期工程平均每年可调水量 95 亿立方米，远期将达到年均 130 亿立方米。为减少中线工程从丹江口水库调水后，汉江中下游水量大幅减少对湖北中部地区的不利影响，规划修建湖北省引江济汉等四项生态建设工程。

(a) 漕河渡槽

(b) 退水闸

图 2-163　漕河渡槽和退水闸

丹江口水库和调水渠首闸如图 2-164 所示，调水渠首闸位于河南省淅川县陶岔村。南水北调中线一期工程历时 11 年，于 2014 年 12 月 12 日开闸放水，一江清水直送北京(团城湖)。

(a) 丹江口水库

(b) 调水渠首闸

图 2-164　丹江口水库和调水渠首闸

南水北调东线一期和中线一期工程，总投资超过 2500 亿元。东线、中线工程第二期还未启动。中线将来可能调长江三峡之水入汉江，并向北方输送。

2.6.3.4　南水北调西线工程

2002 年 12 月国务院批准的《南水北调工程总体规划》中的西线工程“从长江上游的通天河、雅砻江、大渡河引水入黄河上游”，以解决青海、甘肃、宁夏、内蒙古、陕西、山西等 6 省(区)的用水问题，同时促进黄河的治理开发，促进上中游的河道治理，并相继向黄河下游供水，缓解黄河下游断流等生态环境问题。

不过到目前为止，南水北调的西线工程具体方案仍未定稿。一些人主张在长江上游通天河、长江支流雅砻江和大渡河上游筑坝建库，坝址海拔高程 2900～4000 m，采用引水隧洞穿过长江与黄河的分水岭巴颜喀拉山调水入黄河，也有专家提议从西藏的雅鲁藏布江调水，顺着青藏铁路到青海省格尔木，再到河西走廊，最终到达新疆。同时实现引雅鲁藏布江水，穿怒江、澜沧江、金沙江、雅砻江、大渡河，过阿坝分水岭入黄河。计划年引水量 2006 亿立方米，相当于 4 条黄河的总流量。

南水北调西线工程方案目前并未确定，工程的实施尚待时日。

2.6.4　课程思政案例

都江堰水利工程——弘扬民族治水精神，造福蜀地八方人民

都江堰水利工程(图 2-165)位于四川省成都市都江堰市。这里地处青藏高原与成都平原的过渡地带，一边万峰耸立，一边平畴千里。每当夏秋季节，暖湿气流沿着成都平原向西推进，遇到群山阻挡而被迫爬升，形成频繁的降雨，使得山间奔流而下的岷江水量暴增，在冲出山口之后如脱缰的野马，肆意横流，将平原地带变成一片汪洋。

(a) 鱼嘴分水堤

(b) 飞沙堰

(c) 宝瓶口

图 2-165　都江堰水利工程

“江水初荡潏，蜀人几为鱼”就是最真实的写照。与此同时，岷江冲出山口后，受到玉垒山的阻挡，没有顺直流入整个平原，而是被迫向南，从而造成了成都平原东旱西涝，一边洪水肆虐，一边赤地千里。于是，一幅凝聚着中华民族智慧的治水画卷就此展开。

公元前 256 年，蜀郡守李冰在前人鳖灵开凿的基础上，组织修建都江堰。该工程由分水鱼嘴、飞沙堰、宝瓶口等部分组成，建在成都平原西部的岷江出山口处。这里海拔 700 多米，是川西高原向成都平原过渡的地带。在此修建水利工程，可借助居高临下、自然倾斜的地形优势，扼住岷江咽喉，发挥工程的最大功效。都江堰修建完成后，彻底解决了岷江水患。

作为世界文化遗产，都江堰体现着惊人的完整性。建成之初的鱼嘴、飞沙堰、宝瓶口三大主体工程和百丈堤、人字堤等附属工程，至今保存完好。鱼嘴是在岷江江心修筑的分水堤坝，形似大鱼卧伏江中，其主要作用是把汹涌的岷江分成内外二江，西边叫外江，俗称“金马河”，主要用于排洪；东边沿山脚的叫内江，是人工引水渠道，主要用于灌溉。飞沙堰溢洪道又称“泄洪道”，修建在分水堤坝中段，具有泄洪、排沙和调节水量的显著功能，故又叫它“飞沙堰”。洪水期不仅泄洪水，还利用水漫过飞沙堰流入外江水流的漩涡作用，有效地减少了泥沙在宝瓶口前后的淤积。宝瓶口是内江的进水口，它是在湔山（今名灌口山、玉垒山）伸向岷江的长脊上人工凿开的一个口子，是控制内江进水的咽喉，起“节制闸”作用，能自动控制内江进水量，因它形似瓶口而功能奇特，故名宝瓶口。

最近几十年来，都江堰在现代科技的加持下焕发新春，逐渐实现了科学化、自动化，水资源调度愈发科学。2006 年，紫坪铺水利枢纽横空出世。它是都江堰的水源工程，建于岷江上游，下距都江堰渠首鱼嘴 3.8 km，总库容 11.12 亿立方米。紫坪铺水库（图 2-166）可以将都江堰灌区供水保证率由 30%提高到 80%，增加枯水期引水量，并为都江堰最终实现规划灌面提供水源；同时可将岷江上游百年一遇洪水经水库调蓄后按 10 年一遇流量下泄，极大地降低了洪水对古堰的威胁。

图 2-166　紫坪铺水库

都江堰水的“尽头”也在延伸，发散状灌溉系统继续蔓延拓展。如今的都江堰水利工程已成为跨岷江、沱江、涪江 3 个流域，引蓄结合、配套完善的特大型水利工程体系，担负着四川盆地中西部地区 7 市 38 县 1076 万亩农田灌溉任务，受益人口高达 2300 万，为四川粮食安全、经济发展、社会稳定和生态环境优美发挥了极为重要的作用，是四川省经济社会发展不可替代的水利基础设施。

2.7 风正一帆悬——港口海洋工程

客路青山外，行舟绿水前。潮平两岸阔，风正一帆悬。

——【唐】王湾

水上运输是综合交通运输体系的组成部分，分内河航运和海上航运。水上运输除需要水上航道以外，要完成货物集散还得有港口。现代内河港口和海港都需要人工修造，港口工程应需而生。以开发、利用、保护、恢复海洋资源为目的，并且工程主体位于海岸线向海一侧的新建、改建和扩建工程，称为海洋工程。港口工程和海洋工程属于土木工程这一大的领域，但又不同于一般的土建工程，它们具有自己的特点，各自相对独立发展。

2.7.1 港口船之家

港口是具有水陆联运设备和条件、供船舶安全进出和停泊的运输枢纽。港口工程是兴建港口所需的各项工程设施和工程技术的总称，包括港口选址、工程规划设计和各项工程设施(如各种建筑物、装卸设备、系船浮筒、航标等)的修建。

港口有一定面积的水域和陆域，应保证船舶安全出入与停泊、旅客和货物集散，并具有变换运输方式的场地，可以为船舶提供停靠、进行作业的设施以及提供补给、修理等技术服务和生活服务。从本质上讲，港口就是一个物流基地、物流中枢和物流节点，是物流企业的集群。

2.7.1.1 港口基本组成

港口由水域和陆域两大部分组成，海港的组成如图 2-167 所示。

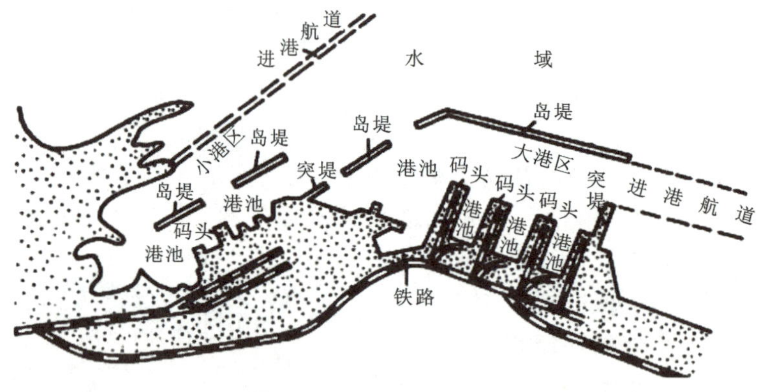

图 2-167 海港基本组成

港口水域包括进港航道、港池、锚地。对天然掩护条件差的港口还建有防波堤。港口主要供船舶航行、运转、抛锚和停泊装卸之用；要求有适当深度、面积，水流平缓，水面平稳。港口水域可分为港外水域和港内水域。港外水域包括进港航道、港外锚地；港内水域包括港内航道、转头水域、港内锚地和码头前水域或港池。

港口陆域包括码头、港口仓库、货场、堆场、港区铁路、道路、运输管道，并配有装配、运输机械设备，以及其他各种生活和辅助生产设施等，主要供旅客集散、货物装卸、堆存和转载货物之用。港口要求有适当的高程、岸线长度和纵深。

洋山深水港位于杭州湾口外的浙江省嵊泗崎岖列岛，由大、小洋山等数十个岛屿组成，是中国首个在微小岛上建设的港口，如图 2-168 所示，它是中国发展上海自贸区、建设海洋强国的依仗。洋山深水港于 2005

年12月10日建成，为中国最大的集装箱港，并通过东海大桥与上海市的交通网连接。2010年，洋山深水港完成集装箱吞吐量2907万箱，成为全球最繁忙的集装箱港口。

天津港处于京津城市带和环渤海经济圈的交汇点上，是首都北京的海上门户、我国第二大外贸口岸、连通海上和陆上两个“丝绸之路”的重要节点，也是连接东北亚与中西亚的纽带。天津港是世界等级最高的人工深水港，目前主航道水深已达22.0m，30万吨级船舶可乘潮进出港口。2013年天津港复式航道试通航，使航道通航能力在双向通航基础上实现了再次升级。天津港由几个港区组成，图2-169所示为其部分布置情况。

图2-168 洋山深水港

图2-169 天津港

内河港口通常沿河道布置，与海港布置不同。图2-170所示为长江武汉港，沿江呈一字形布置。

图2-170 长江武汉港

为克服船舶行驶的惯性，港内航道长度一般不小于3～4倍船长，并且停靠码头时要有足够的回转空间。在内河港口，为便于控制，船舶应逆流靠岸、逆流离岸。当船舶从上游驶向顺岸码头时，先调头，再靠岸；当船舶离开码头驶往下游时，要逆流离岸，然后再调头行驶。为此，要求顺岸码头前水域（称为转头水域）有足够宽度。

锚地是指有天然掩护或人工掩护条件，能抵御强风浪的水域，船舶可在此锚泊、等待靠泊码头或离开港口。如果港口缺乏深水码头泊位，也可在此进行转船的水上装卸作业。河港锚地供内河驳船船队在此进行编队、解队和换拖（轮）作业。

2.7.1.2 港口的类型

港口可按多种方式进行分类。

(1) 按所处位置分类　港口按所处位置分为海岸港、河口港和河港（包括湖泊港和水库港），其中海岸港和河口港统称为海港。

① 海港。海岸港位于海岸、海湾或潟湖内，也有的离开海岸而建在深水海面上，为海上运输服务；河口港位于河流入海口或受潮汐影响的河口段内，兼为海船和河船（江船）服务。

② 河港。河港是位于天然河流或人工运河边上的港口，还包括在湖泊和水库边上的港口。

(2) 按用途分类　港口按用途分为商港、军港、渔港、工业港和避风港。

(3) 按成因分类　港口按成因可分为天然港和人工港。

(4) 按冻结分类　港口按寒冷冬季港口水域是否冻结分为冻港和不冻港。

(5) 按潮汐分类　港口按潮汐关系、潮差大小、是否修建船闸控制进港分类，可分为闭口港和开口港。

(6) 按是否报关分类　港口按对进口的外国货物是否报关分为报关港和自由港。

2.7.1.3 港口主要水工建筑物

港口水工建筑物是港口的重要组成部分，包括码头、防波堤、护岸、船台、滑道和船坞等，其中主要的土建工程或基建工程是码头、防波堤和护岸。

(1) 码头

码头是供船舶停靠、乘客上下和货物装卸的建筑物总称，是港口中主要的水工建筑物。常规码头的布置形式有顺岸式(码头前沿线与自然岸线大体平行，见图 2-170)、突堤式(码头的前沿线布置成与自然岸线有较大的角度，见图 2-169)和挖入式(港池由人工开挖形成，如河北省唐山港)三种。码头的形式按其横断面外形分，有直立式、斜坡式、半直立式和半斜坡式。

图 2-171 直立式码头

直立式码头岸边有较大的水深，便于大船停泊和作业，不仅在海港中广泛采用，在河港也采用。图2-171所示为水位落差较大的直立式码头，犹如一栋框架结构楼房，依据水位不同，在相应的楼层上下船。

斜坡式码头适用于水位变化较大的情况，如天然河流的上游和中游港口。图 2-172(a)所示为天然斜坡砌筑而成的码头，图 2-172(b)所示则为钢筋混凝土斜坡式结构码头。斜坡式码头船不能靠岸，依靠浮桥和趸船上下。

半直立式码头适用于高水位时间较长而低水位时间较短的情况，如水库港。半斜坡式码头适用于枯水时间较长而高水位时间较短的情况，如天然河流上游的港口。

码头结构形式有重力式、板桩式、高桩式和混合式。重力式码头是靠自重(包括结构重量和结构范围内的填料重量)来抵抗滑动和倾覆的，这种结构一般适用于较好的地基；板桩式码头是靠打入土中的板桩来挡土，会受到较大的土压力，目前只用于墙高在 10 m 以下的情况；高桩式码头主要由上部结构和桩基两部分组成，一般适用于软土地基。图 2-173 所示为施工中的河港码头，图 2-174 所示为施工中的海港码头。

图 2-172 斜坡式码头

图 2-173 施工中的河港码头

(2) 防波堤

防波堤位于港口水域外围，是为阻断波浪的冲击力、围护港池、保证港内有平稳水面和所需的水深，以便船舶安全停泊和作业而修建的水中建筑物。同时，防波堤还起到防砂、防冰和防止波浪冲蚀岸线的作用。

防波堤的结构一般可分为重型和轻型两类：前者是传统和常用的防波堤形式，包括斜坡堤、直墙堤和混成堤等，后者是近数十年来发展起来的，根据波能集中于表层的特点，结合工程的特殊需要而研究出来的各种轻型防波堤，如透空堤、浮堤、喷气堤和射水堤等。典型的防波堤如图 2-175 所示。

图 2-174　施工中的海港码头

图 2-175　防波堤

(3) 港口护岸

港口护岸是抵御暴潮、波潮、波浪、水流侵袭，保护港口内外岸滩免遭侵蚀破坏的工程设施。护岸还须适应由于港口工程本身引起的水域环境变化。护岸包括在岸坡上直接承受波浪打击、水流冲刷的工程设施和为了减轻波浪、水流作用用于保护岸坡前滩涂从而间接保护岸坡的工程设施。

斜面式护坡和直立式护岸墙是直接护岸方法所采用的两类建筑物。护坡一般用于加固岸坡。护坡坡度常较天然岸坡为陡，以节省工程量，但也可接近于天然岸坡的坡度。护岸墙多用于保护陡岸，常将墙面做成垂直或接近垂直的，当波浪冲击墙面时，激溅很高，下落水体对于墙后填土有很大的破坏力。而凹曲墙面，使波浪回卷，这对于墙后填土的保护和岸上的使用条件都较为有利。此外，护坡和护岸墙的混合式护岸也颇多，在坡岸的下部做护坡，在坡岸上部建成垂直的墙，这样可以缩减护坡的总面积，并有利于保护墙脚。

2.7.2　海塘岸之盾

海岸防护工程是保护沿海城镇、农田、盐场和岸滩，防止风暴潮的泛滥淹没，抵御波浪、水流的侵袭与淘刷的各种工程设施，主要包括海塘(海堤)工程、护岸工程和保滩工程。

2.7.2.1　海塘工程

海塘(又称海堤)就是人工修筑的挡浪潮堤坝，是抵御海潮、海浪侵袭，保护城乡安全和工农业生产的堤防工程。目前主要分布在江苏、上海、浙江和福建等省市，尤其是杭州湾两岸，海塘绵延。

(1) 传统形式的海塘

传统形式的海塘采用陡墙堤，要求墙体在波浪作用下保持稳定。外侧采用块石砌筑成陡墙或直墙，外侧也可采用混凝土，墙后堆填砂土、碎石土或黏性土。陡墙后填土的内坡一般与斜坡堤的内坡相同。陡墙堤占地面积较小，工程量小，但地基应力比较集中，堤身沉陷量大，因而要求有较坚实的地基。另外，陡墙堤受到的波压力也较大。图 2-176 所示为传统形式的海塘或海堤。

(2) 现代海塘

现代的海塘采用稳定性好的斜坡式堤。最简单的斜坡堤为梯形断面，采用单一的斜坡。通常临海一侧的坡面采用上下不同坡度或中部设置平台(戗台)的复式断面，如图 2-177 所示。斜坡堤消浪性能较好，对地基沉陷变形适应性强，施工简便，但断面、施工土方量和占地面积都较大。斜坡堤内部即堤身一般用土料填筑。迎海一侧外坡直接承受波浪、水流的作用，其结构稳定性关系到堤身的安全，常采用保护堤身的防浪抗冲材料做成人工护面；背海一侧的内坡常采用植物护面，坡度一般为(1∶1.5)～(1∶4)。人工护面有块石、混凝土块或人工异形块体(见防波堤)、混凝土板等结构形式，护面下设置碎石滤层或垫层，防止堤身的砂土被吸出。护面范围为坡脚至波浪上爬最高处。在水浅、浪小、滩地较高的地段，外坡也可以采用植物护坡。

图 2-176 传统形式的海塘

图 2-177 现代海塘

为防止水流、波浪淘刷斜坡堤和陡墙堤的坡脚，常在坡脚处采用加固措施，如在坡脚抛石、抛混凝土块，或修筑块石棱体等。

（3）围垦海塘

近年来，为缓解沿海用地紧张局势，大规模地开展围垦工程，即在浅海区域兴建新的海塘，使之与陆地形成封闭区间。而后在封闭区间内用土石方进行回填，即进行所谓的“填海工程”，增加陆地面积。增加的陆地面积可根据规划，进一步开发利用。

2.7.2.2 护岸工程

在河口、海岸地区，对原有岸坡采取砌筑加固的措施，用以防止波浪、水流的侵袭和淘刷，以及在土压力、地下水渗透压力作用下造成的岸坡崩塌。

护岸工程分为斜坡式护岸和陡墙式（包括直墙式）岸壁两种形式。斜坡式护岸的护面结构、护面范围基本上与斜坡堤相似。在滨海城镇或兼有系靠船只需要的岸段常建造陡墙式岸壁，采用砌筑石墙、混凝土重力墙、钢筋混凝土扶壁式挡土墙或板桩墙等结构。护岸工程除承受波浪、水流作用外，陡墙式岸壁还要承受土压力作用。由于护岸工程的顶部标高与地面平齐，因此还将受到来自岸内侧地下水渗透压力的作用。为了减小岸壁内侧水压力，可在内侧采取排水措施，包括在护岸壁后填筑排水滤层、护岸壁上开排水孔。护岸内侧回填土尽可能采用排水性能好的砂质土。护岸坡脚的加固措施一般与海堤的护脚措施相同。护岸工程的案例如图 2-178 所示。

(a)

(b)

(c)

图 2-178 护岸工程案例

2.7.2.3 保滩工程

保滩工程就是保护沿海滩涂，防止滩面泥沙被波浪、水流淘刷的工程设施。一般的保滩工程除能保护滩涂外，还间接地有护堤、护岸的功能，并有促使泥沙在滩面落淤的作用。保滩工程常包括修建筑物（如丁坝、顺坝、护坦、护坎等）、种植物、修人工沙滩等。

（1）丁坝

丁坝，又称挑流坎，是与河岸正交或斜交伸入河道中的河道整治建筑物，是常用的保滩建筑物，如图

2-179所示。坝体与岸线成丁字形布置，故曰丁坝。坝根与堤、岸衔接，坝身向海面延伸。丁坝能将水流挑离岸边，拦截沿岸漂沙使之落淤。为保护大片滩地并促使其淤积，常需建筑一至数道较长的丁坝，拦截较多的泥沙。长丁坝挑流显著，对上下游甚至对岸都会产生影响。为保滩护岸、防止主流逼岸，常采用多道短丁坝组成的丁坝群。丁坝群也用于河口地区，能使水流归槽，刷深航道。丁坝群伸出岸边不远，挑流较缓和，不会剧烈改变流场，只要间距适当，坝田(相邻两道丁坝之间的泥沙淤积区)内也会有一定淤积。当双向水流或波浪方向不定时，丁坝以采用正交布置为宜。丁坝根部的坝顶高程一般取平均高潮位以上，但不高于相连或附近的海堤顶或护岸坡顶，坝身顶的高程随着向海延伸逐步降低。

(a)

(b)

(c)

图 2-179 丁坝

丁坝的结构形式可分为透水和不透水两种；其横断面形式有直立式和斜坡式两类。

(2) 顺坝

顺坝是在离岸一定距离的水中建造的与岸大致平行的坝体，又称顺岸坝，如图 2-180 所示。顺坝常用来消减波浪并促使泥沙在坝后岸侧沉积。顺坝的长度根据所需防护范围而定，可布置成连续的或间断的两种。为拦断沿岸流，也可采取丁坝和顺坝相结合的布置方式。坝顶经常淹没于水下者称为潜顺坝，其坝顶高程略低于平均潮位。高潮位时坝顶不淹没者称为出水顺坝，其坝顶高程高于平均高潮位。

图 2-180 顺坝

(3) 护坦和护坎

海塘、护岸前面的局部保滩工程措施称为护坦，由钢筋混凝土筑成或由卵石砌筑而成；堤前滩地有阶梯状地势起伏时，为防止高滩地的前沿崩塌，常在高、低滩间的陡坎处构筑护坎。

(4) 人工沙滩

在沿海受冲刷的岸段，采用人工填砂的方法恢复原来的沙滩或抛填成新的沙滩，称人工沙滩。一般在附近有大量廉价沙源时才采用人工沙滩。现在，人工沙滩还用于建造海滨浴场。

(5) 植物

在滩地上种植大米草、红树林或其他植物，可以消波缓流，促使泥沙落淤。大米草可在温带沿海种植，红树林则适于亚热带、热带的沿海滩涂生长。

2.7.3 平台国之威

1947 年，美国在墨西哥湾建造了世界第一座钢结构海上采油平台，钻出了世界上第一口海上商业油井，成为人类开发浅海石油的起点。其后各海洋强国纷纷建立自己的海上平台，钻探与开采油气资源，同时也显示其国家实力。目前，开采的作业范围已由水深 10 m 以内的近岸水域扩展到水深 300 m 的大陆架水域。海底采矿由近岸浅海向较深的海域发展，现已能在水深 1000 m 以上的海域钻井采油，在水深 6000 m 以上的大洋进行钻探，在水深 4000 m 的洋底采集锰结核。这样，大陆架水域的近海工程和深海水域的深海工程均已远远超出海岸工程的范围，所应用的基础科学和工程技术也超出了传统海岸工程学的范畴，从而形成了新型的海洋工程学科。

2.7.3.1 海洋平台类型

海洋平台是为在海上进行钻井、采油、集运、观测、导航、施工等活动提供生产和生活设施的构筑物，是海洋工程构筑物的典型代表，如图 2-181 所示。它一般由上部结构（平台）、立柱和基础（或沉垫）三部分组成。海洋平台的类型有固定式、活动式和半固定式三类。

(a)

(b)

图 2-181 海洋平台

(1) 固定式平台

固定式平台的下部由桩、扩大基础或其他构造直接支承并固定于海底，按支承情况分，固定式平台又可分为桩基式平台和重力式平台两种。

桩基式平台是在软土地基上应用较多的一种平台，分导管架型和塔架型两种形式。导管架型平台由上部结构（即平台甲板）和基础结构组成。上部结构一般由上下层平台甲板和层间桁架或立柱构成。甲板上布置成套钻采装置及辅助工具、动力装置、泥浆循环净化设备、人员的工作及生活设施、直升机升降台等。基础结构（即下部结构）包括导管架和桩，桩支承全部荷载并固定平台位置。塔架型平台由腿柱（通常直径达 6 m）、水平杆、斜杆及大梁（圆形或箱形）组成。为减小挡水面积，桩均设置在腿柱内，排成圆形，桩顶与腿柱焊接，空隙内灌入水泥浆，以防止薄壁腿柱发生局部压屈，并使桩固定在腿柱下端。施工时将塔架侧放并拖运就位，注入压舱水，使塔架直立，然后打桩，最后安装平台甲板。在自然条件恶劣的深水区，目前多采用导管架和塔架的组合方式。

重力式平台是依靠自身重量维持稳定的固定式海洋平台，其平台部分采用钢结构，立柱部分可采用钢结构或钢筋混凝土结构，基础部分为由若干采用钢筋混凝土材料做成的圆形舱室组成的大沉垫，坐落在海底岩土层上。

(2) 活动式平台

活动式平台浮于水中或支承于海底，能从一个井位移至另一个井位。按支承情况不同，活动式平台可分为着底式（坐底式、自升式）和浮动式（钻井船、半潜式）两类。

坐底式平台由沉垫、立柱和平台甲板三部分组成，适用于水深为 5～30 m 且海底比较平坦时作业；自升式平台由一个驳船式船体和若干能升降并能起支撑作用的桩腿组成，船体有足够的浮力以运载钻井设备等，作业时平台被桩腿支撑并抬升到海面以上，转移时把桩腿拔起，驳船式船体下降浮于水面，拖运到另一地点。

钻井船是把钻井设备安装在船体上，靠锚系或动力定位，在漂浮的状态下钻井；半潜式平台主要由上部结构、下潜体、立柱及斜撑组成，作业时在下潜体内灌入压舱水，使其潜入水下一定深度，靠锚缆或动力定位，拖航时排出压舱水，使下潜体浮在水面。

(3) 半固定式平台

半固定式平台既能固定在深水中，又具有可移动性。半固定式平台可分为张力腿式平台和牵索塔式平台。

张力腿式平台的上部结构是浮体，通过收紧锚固在海底的缆索，使浮体的吃水深度比静平衡状态大一些，浮力大于浮体重力，剩余浮力由缆索的张力来平衡。当平台受到扰动力时，缆索张力改变而产生弹性变形，因此，平台只产生微量位移。缆索可竖向或斜向布置。对于深水海域，如果采用固定平台，则造价随水深增大而剧增，海上安装工程也趋于困难，相应配备的工程船舶均需大型化，而张力腿式平台仅需加长缆索，对造价影响不大，且张力腿式平台在工作完成后可浮运到其他地点，因此，张力腿平台的应用已越来越多。

拉索塔式平台是一种新型的海洋平台结构，其支承塔架下端着地，上端一般用 4～8 根钢索张紧固定。这种平台用料少，工作水深大，适用于大深度水域。

2.7.3.2 我国的海洋平台

1977 年我国建成第一座海洋平台——“胜利 1 号”坐底式平台，如图 2-182 所示。“胜利 1 号”海洋平台的作业水深为 2～5 m。当向沉垫内灌水时，平台即下沉坐落在海底；若把水排出，平台就能浮起，故这种平台又有“沉浮式平台”之称。随后，又建成系列平台“胜利 2 号”、“胜利 3 号”等，主要用于渤海油田的钻探、开发。

图 2-182 “胜利 1 号”海洋平台

2012 年 5 月 9 日，我国首座代表当今世界最先进水平的第六代半潜式深水钻井平台“海洋石油 981”的钻头在南海荔湾 6-1 区域 1500 m 深的水下探入地层，这是中国石油公司首次独立进行深水油气勘探开发，标志着我国海洋石油工业的“深水战略”由此迈出了实质性的一步。

“海洋石油 981”平台(图 2-183)，由中国海洋石油总公司和中国船舶集团公司共同研制完成。该平台设计自重 30670 t、长度为 114 m、宽度为 79 m，从船底到钻井架顶高度为 136 m，其中电缆总长度 900 km，总造价近 60 亿元。它具有勘探、钻井、完井与修井作业等多种功能，最大作业水深 3000 m，钻井深度可达 10000 m，甲板最大可变荷载达 9000 t，能同时容纳 160 人工作。该平台可在南海、东南亚、西非等深水海域作业，设计使用寿命为 30 年。

(a)

(b)

图 2-183 “海洋石油 981”平台

我国渤海、东海和南海都有油气资源，渤海油田开发最早，东海、南海油(气)田也在开发之中。平台的建造是开发海洋资源的基础性工作，在中国还有较大的发展潜力。

2.7.4 课程思政案例

宁波舟山港——扬大国雄威，提民族自豪

宁波舟山港(图 2-184)处于“丝绸之路经济带”和“21 世纪海上丝绸之路”交汇点，是中国外贸产业链、供应链畅通运转的关键之一，在共建“一带一路”、长江经济带发展、长三角一体化发展等国家战略中具有重要地位。

图 2-184 宁波舟山港

宁波舟山港由北仑、洋山、六横、衢山、穿山、金塘、大榭、岑港、梅山等 19 个港区组成；有生产泊位 620 多座，其中万吨级以上大型泊位近 170 座，5 万吨级以上的大型、特大型深水泊位 100 多座，是中国超大型巨轮进出最多的港口，也是世界上少有的深水良港。2021 年，宁波舟山港完成货物吞吐量 12.24 亿吨，同比增长 4.4%，连续第 13 年保持全球第一。

宁波舟山港穿山港区位于宁波市北仑区郭巨街道的穿山半岛总台山下，作为宁波舟山港最“年轻”也是最重要的港区，穿山港区集装箱吞吐量占宁波舟山港集装箱吞吐量的三分之一。穿山港区在建设过程中，因其所在海域环境复杂，风大、浪高、流急、岩硬，有效作业时间短，加之底部岩层部分区域基岩埋深较浅，施工难度大。在穿山港区中宅矿石码头二期项目 30 万吨卸船泊位建设中，建设者们对斜桩采用旋挖钻机施工工艺，实现了过去不敢想象的高难度施工，对后续开展海上大直径旋挖机嵌岩技术的研究与应用意义重大。从沉桩工艺到面层铺设，再到道堆建设，建设者们始终坚持“鸡蛋里挑骨头”，将高品质要求应用到码头建设的每一处细节。

从发展底气来看，宁波舟山港具有几大优势：①先天有优势。它是世界少有的深水岸线资源丰富的深水良港，年可作业天数达 350 天左右，航道锚地匹配理想，核心港区主航道水深在 22.5 m 以上，30 万吨级巨轮可自由进出港，40 万吨级以上的超级巨轮可候潮进出。②功能已齐全。宁波舟山港的港口物流水平达到全球领先，集装箱、油品、铁矿石、煤炭、粮油、液体化工等主要货类均已形成了专业化港区，形成集聚发展效应，港口运输生产能力达到国际先进水平。③发展有空间。宁波舟山港发展空间潜力巨大，尚有 300 多千米未开发港口岸线，其中资源开发条件优越、适宜规模化、大型化发展的一类岸线尚有 130 多千米，尤其是舟山港域的港口岸线绝大部分分布在离岛，在产业布局上有更大的发展空间。长风破浪会有时，“世界一流大港”的梦想正在一步步变成现实。展望宁波舟山港发展，未来可期。

2.8 春江水暖鸭先知——水暖工程

> **竹外桃花三两枝，春江水暖鸭先知。蒌蒿满地芦芽短，正是河豚欲上时。**
>
> ——【宋】苏轼

水暖工程包括给排水工程和暖通工程，分属两个专业领域。给排水工程分为给水工程、排水工程两个方面；暖通工程的全称则是供热供燃气通风及空调工程，包括采暖、通风、空气调节三个部分。从功能上讲，水暖工程是建筑的组成部分。

2.8.1 净水高处走

给水工程是为满足城乡居民及工业生产等用水需要而建造的工程设施，根据水在社会循环中的位置和作用，大致可分为城市给水工程、建筑给水工程和工业给水工程。根据建筑物内水的用途可分为生活给水系统、生产给水系统和消防给水系统。给水是水往高处走，又称上水系统，需要一定水头或泵站升压。

2.8.1.1 城市给水工程

城市给水工程负责向城市提供满足使用要求的自来水。城市给水是从水源处取集原水（待处理的水），在自来水厂进行净化处理，采用清水池和水塔进行水量调节，然后通过泵站加压或重力自流，经过各级管网供给城市的各用水户。水厂生产的工艺流程如图 2-185 所示。

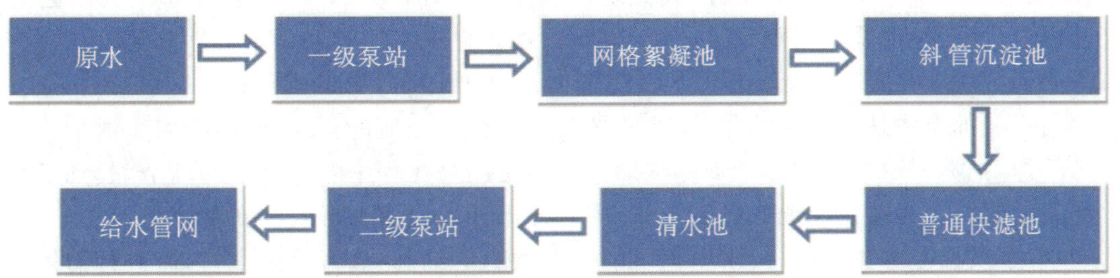

图 2-185 水厂生产的工艺流程

（1）水源

水源分为地表水源和地下水源。地表水源指的是江河、湖泊、水库等；地下水源则指的是地下含水层。人类可以利用的水资源是由大气降雨、降雪在流域地表逐渐汇流形成的地表径流和渗入地下形成的地下径流形成的。由于降水分布的不均匀性，为了取得足够的水量，往往需要修建水库来调节河流来水量。

为保证城市供水的可靠性，大中型城市往往会选择多个水源取水。为保证饮水水源不受污染，国家颁布了水源地保护条例，建立了水源保护区。水源直接影响着城市的供水安全。预防水源遭受污染是防止饮用水污染的第一道防线，是保障城市安全供水的根本性措施。

城市是人们居住、生活、生产活动高度聚集的地方，城市集中了各类用水需求，随着城市的发展，一些城市当地的水资源已无法满足其用水要求。为解决城市用水问题，只能建设长距离的引水工程，例如天津引滦入津工程、上海黄浦江引水工程、大连引碧入连工程、西安黑河引水工程、昆明掌鸠河引水工程、国家实施的南水北调工程等。

（2）取水工程

取水工程负责从水源处取集原水，并将原水输送到自来水厂进行处理。根据水源类型不同，取水工程的形式分为地表水取水工程和地下水取水工程。

地表水取水工程从河流、湖泊、水库中取水，取水工程要能适应地表水水源水位、流量和水质在丰水期和枯水期显著的变化。应注意取水工程的选址和形式，以尽量取到水质优良的原水，减少泥沙、水草、冰凌和漂浮物的带入。地表水取水构筑物的起端一般会设有拦截杂物的格栅、格网等设施。通常，取集的原水通过扬程不太高的水泵就可送入自来水厂进行处理。

地下水取水工程主要包括各种类型的取水井。由于地下含水层的构造非常复杂，因此，取水井的类型多种多样，常用的有管井、大口井、辐射井等。管井在城市给水工程中最为常用，其直径一般在 200～600 mm，井深一般在 300 m 以内，一般单井的出水量为 500～600 m^3/d，最大可达 20000～30000 m^3/d。为满足城市大规模取水量的要求，通常采用由很多口管井组成的井群来取水。

(3) 净水工程

城市给水工程中的净水工程主要指城市自来水厂。在自来水厂，通过一系列物理、化学或生物方法，去除原水中的杂质，如悬浮物、胶体物质、细菌、病毒及其他有害成分等，使净化后的水质达到生活饮用水的要求。

水中的杂质，按其来源不同可分为无机物、有机物和微生物。给水处理中用到的水质指标项目有很多，可以分为水的物理水质指标，如温度、浑浊度、电导率等；水的化学水质指标，如 pH 值、阳离子、阴离子、有机物含量等；水的生物学指标，如菌落总数、大肠埃希氏菌数等。

根据原水的类型和水质不同，自来水厂采用的水处理工艺类型也不同。地表水和地下水分别采用不同的处理工艺。目前，我国城镇约 70％的自来水厂水源采用地表水。

常规的地表水处理以去除水中的浑浊物质和细菌、病毒为主，水处理系统主要由澄清和消毒工艺组成。为提高水中悬浮物和胶体物质的去除效率，常在水处理过程中投加絮凝剂。我国自来水厂常用的絮凝剂有碱式氯化铝、硫酸亚铁等。在混合池中，加入水体的絮凝剂快速和水充分混合，絮凝剂通过一系列的物理化学反应，破坏水体中原有胶体物质的稳定性，黏附聚集水中的悬浮物和胶体形成体积较大、易于沉淀的絮凝体，该絮凝体也称为“矾花”。沉淀池的设计使水流以较慢的流速平稳地流经池体或斜板(或斜管)，在这个过程中，絮凝体因密度大于水而下沉成为底泥，底泥定期被排出池外，上层则可获得清水。沉淀池的出水已非常清澈，但仍含有尺寸较小的颗粒杂物，需进一步过滤去除。自来水厂常采用石英砂滤池过滤。普通的滤池采用 0.7 m 厚石英砂滤料层，待滤水从上至下以缓慢的流速通过时，水中所含有的一些细小的杂物被滤料层拦截下来。当拦截的杂物达到一定的量，滤池的处理能力会有明显的下降，就需要对滤池采用从下往上流的压力水进行反冲，把滤料层中拦截的杂物冲洗掉。滤池是净水流程中非常重要的环节，起到对水中所含杂质进行最后把关的作用。为改善滤池的过滤效果，国内外已开发出多种形式的新型滤池。

过滤后的水，杂质已基本被去除，但水中仍可能含有致病的细菌、病毒等微生物，需进行消毒处理。我国大中型水厂通常采用氯作为消毒剂。氯气在水中溶解后，生成强氧化性的次氯酸根离子，可将水中的病原性微生物杀死。滤池过滤后的水，在管道中加入氯消毒剂后，就送入清水池进行接触消毒和储存。清水池(图 2-186)体积很大，滤后水从进入清水池到从清水池流出有时需经过一个小时甚至几个小时，在这段时间内，水中的次氯酸根离子充分和水中的微生物接触，通过氧化反应作用将其杀灭。

(a)　　(b)

图 2-186　自来水厂的水池

通常地下水水质较好，取集的地下水经过沉砂和消毒处理即可。但不少区域的地下水中铁锰含量超过饮用水标准，需要进行除铁除锰处理。

(4) 输配水工程

输配水工程负责将水厂生产的水输送到用水区，通过各级给水管网将自来水供给到用水户。输配水工程包括输水管道、配水管网、泵站和清水池、水塔等。

通常水厂距离城市用水区有一定的距离，水厂出水往往经过几根管径较大的给水管输送到城市用水区，这些管道称为输水管，相当于城市的“总动脉”。输水管承担的流量大，若出现故障，则可能造成城区大面积的停水，因此输水管的可靠性要求较高。

配水管指分布于城市道路下的给水管。配水管负责向两侧的用水单位供水，同时也将自来水输送到下游片区。配水管几乎遍布于城市所有道路，密如蛛网，但仍有干管、支管之分。

泵站的作用是对水增压，使水克服管道阻力，将水送到高处或较远的地方，并使管网中的水保持有一定的压力，能直接供水到六七层楼的用水高度。在取水工程中用到的泵站称为一级泵站或取水泵站。设于自来水厂，从清水池抽水输送到管网的泵站称为二级泵站或送水泵站。城市管网规模很大或部分城区地势较高，城区中可能还会设有加压泵站。

清水池和水塔在给水工程中起到流量调节的作用，水厂一天 24 小时均衡生产自来水对水厂建设和运行有利，但城市的用水量在一天之内却有明显的变化，存在用水高峰和低谷时段。清水池起调节水厂和送水泵站两者流量差异的作用，相当于水厂的“仓库”。清水池的容积非常大，调节能力很强，日供水量 10 万方 (1 方 $=1\ m^3$) 的水厂，其清水池的容积就约为 2 万方。水塔(图 2-187)起调节管网用水和送水泵站差异的作用，由于水塔储水容积有限，大中型城市则广泛使用变频调速供水，取消了水塔的设置，而在小城市、乡镇尚可见水塔。水塔是用于储水和配水的高耸结构，用来保持和调节管网中的水量和水压，主要由水柜、基础和连接两者的直通支筒或支架组成。

图 2-187 水塔

2.8.1.2 建筑给水工程

建筑给水工程一般又分为建筑给水系统、热水供应系统、消防给水系统等。建筑给水工程在建筑中的作用是为人们提供舒适的生活环境、保障建筑消防安全以及满足建筑物中各种生活与生产用水要求。

(1) 建筑给水系统

建筑给水系统负责把城市给水管网的自来水供给到各个用水点，如室内各用水器具等。城市自来水管网不适于采用太高的水压运行，通常城市管网的自来水可以直接供给 6 层及 6 层以下的多层建筑，高于 6 层的建筑往往就需要在小区或单栋建筑物内对水进行调蓄、加压。传统的建筑加压供水方式是水泵-水箱联合供水，即在建筑物地下室或底层设置生活水池，城市自来水送入生活水池后，采用水泵将生活水池的水提升至屋顶水箱,由屋顶水箱将水供给上部各楼层用水点。该方式供水可靠,得到了广泛的应用。目前,随着设备及自控技术的发展,以及为了减少自来水在小区或建筑中产生“二次污染”的现象,常采用不设屋顶水箱的变频调速供水。一些城市允许水泵直接从城市管网抽水加压,则可以采用不设生活水池的无负压供水设备供水。

我国高层建筑发展迅速,高度在100 m以上的超高层建筑在大城市中也已常见。对于高层建筑、超高层建筑,给水系统需要进行分区,一般8层左右为一个分区,以保证用水的舒适性、安全性和经济性。

(2) 热水供应系统

民用建筑中淋浴、洗涤等均需要热水供应。建筑热水通常是采用水加热器将冷水加热来制备。为减少在水加热设备和管道中的结垢,冷水硬度较高时需对冷水进行软化等水质处理。通常先采用锅炉制备蒸汽或高温热水(90 ℃以上)作为热媒,在水加热器中热媒与冷水进行热交换,将冷水制备成热水。为保证热水的使用安全和降低热损失,热水的温度一般不超过60 ℃。与冷水供应不同的是热水管网设有循环管网,让一定的热水流量平时在管网中保持循环流动,这样各用水点随时都可以得到设计温度的热水。

制备热水消耗的能量较多,为节约能源,应充分利用当地的可再生能源,如太阳能等。

(3) 消防给水系统

建筑中常用的消防给水系统有消火栓给水系统、自动喷水灭火系统,以及适合保护电子数据或珍贵文物的气体灭火系统。

建筑物在走道、大厅等位置明显的地方设置消火栓,消火栓间距一般在20 m左右。消火栓设置于消火栓箱内,消火栓箱内还设有消防水龙带和铝合金的消防水枪。着火时,打开消防栓箱,从消火栓上接出水龙带和消防水枪,依靠水枪喷出的水柱来压制火势蔓延和灭火。单支消防水枪的喷水量在5 L/s以上,喷出的有效水柱长度在10 m以上。我国建筑普遍设置有消火栓给水系统作为基本的消防系统。

自动喷水灭火系统类型有多种,这里仅介绍常用的湿式系统。湿式自动喷水灭火系统在房间、大厅及走道的顶棚上间隔3 m左右设置消防喷头,喷头与喷淋供水管网及消防泵、消防水箱等供水设施相连。喷头的出口装有平时处于封闭状态的一种感温元件,发生火灾时,热气流上升,当喷头的感温元件达到动作温度时,喷头会自动打开,管网中的压力水从喷头出口冲出来,撞击在喷头下部的溅水盘上,水流溅射形成一个圆形的保护区域笼罩下来。自动喷水灭火系统不需要人为动作,可以自己感知火灾同时打开喷头喷水,可以在火灾初期就尽早地把火灾扑灭,因此具有非常高的灭火成功率。但自动喷水灭火系统造价也相对较高,我国目前仅要求在火灾危险性大的重要建筑中采用。

消火栓给水系统和自动喷水灭火系统在灭火时需要较高的压力和大流量,而且要求较高的供水可靠性,因此,其消防给水系统一般都设有单独的消防水池、消防水泵及消防水箱。

2.8.1.3 工业给水工程

一般情况下,工业用水由城镇管网供给。但有些工业企业用水量巨大,城镇给水系统的规模无法满足其用水需求,或工厂远离城市管网等,这时工业企业会自建给水系统。工业企业对水质、水量的需求是非常多样的,有些工业用水流量非常大,如冷却用水等。为节约水资源,降低工业用水量,工业企业要尽可能地考虑工业用水的重复利用。重复利用的给水方式有循环给水和复用给水两种。循环给水是指使用过的水经适当处理后再行回用。在循环使用过程中会损耗一些水量(包括循环过程中蒸发、渗漏等损失),须从水源取水加以补充。工业冷却用水一般较多采用循环给水系统。复用给水系统是按照各车间对水质的要求,将水按顺序重复利用。水源水先到某些车间,使用后或直接送到其他车间,或经冷却、沉淀等适当处理后,再供其他车间使用,然后排出。

工业用水的重复利用不仅是解决城市水资源缺乏的一项重要措施,而且还减少了废水排放量,具有较好的环境效益。工业用水的重复利用率是城市节约用水的重要指标。所谓重复利用率是指重复使用的用水量在总用水量中所占的百分数。目前,我国工业用水的重复利用率在60%左右,在节约用水方面还有很大的发展潜力。

2.8.2 污水低处流

各类用水使用后，除部分水量蒸发、漏损或进入产品外，大部分水量均会进入排水系统，经过建筑和小区排水系统的层层收集，进入城市排水系统，最后进入城市污水处理厂，经净化后排入水体或回收利用。所谓排水系统，是指收集、输送、处理、利用废水并将其排入水体的全部工程设施。与给水相反，排水又称为下水，排水道称为下水道。

2.8.2.1 城市排水工程

在城镇的住宅、工业企业和各种公共建筑中会不断地产生各种各样的污水和废水，它们需要及时妥善地排除、处理或利用。城市的雨水和冰雪融化水也需要及时排除，否则将积水为害，妨碍交通，甚至危及人们的生命财产安全和日常生活。城市排水按来源的不同，可分为生活污水、工业废水和大气降水三类。生活污水是居民在日常生活中排出的废水，包括从厕所、浴室、盥洗室、厨房、食堂和洗衣房等排出的废水。生活污水中含有大量的有机物、合成洗涤剂、病原微生物等。工业废水是在工业企业的生产过程中排出的废水，有些工业废水在生产过程中仅受轻微污染或水温稍有升高；而有些工业废水则有高浓度的污染物或含有毒或有害物质。大气降水指的是雨水和冰雪融化水，常统称为雨水。雨水中所含杂质主要是无机物，污染物含量低，对环境危害较小，一般不需要处理，可直接就近排入水体。

城市排水工程主要包括城市排水管网和污水处理厂。

(1) 城市排水管网

城市排水管网负责城市的污水、废水和雨水的收集、排放。根据收集和输送城市污水和雨水的方式不同，分为合流制和分流制两种基本方式。合流制是用同一套管渠收集和输送城市污水和雨水的排水方式。分流制是用不同的管渠分别收集和输送城市污水和雨水的排水方式，即雨污分流。分流制雨水管网收集的雨水直接排入水体，污水管渠收集的污水则送往城市污水厂。由于雨天时合流制无法将收集的雨污水全部送往污水处理厂处理，而使大量的污水溢流进入河道，污染水体。因此，我国城镇规划基本都采用分流制，新建城区排水系统也都按分流制建设。

城市排水采用重力流，即利用重力让污水从高处往低处流动，这与给水采用的压力流不同。因此，排水管网的规划布局要充分结合城市的地形来考虑，避免管道埋深过大。城市道路下的雨污水管道在路面下都有一定的埋设深度，以满足两侧排水单位接管的要求。一般雨水管的管底埋深在 2 m 以上，污水管的管底埋深在 3 m 以上。对于延伸很长的污水管，有的地方会达到 6 m 以上的埋深。

因管径较大，故一般采用钢筋混凝土排水管，如图 2-188 所示。管网铺设归属于市政工程。近年来，塑料管材发展很快，一些中小口径的管道也广泛采用塑料排水管。

(a)

(b)

图 2-188 城市排水管网

(2) 污水处理厂

城市生活污水或工业废水若不加控制而任意排放，将会造成大量的有毒有害物质随着污水进入环境中，会破坏原有的自然生态环境，造成环境污染，甚至会形成环境公害。大量的有机污染物或有毒有害物质将会毒死水中或土壤中原有的生物，破坏原有的生态系统，给自然界带来长期的、严重的危害。有些污染物质进入水体底泥或土壤后，很难被清除，将持续影响生态环境。水污染对人类健康也有直接的危害：污水中含有的致病微生物能引起传染病的蔓延；上游城市排放的污水将影响下游城市取水的水质；受污染的水中含有的有毒物质能引起人们的急性或慢性中毒；采用受污染的水体灌溉粮食作物，也会影响人们的健康。

废水中的污染物根据其污染性质一般分为：固体污染物、有机污染物、无机污染物、有毒污染物、生物污染物等。为了实现水的良性社会循环，保护生态环境，保障人民的生命健康，城市各类污水、废水需要经过处理达标后才能排放。同时，污水经过妥善处理后，可回用于城市，这是节约用水和解决水资源短缺的重要手段之一。

图 2-189 所示为污水处理厂正待处理的污水、废水。根据对污染物的去除程度，污水处理又分为一级处理、二级处理和三级处理。一级处理主要指采用格栅、沉砂、沉淀等物理方法对污水进行处理，主要去除悬浮状态的固体污染物，一般可去除 50%左右的悬浮固体、30%左右的有机物；二级处理是在一级处理后，采用生物化学的方法去除污水中呈胶体和溶解状态的污染物，一般可去除水中 90%以上的有机物，可以达到污水二级排放标准；三级处理是二级处理后进一步除去水中难降解的有机物和氮、磷等营养元素，主要采用混凝沉淀法、砂滤法、膜处理法等进行处理，三级处理后的水可以达到要求最严格的污水一级 A 标排放标准。

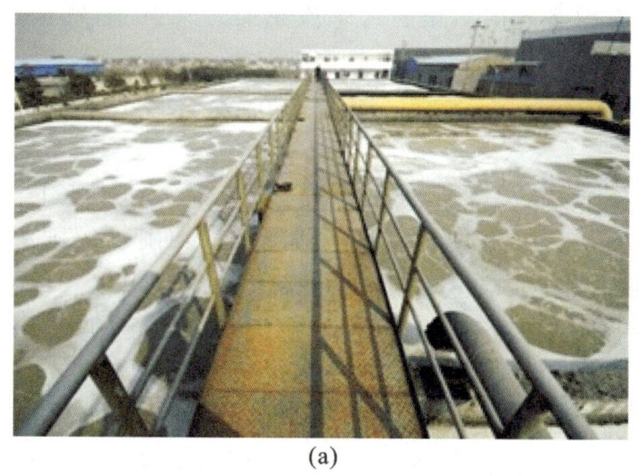
(a)

(b)

图 2-189 污水处理厂

2.8.2.2 建筑排水系统

建筑排水系统负责收集各卫生器具和其他生产排水设备的排水。根据其排水性质不同，建筑排水分为生活排水、工业废水、建筑物雨水三类。

(1) 生活排水

生活排水指的是人们日常生活中的各卫生器具的排水。根据生活排水的水质污染程度，生活排水又分为生活污水和生活废水。生活污水指的是大便器、小便器的排水；生活废水指的是盥洗、洗涤废水。由于生活废水污染程度较轻，经单独收集处理后可作为中水回用，用作浇洒绿地、冲洗厕所等的生活杂用水。建筑排水系统根据其生活污水和生活废水是采用同一套管道排放还是分开排放，可分为分流制和合流制。建有中水系统或生活污水需要单独处理的建筑往往采用分流制排水系统，即生活污水和生活废水分别设置单独的管道排放。

(2) 工业废水

工业废水主要是生产工艺设备排除的污水、废水。因工业生产的工艺、性质不同，故其所产生的废水所含杂质、污染物的性质也不同，对环境的污染程度也不同。考虑对工业废水的处理和利用的情况，将工业废水排水系统分为生产污水排水系统和生产废水排水系统，前者污染严重，后者较为洁净。

(3) 建筑物雨水

建筑物雨水主要指建筑屋顶及周围汇集的雨水、雪水。由于雨水系统的排水规律不同于生活排水系统，我国相关设计规范规定雨水管道应单独设置，不接纳生活排水。

建筑排水系统中，水流呈显著的水、气两相流状态，水流规律较为复杂。由于建筑排水系统外部与室外埋地排水管道相连，室外管道中沉积的污物分解发酵产生的有毒有害气体就可能循着室内排水管道进入室内，污染室内空气环境。因此，排水器具与室内排水管道相连的地方都应设有存水弯或自带水封，避免臭气窜入室内。水封是隔绝臭气反窜的关键，其有效高度一般为 5 cm。为避免排水产生的空气波动破坏水封，排水管道需要设有完善的通气管系统。

2.8.3 采暖冬不寒

在冬季，随着室外气温的下降，室内温度也会随之下降。为了创造一个良好的生活、工作环境，房间内需要供暖。供暖就是用人工方法向室内供给热量，使室内保持一定的温度，以创造适宜生活或工作的一个内部环境。

供暖系统由热源、热循环系统及散热设备三个主要部分组成。根据三个主要组成部分的相互位置关系，供暖系统可分为集中供暖系统和局部供暖系统。

2.8.3.1 传统采暖

人不分男女老幼，地不分东西南北，用火取暖是传统，这在原始社会就存在。火种的发明，一是为了烧煮食物，二是为了冬天取暖。古人为了保存火种，便把炭火放在烧制的陶器里，这个陶器就叫“炉”或“灶”。

寒冷地区的民居中，燃烧柴火的火塘具有烤火、做饭之功效，也有些居民用蜂窝煤炉、煤球炉灶取暖。西方有壁炉，中国有火坑，都与火结缘。

火炕是一种宽 1.7～2.3 m，长可随居室长度而定的砖石结构的建筑设施。搭建炕在北方称为盘炕，搭建工艺概括为：用砖砌筑炕间墙，炕间墙中设置烟道，上面覆盖有比较平整的石板，石板上再用泥土抹平，最后在干后的泥土上铺炕席就可以使用。炕都有灶口和烟口，灶口用来烧柴，烧柴产生的烟和热气通过炕间墙烘热上面的石板产生热量，使炕升温。烟最后从火炕烟口通过烟囱排出室外。在中国北方一般炕的灶口与灶台相连，这样就可利用做饭时烧柴使火炕发热，不必再单独烧炕。火炕邻近灶口的位置称为“炕头”；邻近烟口的位置称为“炕梢”。炕头温度高，炕梢温度低，所以古时北方民间的理想生活是“三亩地一头牛，老婆孩子热炕头”。一般“炕头”都供家中辈分最高的主人或尊贵的客人寝卧，而男人或年轻人都在“炕梢”寝卧。火炕是北方农村的主要采暖方式，短期内仍无法淘汰。

2.8.3.2 集中供暖

中国以秦岭—淮河为界，分为南方和北方，并规定北方地区城市为集中供暖区域，南方地区城市无供暖要求。

因为北方冬天寒冷且持续时间较长，为保障人们的正常生活和工作，所以必须对室内供暖。随着市场化的推进，各地都成立了热力公司，负责集中供暖。不同城市供暖期长度不同。

供暖系统的基本工作原理，可以表述为：低温热媒在热源中被加热，吸收热量后，变为高温热媒（高温水或蒸汽），经输送管道送往室内，通过散热设备放出热量，使室内温度升高；高温热媒经过散热后温度降低，变成低温热媒（低温水），再通过回收管道返回热源，循环使用。如此不断循环，从而不断将热量从热源送到室内，以补充室内的热量损耗，使室内保持一定的温度。集中供热系统由热源、热网和热用户三部分组成。

（1）热源

热源主要来源于燃料燃烧产生的热量，由热力厂提供，一般热电联产，即发电供热一体化，如图 2-190 所示。锅炉是其主要设备，有热水锅炉和蒸汽锅炉之分；也有燃煤锅炉、燃油锅炉和燃气锅炉之别。热源设备相当于人的“心脏”。

锅炉房是供暖系统的热源部分，燃煤锅炉房主要由锅炉本体、热力系统、烟风系统和运煤除灰系统等几个部分组成。锅炉本体包括燃烧设备（减速箱、炉排）、各受热面（各种管道、锅筒、空气预热器、省煤器）、炉体围护结构等；热力系统包括水处理设备、分水定压系统、循环系统；烟风系统包括鼓风机、引风机、烟道、风道、除油器等；运煤除灰系统包括煤的破碎、筛分、输送、提升、除灰、排渣等设备。

此外，热源还可以利用太阳能、核能、电能及工业余热。

(2) 热网

热网由输热干线、配热干线、支线等组成，其作用是由热源向热用户输送和分配热量，它们相当于人的“动脉和毛细血管”。

室外供热管网(图 2-191)的敷设方式主要有架空敷设和埋地敷设。埋地敷设比较常见。埋地敷设又分为通风地沟、半通风地沟、不通风地沟、直接埋地几种敷设方式，其中涉及的主要设备设施有供回水管道、各类阀件、伸缩器、支架、法兰垫、管道地沟及屋顶膨胀水箱等。

图 2-190　热力厂热源

图 2-191　室外供热管网

室内供热管网主要是指室内的供回水管道、管路上的排气阀、伸缩器阀件、散热设备及室内地沟等。

(3) 热用户

热用户是供热的最终对象，根据用途不同，可分为采暖、通风、热水供应、空气调节、生产工艺等热用户。

散热器是采暖热用户的主要设备，如图 2-192 所示。散热器将供热系统的热媒(蒸汽或热水)所携带的热量通过其表面传递给房间。

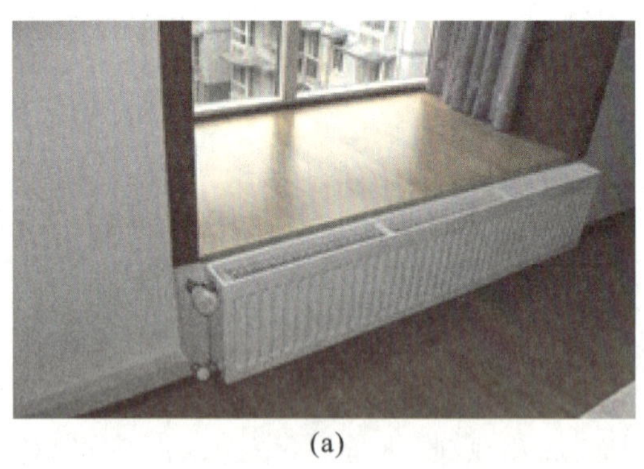

(a)

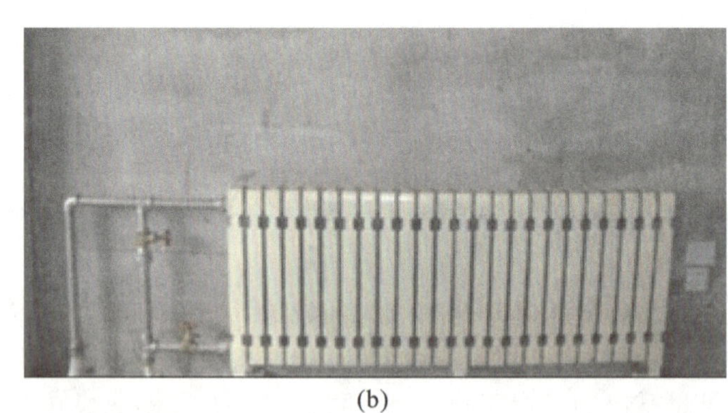

(b)

图 2-192　室内散热器

2.8.3.3　局部供暖

热媒制备、热媒输送和热媒利用三个主要组成部分在构造上都在一起的供暖系统，称为局部供暖系统。如火炉采暖、户用燃气供暖、电加热器采暖等。虽然燃气和电能是从远处输送到室内来，但是热量的转化和利用都是在这间供暖房内实现的。

南方地区城市没有集中供暖要求。部分居民家庭采用局部供暖；大多数家庭和办公室都使用冷暖空调。大型商场、宾馆、写字楼等公共场所往往采用中央空调设备，兼具制冷、制热和通风三种功能，无论冬夏都可使用。

南方一些特殊企业、车间自建小型锅炉房，铺设内部供热管道，为办公室、车间、家属楼供暖，或利用热电厂发电后的余热向少数单位、住户供暖，这种小范围内的集中供热也可归于局部供暖。

2.8.4 通风室内爽

通风就是换气，其作用是控制空气污染物的传播与危害，保障室内外空气环境质量。通风系统包括进风口、排风口、送风管道、风机、降温及采暖设施、过滤器、控制系统以及其他附属设备。

2.8.4.1 通风工程

通风与空调密不可分。通风工程是送风、排风、除尘、气力输送(又称气流输送，利用气流的能量，在密闭的管道内沿气流方向输送颗粒状物料)以及防、排烟系统工程的统称，而空调工程则是空气调节、空气净化与洁净室空调系统的总称。通风工程包括通风喷油工程、净化工程、湿帘墙降温工程、无尘洁净工程、脉冲除尘工程、木工车间除尘工程、旋风除尘工程、环保空调工程、中央空调工程、废气净化工程、流水线工程等方面。

通风机是通风工程中的主流设备，它是依靠输入的机械能提高气体压力并排送气体的机械，是一种从动的流体机械。通风机广泛用于工厂、矿井、隧道、冷却塔、车辆、船舶和建筑物的通风、排尘和冷却；锅炉和工业炉窑的通风和引风；空气调节设备和家用电器设备中的冷却和通风；谷物的烘干和选送；风洞风源和气垫船的充气和推进等。通风机已有悠久的历史，古人于公元前就已制造出简单的木制砻谷风车，它的作用与原理与现代离心通风机基本相同。

2.8.4.2 室内通风

建筑室内通风具有以下三个方面的功能：

① 用室外的新鲜空气更新室内因居住及生活而污染了的空气，以保持室内空气的洁净度达到某一最低标准的水平。

② 加强体内散热、防止由皮肤潮湿引起的不舒适，此类通风可称为热舒适通风。

③当室内气温高于室外的气温时，通风可使建筑构件降温，此类通风名为建筑的降温通风。

室内通风一般采用自然通风，靠外界的风压力或室内的热压力把室内污染物排出去；也可采用机械通风，靠风机提供动力使室外新鲜空气进入室内，稀释并降低污染物浓度。家用通风设备主要有空调、排风扇、抽油烟机等。

2.8.4.3 防排烟系统

建筑中各种装饰材料、家具、日常生活用品、衣物等属于易燃物，遇火燃烧会释放大量的热量，并产生大量有毒气体和烟气，危及居住者的生命财产安全。

火灾现场中有浓烟和烈焰，两者之间危害较大的还是浓烟。浓烟会使火灾现场受困人员向外逃生的难度加大，乌黑的浓烟使人视线不清，找不到逃生之路，吸入浓烟还会引起中毒，甚至窒息死亡。另外，浓烟还给进入火场进行救援的人员增加障碍。

无数火灾事例告诉我们，设置防排烟系统在火灾发生时能有效地控制烟气的蔓延，对救人、救灾工作起着关键的作用。防烟是采用机械加压送风的方式防止烟气进入疏散通道；排烟是采用机械排烟或自然排烟方式，将烟气排至建筑物外。高层建筑、公共建筑应安装烟气通道(图 2-193)，并配置相应机械设备。

机械排烟一般都是利用排风机把着火区域中产生的高温烟气通过排烟口强制排至室外，为受灾人员的疏散和物资财产的转移在时间上和空间上创造条件。机械排烟又分局部排烟和集中排烟两种。另外，还有机械加压送风排烟系统，当建筑物发生火灾时，通过机械加压向建筑物内送入新鲜空气，确保疏散路线和避难场所不受烟气干扰。

还可通过开启外窗进行自然排烟。要实现自然排烟，就必须保证有一定的可开启外窗面积(不包括门等疏散通道的开启面积)。建筑物各部位的可开启外窗面积具体要求如下：①防烟楼梯间前室、消防电梯间前

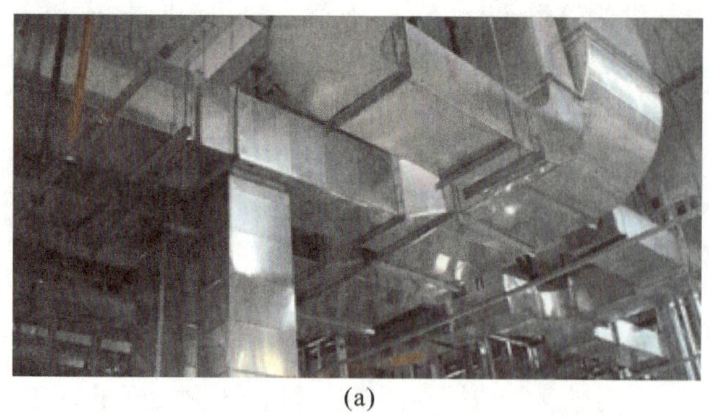
(a)

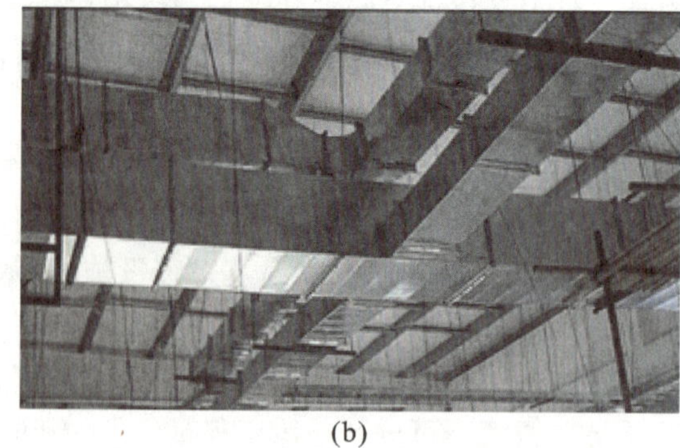
(b)

图 2-193 排烟管道

室可开启外窗面积不应小于 2 m^2，合用前室不应小于 3 m^2；②靠外墙的防烟楼梯间每五层内可开启外窗总面积之和不应小于 2 m^2；③长度不超过 60 m 的内走道可开启外窗面积不应小于走道面积的 2%；④需要排烟的房间可开启外窗面积不应小于该房间面积的 2%；⑤中庭可开启的天窗或高侧窗的面积不应小于该中庭地面积的 5%。

2.8.5 课程思政案例：

武汉青山区海绵城市建设——加大投入惠民生，综合改造提品质

海绵城市，是新一代城市雨洪管理概念，是指城市能够像海绵一样，在适应环境变化和应对自然灾害等方面具有良好的“弹性”，下雨时吸水、蓄水、渗水、净水，需要时将蓄存的水“释放”并加以利用，实现雨水在城市中自由迁移。而从生态系统服务出发，通过跨尺度构建水生态基础设施，并结合多类具体技术建设水生态基础设施，是海绵城市的核心。

构建海绵城市要有“海绵体”。城市海绵体既包括河、湖、池塘等水系，也包括绿地、花园、可渗透路面这样的城市配套设施。雨水通过这些海绵体下渗、滞蓄、净化、回用，最后剩余部分径流通过管网、泵站外排，从而有效提高城市排水系统的标准，缓减城市内涝的压力，使雨水得以循环利用(图 2-194)。

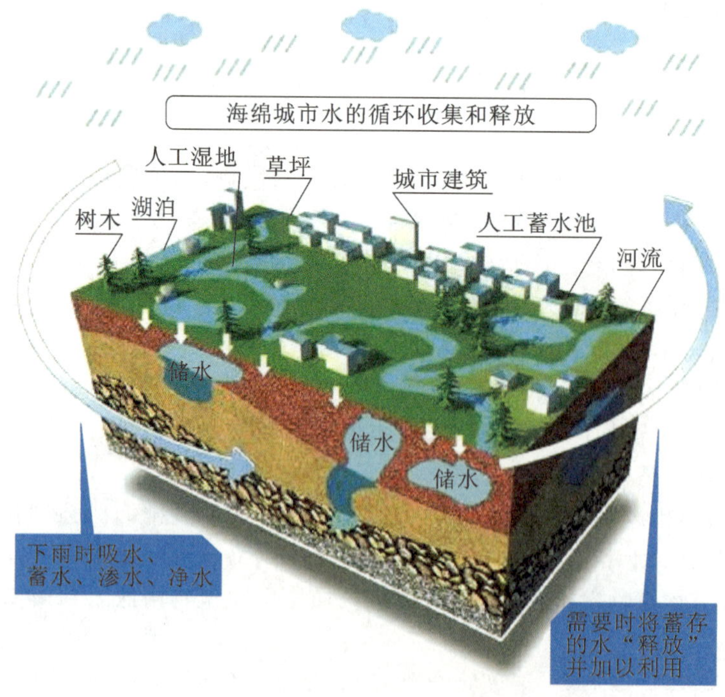

图 2-194 海绵城市水循环收集和释放示意图

作为曾经享誉全国的“百湖之城”武汉，曾有大小湖泊166个，合计面积779.6平方千米，占全市总面积的10%。其典型的老城区如青山区，大量排水设施建于20世纪八九十年代，地下雨水管网老旧不足，雨季期间下大雨后积水严重，历史上和近年城区均出现过大规模的洪涝灾害。在此背景下，2015年武汉通过竞争性评审成为“海绵建设”第一批16个试点城市之一。

青山区南干渠海绵城市项目为武汉海绵城市建设的两大示范核心之一。该项目西起工业路，东抵滨港路，南起友谊大道，北至和平大道，总面积约3.84 km^2，惠及周边近10万居民。涉及市政道路13项、小区公建59项、公园绿地2个、城市管渠3项、城市水系1项，项目总投资约12.74亿元。

跟大多数老城区普遍存在的问题类似，在海绵化改造前，青山区试点片区也存在着地下水位较高、硬质路面较多、绿地空间有限、老旧路面渍水严重等通病。为了改善青山区洪涝问题，同时整体提升城区人居环境，该项目结合青山区“三旧”改造，打破传统的以小区为一个设计单元的点设计法，改为面设计，按区域考虑海绵改造。在有限的改造期限内新增活动场所12000余平方米、新增停车位1500余个、改造疏通7000余个雨污水井、识别各区雨污混错接，完成雨污分流258处、解决9条市政道路问题、公建小区雨污分流改造100%，整体惠及周边近10万居民。

青山区南干渠海绵城市项目不仅在解决老旧小区海绵化改造方面积累了很多可推广的经验，其在可回收资源的二次利用方面也积累了实践性成果：该项目利用武钢所在地的区位优势，将武钢钢铁生产中产生的工业废料进行二次资源回收利用，实现可持续发展，还社会于自然（图2-195）。

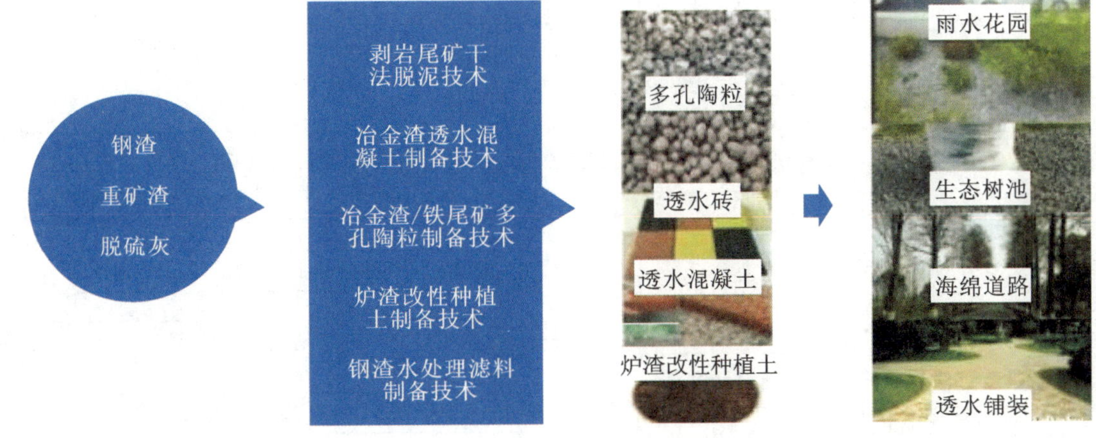

图2-195　工业废料二次利用流程

2022年6月，财政部、住房和城乡建设部、水利部联合开展“十四五”全国第二批系统化全域推进海绵城市建设示范城市竞争性选拔，确定全国25个城市为第二批“海绵城市建设示范城市”。海绵城市建设任重而道远，在相关政策及企业技术的大力支持下，这一理念和实践不但能极大改善城乡环境，更能成为新的经济增长点，成为未来城市建设的核心理念。

3　理想变现实的土木工程建设

土木工程项目一般历经项目决策、付诸实施与运营维护三大阶段，称为项目的全生命周期(Lifecycle)。围绕生命周期，一个项目从开始策划到完成使命，需要土木工程师完成一系列的技术活动，如前期策划、勘察设计、施工建造、检测维修等，以及贯穿始终的全生命过程管理。在这一系列的技术活动中，土木工程师利用专业知识，发挥聪明才智，创建工程辉煌。图 3-1 为我国现行的项目建设程序。

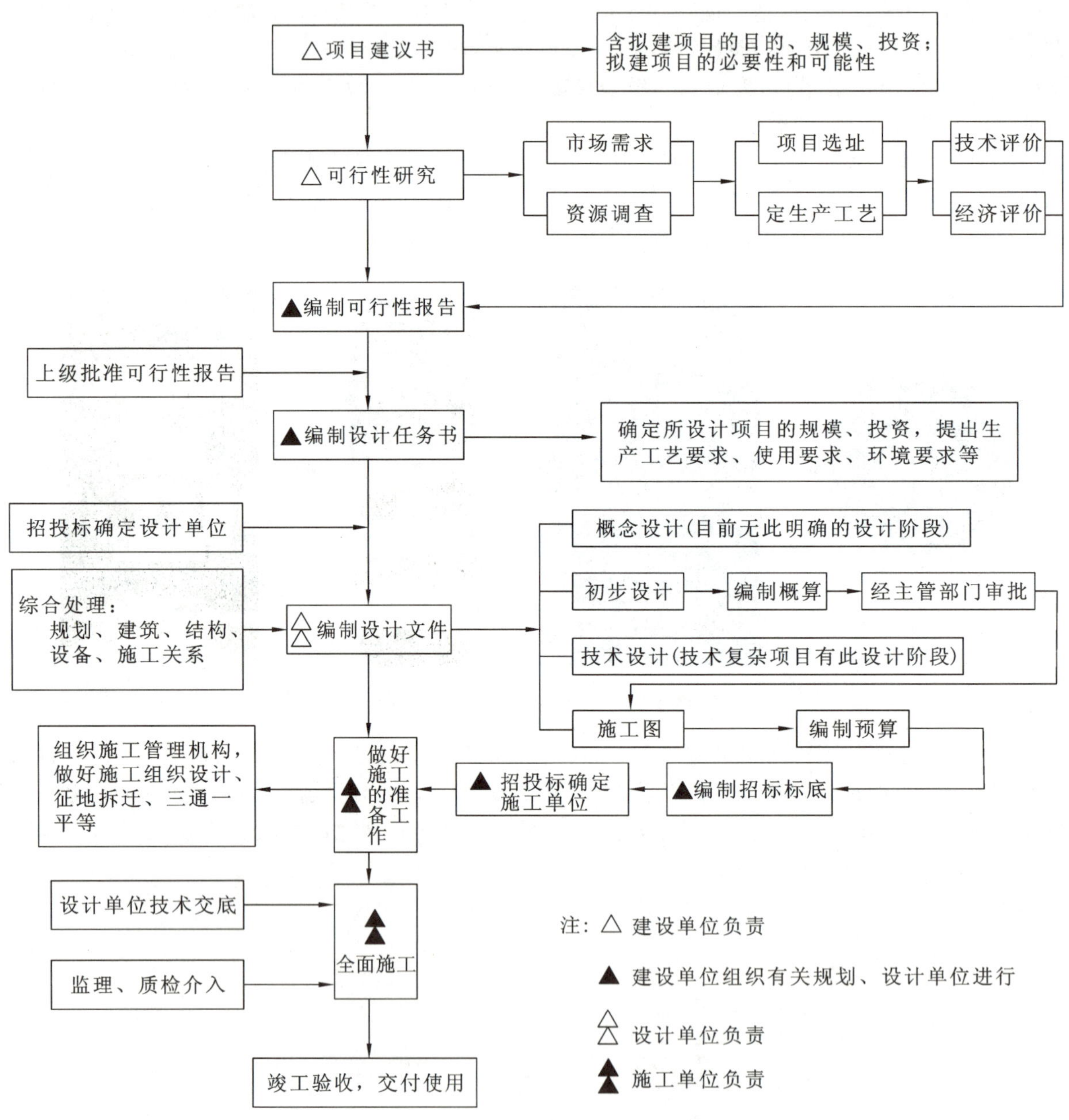

图 3-1　土木工程项目建设程序

3.1 运筹帷幄——土木工程前期策划

3.1.1 由策划失误引起的思考

先从几个很普通的案例说起。

案例1:北方某县,是一个财力只有3000多万元的贫困县,从2001年开始计划斥资60多亿元建设新县城,结果历时十年只留下了一堆"烂尾楼"[图3-2(a)]。如此重大的一个工程,为何半途而废、劳民伤财呢?究其原因,主要是该项目实施前缺乏全面、系统的可行性调查研究。

案例2:2012年某大都市滨海休闲带栈道工程开始动工,计划造价4799.24万元,但在桩基工程完成后突然停止,海面上留下一片孤零零的混凝土桩[图3-2(b)]。滨海休闲带原设计有南、北两个观景栈桥,桥面将延伸进海面约200 m。但是由于距离已经建成的公路大桥不到200 m,违反了《中华人民共和国公路法》的规定:"在大中型公路桥梁和渡口周围二百米,不得挖砂、采石、取土、倾倒废弃物,不得进行爆破作业及其他危及公路、公路桥梁、公路隧道、公路渡口安全的活动。"因此,该桥址需要重新调整。已建成的桩基只好停工,等待新的设计。尽管主管部门表示会吸取教训,尽快恢复施工,但时间的延误、成本的增加仍然造成较大的浪费。

(a) 某县新城烂尾楼

(b) 栈桥工程桩基

图3-2 策划失误的案例

再举两个著名工程的案例。

案例3:悉尼歌剧院已成为澳大利亚和悉尼的象征。但可能出乎很多人意料的是,悉尼歌剧院是从一系列的失败开始的。1957年,来自丹麦的建筑设计师Jorn Utzon提供的设计方案从233个参赛设计中脱颖而出,成功被专家组选为获胜的设计方案。1959年,悉尼歌剧院正式开始破土动工。根据Jorn Utzon提供的方案,建造歌剧院的预算为700万澳元,预计4年完工。这个预计在事后被证明错得离谱。悉尼歌剧院一共花了14年才完工,一直到1973年10月才正式开放。最后该歌剧院的总造价高达10200万澳元,比原来的预算高出了太多。

案例4:迪拜由于土地资源极其稀缺,为了解决土地短缺,填海造岛成了常用的解决方案。2003年9月,迪拜提出建造"世界岛"的宏大构思。世界岛由300个形状模仿世界各大洲的人工岛屿组成,相邻岛屿至少相隔50 m宽的海域,形成一个微缩版的地球。世界岛项目于2003年动工,但进行得并非想象中那么顺利,如今已成为世界上最大的烂尾工程。失败的原因主要有以下两方面:一方面,由于在2008年时爆发全球性金融危机,对迪拜经济造成了重创,世界岛无法获得开发所需的资金,众多项目被搁置;另一方面,用砂石等自然材料填海筑成的人工岛,下沉风险很高。根据美国航天局(NASA)公布的卫星图片分析,世界岛当中的众多岛屿有逐渐向中间靠拢并下沉的现象,工程安全风险也吓退了众多投资者和购买者,使得世界岛项目最终搁浅。

从上述几个案例可以看出：项目前期策划不科学会造成实施阶段的设计变更，甚至是使用阶段的功能调整，不仅延误工期，还会造成巨大的浪费和损失。前全国人大常委会委员长吴邦国曾说："我们国家最大的浪费莫过于战略决策的失误。"世界银行估计，"七五"到"九五"期间，我国投资决策失误率在30%左右，资金浪费及经济损失为4000亿～5000亿元，这是一个多么惊人的数字！诚然，造成决策失误的原因有很多，但项目前期缺乏系统、科学的论证则是其中的关键。

因此，必须高度重视项目前期策划工作，采取科学的项目前期策划方法，提高项目决策水平，保证项目的成功实施。

3.1.2 工程项目前期策划是一门学问

项目前期策划，从一定意义上来看，每个人都会做，也都在做。比如说上街买东西，首先要考虑去的方法，是走路还是坐车？到哪个商店？你都会有一个计划，你会把时间、金钱、商品好坏、商场规模等全部因素都考虑进去，这其实就是在做项目策划。所以每个人或多或少都有着基本的项目策划才能，都知道"凡事预则立，不预则废"这个道理。但是，工程项目是一个非常复杂的系统，特别是现代工程项目要考虑的因素很多，有技术的、经济的，还有环境的、社会的。像三峡工程，仅移民就有百万之众，很难找到能满足全部约束条件的最优解决方案。因此，前期策划不能仅凭本能来做决定，而是需要一套科学的理论和方法来指导。

3.1.2.1 工程项目前期策划的定义

《企业管理百科全书》中有这样的定义："策划是一种程序。其在本质上是一种理性行为。基本上所有的策划都是关乎未来的事物，也就是说策划是针对未来要发生的事情做当前的决策。换言之，策划是找出事物的因果关系，衡度未来可采取之途径，以作为目前决策之依据。亦即策划是预先决定做什么，何时做，如何做，谁来做。策划如同一座桥，它连接着我们目前之地与未来我们要往之处。"

因此，工程项目前期策划是指在项目开始之初，根据项目最终需要达到的效果与目的，对整个项目进行资源与进度等方面的系统性考虑，通过预先设想项目活动的全过程，在项目的时间、造价、质量之间寻找到最佳平衡点，为项目在完成之后能达到令人满意的经济效益、社会效益及环境效益提供科学的依据。

工程项目前期策划的核心思想是根据系统论的原理，通过对项目多系统、多层次的分析和论证，逐步实现对项目的有目标、有计划、有步骤的全方位、全过程控制。项目策划的基本流程为：①需要对项目目标进行多层分析，由粗到细、由宏观到具体；②对影响项目目标的环境要素进行分析，预测项目在环境中的发展趋势；③对项目自身构成要素进行分析，包括它们的功能、彼此之间的联系，以确定整个项目的定位；④对项目过程进行分析，在考虑环境影响的前提下，分析可能的渐变和突变因素以及带来的后果，并预先采取防范和管理措施。

3.1.2.2 工程项目前期策划的基本原则

项目前期策划是一种创造性的技术活动，不同项目可采用不同的策划方法。但项目策划本身具有一定的共性和规律，需遵循以下几条基本原则：

(1) 重视项目自身环境和条件的调查

任何项目都是在一定环境中开展活动，环境的特点及变化必然会影响项目的发展。可以说，环境是项目生存发展的土壤，它既为项目活动提供必要的条件，同时也对项目活动起着制约作用。因此，项目前期策划首先必须调查项目环境和条件，使项目策划在一个实事求是的基础上进行。

(2) 重视同类项目经验的调查

尽管项目前期策划具有创造性，敢于思索、勇于创新很重要，但是，同类项目的经验和教训也非常宝贵。在项目之初，往往还没有进行详细的分析，无法得出精确的数据，此时可借鉴同类项目进行初步的估计，以作为项目决策的依据。同时对国内外同类项目进行全面调查和深入分析，特别是了解可能的风险与失败的原因，还可避免重蹈覆辙，少犯错误，增加决策成功的概率。

(3) 坚持开放型的工作原则

项目前期策划需要整合多方面专家的知识，包括组织知识、管理知识、经济知识、技术知识和法律知识等，涉及的经验包括设计经验、施工经验、项目管理经验和项目策划经验等。因此，策划往往需要团队行为，这就需要在项目前期策划时坚持开放型的工作思路。即使是专业策划机构也往往是开放型组织，也要吸纳外部专家，如政府部门、教学科研单位、设计单位、供货单位和施工单位等各领域的专家。策划组织者的任务是根据需要把这些专家组织和集成起来，听取他们的意见(图 3-3)。

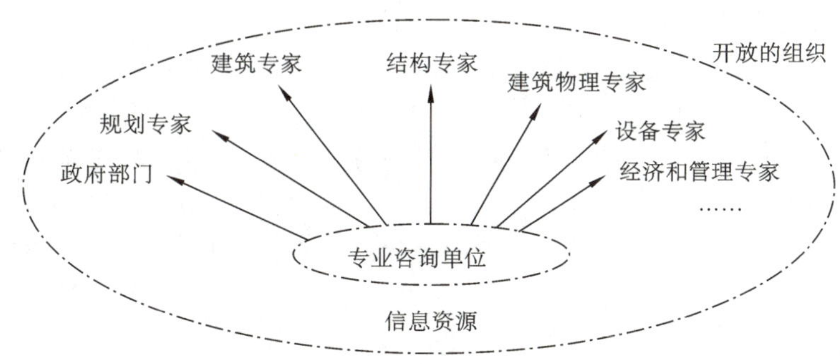

图 3-3 项目前期策划的组织

(4) 集成各方面的知识与信息

策划不仅是专家思维的组织和集成过程，也是信息与知识的组织和集成过程。通过收集信息、分析信息，在思考的基础上产生创新成果，因此，策划的实质是一种知识管理的过程，即通过知识的获取、编写、组合和整理，加上大胆的思考和集体的智慧，最终形成新的知识。策划是一个专业性活动，策划团队所拥有和积累的信息、知识以及同类项目的经验都是策划成功的重要保证。

(5) 坚持创新求增值

策划是“无中生有”的过程，十分注重创造。项目策划是根据现实情况和以往经验，对事物变化趋势做出判断，对所采取的方法、途径和程序等进行周密而系统的构思和设计，是一种超前性的高智力活动，因此，创新是策划的灵魂。策划的创新不能仅是梦想，必须是可以实现的创新，这种创新才能保证项目的成功，才能得到丰厚的回报。创新是为了增值，是为了带来较好的经济效益。

(6) 利用发展观念做策划

策划工作往往是在项目前期进行，但是，策划工作不是一次性的，策划成果也不是一成不变的。项目初期，策划的分析往往比较粗略，随着项目的开展、设计的细化，项目策划的深度可不断丰富和深入；同时，项目早期策划工作的假设条件会随着项目进展不断变化，必须对原来的假设不断验证。因此，策划结果需要根据环境和条件的变化，不断进行论证和调整。

3.1.3 工程项目前期策划的主要内容

根据建设工程项目全生命周期不同阶段，工程项目策划可分为三种类型，即项目决策策划、项目实施策划和项目运营策划。项目决策策划在项目决策阶段进行，为项目立项决策服务，主要研究并回答项目“做什么”、“为什么做”的问题，又称为项目决策评估，其重点包括功能策划、经济策划和产业策划等。项目实施策划在项目实施之前进行，为项目的实施服务，主要研究并回答项目“如何做”、“如何实现目标”的问题，又称为项目实施规划，其重点包括组织策划、合同策划和信息策划等。项目运营策划在项目实施阶段完成之后、正式运营之前进行，主要研究并回答项目建成后“如何经营”的问题，其重点包括运营期间项目运营方式、运营管理组织和项目经营机制的策划。

工程项目决策策划和工程项目实施策划是工程项目策划的基础和核心，是工程项目前期策划的重点。

3.1.3.1 工程项目决策策划

工程项目决策策划最主要的任务是定义项目的目标、效益和意义，具体包括明确项目的规模、内容、使用功能和质量标准，估算项目总投资和投资收益，以及项目的总进度规划等问题。根据具体项目的不同情况，决策策划的形式可能有所不同，有的形成一份完整的策划文件，有的形成一系列策划文件。一般而言，工程项目决策策划的工作内容包括：

（1）项目环境调查分析，要求充分掌握与项目相关的一切环境和条件资料，包括法律、政策环境，产业市场环境，宏观经济环境，社会、文化环境，项目建设环境和其他相关问题等。

（2）项目定义与项目目标论证，包括明确项目建设宗旨、总目标和指导思想，分析用户需求，确定项目规模、组成、功能和标准等。这部分内容是项目决策策划的核心。

（3）项目经济策划，包括分析开发或建设成本和效益，估算总投资，制订融资方案、资金需求量计划以及项目经济评价等。

（4）项目产业策划，根据项目环境分析，结合项目投资方的意图，论证并确定项目拟承载产业方向、产业发展目标、产业功能和标准。

（5）项目决策策划总报告，包括形成系统、完整的项目决策报告，编制设计任务书。

3.1.3.2 工程项目实施策划

工程项目实施策划在项目实施之前完成，为项目实施服务，其最重要的任务是定义项目“怎么建”。工程项目实施策划的内容包括：

（1）项目实施目标分析和再论证，包括确定和编写总投资目标规划、总进度目标规划、总体质量与安全目标规划等。

（2）项目组织结构策划，包括项目管理的组织结构分析、任务分工以及管理职能分工、实施阶段的工作流程、项目的编码体系分析和管理制度等。

（3）项目合同结构策划，包括承发包模式的选择，确定项目管理委托的合同结构、设计合同结构方案、施工合同结构方案和物资采购合同结构方案等，确定各种合同类型和文本的采用，以及合同管理的方案等。

（4）项目信息管理策划，包括建立信息平台，明确项目信息的分类与编码体系、项目信息流程图，制定项目信息流程制度和管理信息系统等。

（5）项目实施策划总报告，包括形成完整详细的项目实施指导文件，即项目建设大纲和项目建设手册等。

3.1.4 工程项目前期策划的主要成果

在项目决策阶段主要有两项成果，即项目建议书和可行性研究报告，有时也要求给出项目决策策划报告；在项目实施阶段主要完成项目实施策划报告。

3.1.4.1 项目建议书

项目建议书是项目建设筹建单位或项目法人，根据国民经济的发展、国家和地方中长期规划、产业政策、生产力布局、国内外市场、所在地内外部条件等，向审批机关提出的某一具体项目的建议文件，对拟建项目提出框架性的总体设想，是立项与否的依据。简言之，项目建议书要回答“为什么要做，做什么，预计投资多少，多长时间收回投资，投资效益如何”等关乎项目前期决策的重要问题。项目建议书大多由项目法人委托有资质的咨询单位、设计单位负责编写。

项目建议书的内容视项目的不同有繁有简，但一般应包括以下几个方面：

（1）建设项目提出的必要性和依据；

（2）工程方案、拟建规模和建设地点的初步设想；

（3）资源情况、建设条件、协作关系等初步分析；

（4）投资估算和资金筹措设想；

（5）项目进度安排；

（6）经济效益和社会效益的估计。

3.1.4.2 可行性研究报告

可行性研究是根据系统论的思想从技术、经济、财务、商业以至环境保护、法律等多个方面，对有关建设方案、技术方案和生产经营方案进行的技术经济分析和论证，是项目是否可行、是否具有投资价值的决策依据，也是我国现阶段基本建设程序之一。项目的可行性研究要涉及经济、管理、财务、决策、市场调查等多个学科的知识，所以，它是一个综合性的技术经济评价体系。

可行性研究的结果要形成可行性研究报告。针对不同规模及不同特点的项目，可行性研究报告的内容可依据实际情况有所增减。但总的思路是：项目可行性研究报告一定要能给项目业主提供一个系统完整的思路、项目可行性的结论及实施要点和关键，要有观点、有依据、可实施、可信度高。

可行性研究报告的主要内容有如下几点：

(1) 项目总论；

(2) 需求预测和项目拟建规模；

(3) 资源、原材料及公共设施情况；

(4) 设计方案；

(5) 项目实施条件与项目方案；

(6) 环境保护；

(7) 企业组织、劳动定员和人员培训；

(8) 项目实施进度；

(9) 投资估算和资金筹措；

(10) 社会及经济效益评价；

(11) 可行性研究结论与建议。

3.1.4.3 项目决策策划报告

项目决策策划报告是对决策阶段工作的总结，是决策策划成果的表现形式。项目决策策划报告从形式上可以是一本总报告，也可以是几本专题报告。从内容上，项目决策策划报告一般包括以下几个部分：

(1) 环境调查分析报告；

(2) 项目定义与目标论证报告；

(3) 项目经济策划报告；

(4) 项目产业策划报告；

(5) 设计任务书。

其中，设计任务书是项目决策策划最终成果中的一项重要内容。设计任务书是对项目设计的具体要求，它是在确定了项目总体目标、分析研究了项目环境和条件、进行了详细的项目定义和功能分析的基础上提出的，因此更加有依据，也更加具体，同时也使后续深化设计有“法”可依，可在一定程度上减少设计的返工。

3.1.4.4 项目实施策划报告

项目实施策划报告是实施策划阶段的工作成果和总结，是项目实施阶段工作的纲领性文件。从形式上看，项目实施策划报告有很多种形式：

(1) 可以是一本总报告，也可以是一系列分报告。

(2) 既有总报告，又有分报告。总报告的形式也有多种，如项目建设管理规划、项目建设大纲等；分报告的形式也很多，如管理的工作手册、制度汇编等。

分别形成各项分报告：①项目实施目标分析和再论证报告；②项目实施组织策划报告；③项目实施合同策划报告；④项目信息管理策划报告；⑤项目目标控制策划报告。

项目建设大纲是目前许多项目所采用的实施策划总报告形式。建设大纲是项目实施的“立法文件”，是从宏观上、整体上对项目各项工作开展做出的规定。编制项目建设大纲的根本目的是确保项目建设按既定计划实现，其核心内容应涵盖项目管理的全部工作内容：明确项目建设目标；明确组织分工与协作；明确项目进度控制、投资控制、质量控制和合同管理、信息管理等要求。

3.2 纸上谈兵——土木工程勘测与设计

设计是一项“纸上谈兵”的智力活动，对土木工程项目而言，设计是多方面的。修建房屋，需要建筑师做空间构成与立面美学设计；需要结构工程师做结构体系与构件截面设计；还需要水电工程师做给排水管道与供电线路设计等。修建交通工程首先需要进行线路设计，继而需要做结构设计。修建工业设施，首先要考虑生产工艺设计，然后才是建筑设计、结构设计等。但对于土木工程师来说，最普遍从事的是保证工程安全的结构设计，房屋结构、桥梁结构、隧道衬砌结构、海洋平台结构、大坝结构等都需要通过荷载分析与力学计算来决定结构体系与构件尺寸，以保证工程结构能抵御自然灾害和承受使用荷载。

3.2.1 查明地质靠勘察

在工程设计前，首先要进行地质勘察，以查明工程场地的地质结构或地质构造，了解地貌、水文地质情况、土和岩石的物理力学性质、自然（物理）地质现象和天然建筑材料等，这些通常称为工程地质条件。在此基础上，结合工程的具体特点和要求，进行工程地质分析与稳定性评价，为工程设计和施工提供基本依据。

3.2.1.1 工程地质勘察的内容

工程地质勘察可分为选址勘察、初步勘察和详细勘察。对于地质条件简单、面积不大的场地，勘察过程可以简化；对于地质条件复杂或有特殊施工要求的地基，有时还要进行施工勘察。

（1）选址勘察

选址勘察对于大型工程非常重要，其目的在于从总体上判定拟建场地是否适宜工程建设项目。其主要工作包括搜集附近地区已有的工程地质资料、当地的建筑经验；通过踏勘，了解场地的地层、构造、岩石和土的性质、不良地质现象及地下水等工程地质条件，以比较几个拟选场地的稳定性和适应性，对初步选出的场地方案进行评价。在选择场地时，一般应避开工程地质条件恶劣的地区或地段，如受洪水威胁的场地、设防烈度 8 度以上的发震断裂带场地等。

（2）初步勘察

选定建设场址后需要进行初步勘察，对场地内建筑地段的稳定性做出评价。本阶段的主要工作：一是要查明场地不良地质现象的成因、分布范围、危害程度及发展趋势，使场地内主要建筑物布置避开这些地段，确定建筑总平面布置；二是初步确定场地地层及构造、地质的力学性质、地下水埋藏条件及土冻结深度等，为主要建筑物地基基础方案提供工程地质条件。如遇抗震设防烈度为 7 度或 7 度以上的建筑场地，还应判定场地和地基的地震效应。

（3）详细勘察

在初步设计完成之后应进行详细勘察，它是为施工图设计提供资料的。此时场地的工程地质条件已基本查明，因此，详细勘察的目的是提出设计所需量化的各项工程地质技术参数（如地基承载力、地下水深度及水位变化等），并对建筑地基稳定性及承载能力进行评价，为基础设计、地基处理和加固、不良地质现象的整治等具体方案提供依据。

3.2.1.2 工程地质勘察的方法

工程地质勘察有几种方法：工程地质测绘、工程地质勘探、原位测试和实验室试验、现场检测或监测等，可根据工程特点加以选择。

（1）工程地质测绘

工程地质测绘是在一定范围内调查研究场地的工程地质条件，绘制成一定比例的工程地质图，为后期的勘探、试验、观测等测点的布置提供依据。它是工程地质勘察的一项基础性工作。测绘范围和比例尺的选择既取决于建筑区地质条件的复杂程度，也取决于建筑物的类型、规模和设计阶段。一般规划阶段选用小比例尺(1:100000,1:50000)；设计阶段，大多用中比例尺(1:25000,1:10000)；建筑物场址则用大比例尺(1:5000,1:2000,1:1000,1:500)。工程地质测绘通常是以地形图为底图、以仪器测量方法来测制。现在可采用卫星摄影、航空摄影和陆地摄影，再通过室内判读调绘成草图，然后到现场实地复查、验证，可提高测绘的精度和效率，减少地面调查的工作量。

(2) 工程地质勘探

工程地质勘探是在工程地质测绘的基础上，进一步对场地的工程地质条件进行定量评价。勘探方法有坑探、钻探、触探、地球物理勘探等。

① 坑探是直接挖掘探井，取得土层资料和原状土样的勘探方法。坑探(图 3-4)时不必使用专业的机具，但可达到的深度较浅。

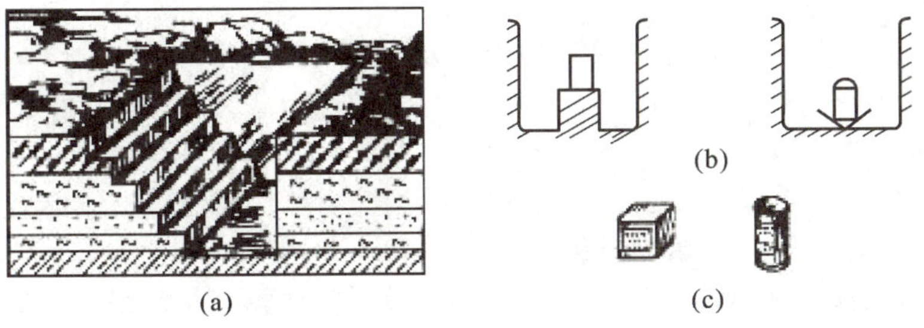

图 3-4 坑探示意图

② 钻探是用钻机在地层中钻孔，以鉴别和划分地层，并可沿孔身取土样，用以测定地质性质的勘探方法。它是地质工程勘探中常用的方法。与坑探相比，钻探可获取更深部位的土层性质，但如遇软弱夹岩层或河床卵砾石层时则岩层样品不易取得，同时其钻孔也不能用来进行大型现场试验。

③ 触探是通过探杆用静力或动力将金属探头贯入土层，测量各层土对触探头的贯入阻力的大小，用以间接地判断土层及其性质的勘探方法。它既可以用于划分土层，了解地层的均匀性，又可以估计地基承载力和土的变形指标。触探分为静力触探和动力触探两种。静力触探是借静压力将触探头压入土层，利用电测技术测得贯入阻力判定土的力学性质，其优点是能快速、连续地探测土层及性质变化；动力触探是将一定质量穿心锤以规定的高度自由落下，将探头击入土中，根据探头到达规定深度所需锤击次数来判断土的性质。

④ 地球物理勘探简称物探，是利用物理场(如导电性、磁性、弹性、温度、湿度、密度、天然放射性)的差异，通过专业的物探量测仪器探测地质构造及岩石、土层的性质，它兼有勘探、测试双重功能。常用的物探方法主要有电阻率勘探、电位勘探、声波勘探、电视测井勘探等。物探的优点在于能经济而迅速地探测较大范围，且通过不同方向的多个剖面获得的资料可构成三维的地质资料。

通常，地质勘探需要综合上述方法，在物探获取资料的基础上，在控制点和异常点上布置其他勘探或试验工作，这样既可减少盲目性，又可提高精度。

(3) 原位测试和实验室试验

要获得工程地质条件的定量参数，需要做一系列的测试，这些测试有的可以带仪器在现场做，有的则需要在现场取回土样，到实验室测定。现场原位测试包括触探试验、承压板荷载试验、原位直剪试验以及地应力量测等；室内试验包括岩(土)体样品的物理性质和力学性质参数的测定。

室内试验条件易于控制，试验简单，但所取试样小，缺乏代表性，且难以保持天然结构，所以一般用于规模较小建筑物设计，或大型建筑物的早期设计阶段，且易于取得岩(土)体试样的情况。如需为重要建筑物的初步设计至施工图设计提供参数，则必须在现场对有代表性的天然结构的大型试样或对含水层进行测试。要获取液态软黏土、疏松含水细砂、强裂隙化岩体之类的、不能得到原状结构试样的岩(土)体的物理力学参数，必须进行现场原位测试。

(4) 现场检测与监测

为了观测工程地质作用的长期变化，检验工程地质预测的准确性，以及监测不良地质作用等现象，需建立专门的观测点对建筑区工程地质条件进行长期的重复的测量工作。观测的主要内容有：岩（土）体位移范围、速度、方向；岩（土）体内地下水位变化；岩体内破坏面上的压力；爆破引起的质点速度；峰值质点加速度；人工加固系统的荷载变化等。长期观测取得的资料经整理分析，可直接用于该范围的工程地质评价，以及对不良地质作用及时采取防治措施，确保工程安全。

3.2.1.3 工程地质勘察报告

工程地质勘察的成果是工程地质勘察报告，简称地勘报告，是工程设计的重要依据。它是以简明的文字和图表展示地质勘察资料，并给出对场地的工程地质评价。地勘报告还应配合相应勘察阶段，针对场地地质条件以及建筑物的特点和设计要求，提出地基基础方案和设计计算数据，指出可能存在的问题及解决方案。地勘报告通常包括以下内容：

(1) 任务要求及勘察工作概况。

(2) 场地位置、地形地貌、地质构造、不良地质现象及抗震设防烈度。

(3) 场地地层分布、岩石和土的均匀性、物理力学性质、地基承载力等设计计算指标。

(4) 地下水的埋置条件、腐蚀性、土层的冻结深度。

(5) 对场地、地基进行的综合工程地质评价，对场地的稳定性、适宜性做出评价结论，指出存在的问题和解决问题的途径及办法，提出合理方案的建议。

相关的图表一般是勘探点平面布置图、工程地质剖面图、综合地质柱状图、土工试验成果表和其他测试成果图表（如标准贯入试验、现场荷载试验、静力触探试验、动力触探试验等试验所取得的图表）。勘探点平面布置图是将建筑物位置、各类勘探测点编号及位置表示在建筑场地地形图上，并注明各测点标高、剖面线及编号等，如图 3-5 所示。工程地质剖面图是勘察报告的最基本图件，它反映某一勘探线上地层沿竖向分布

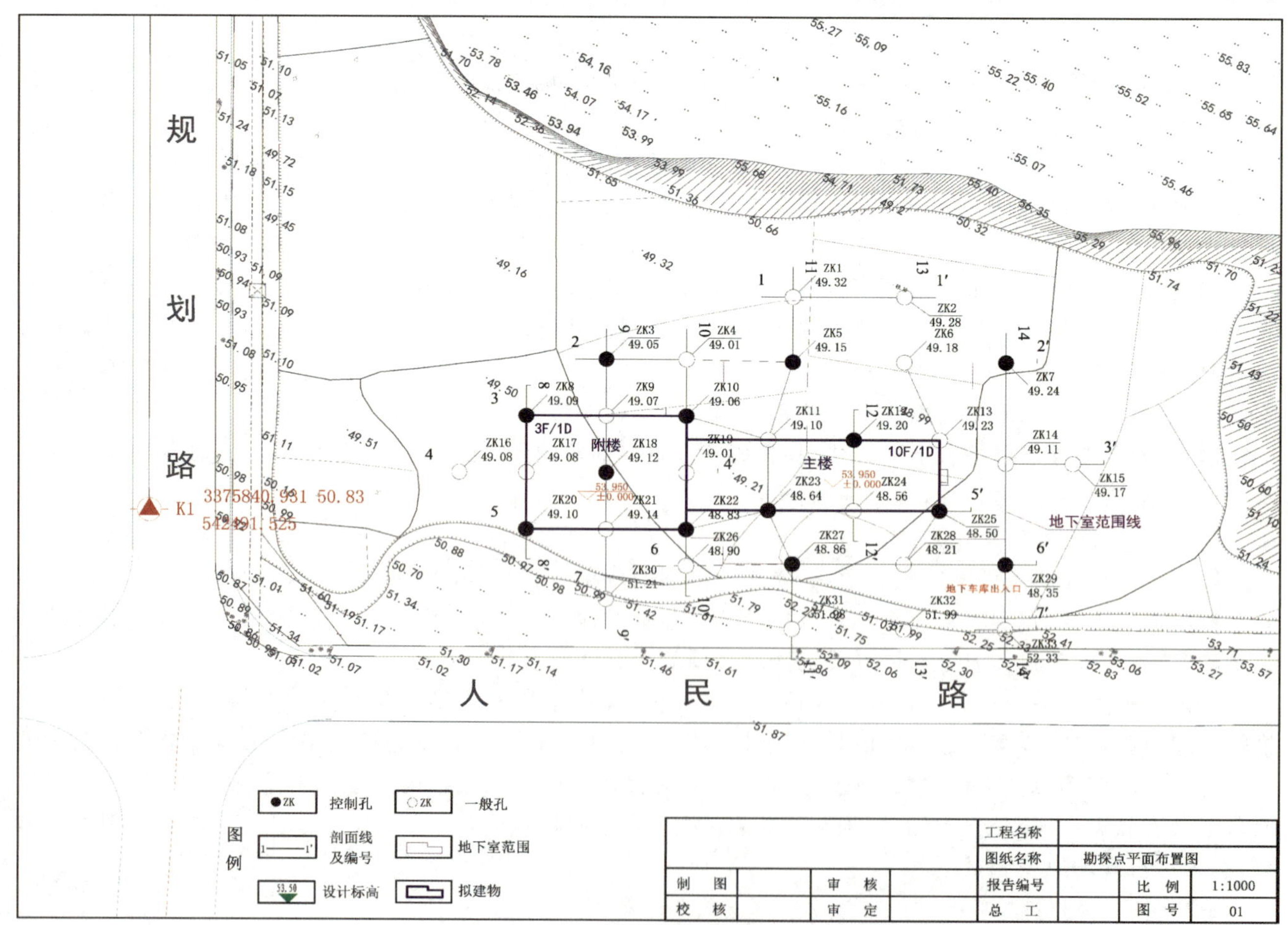

图 3-5 勘探点平面布置图

的情况，显示各地层高程、深度等信息，如图 3-6 所示。综合地质柱状图是将地层按新老次序自上而下按比例绘成的柱状图，上面注明层厚、地质年代等，用来描述地层层次及主要特征和性质。土工试验成果则是以表的形式将土的试验和原位测试等成果列出。

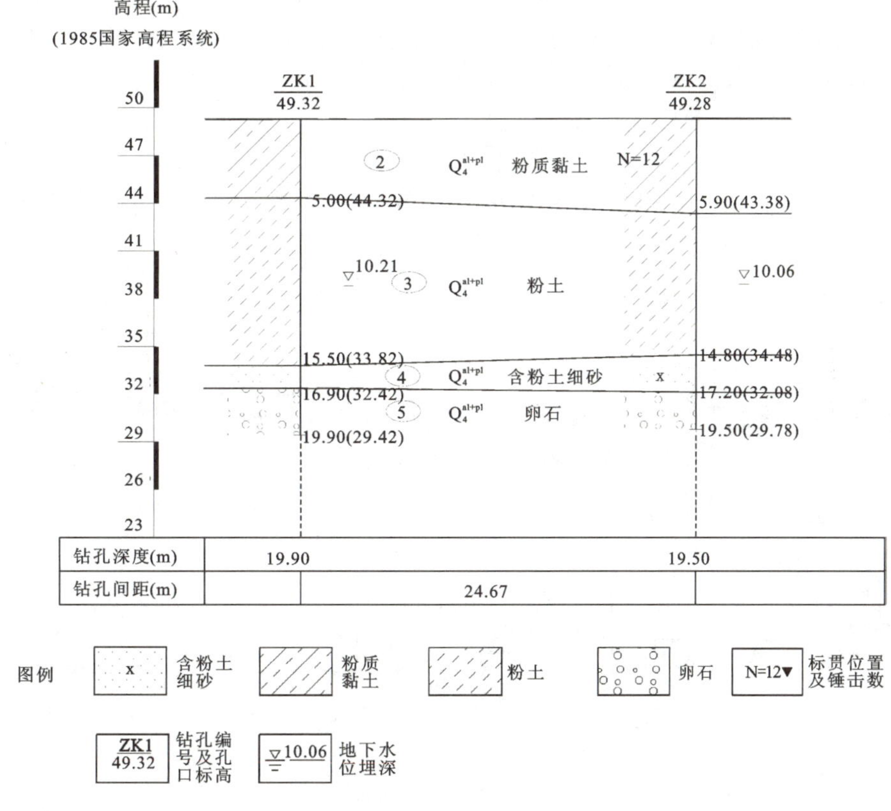

图 3-6 工程地质剖面图

3.2.2 设计基础是力学

纵观土木工程发展史，它之所以能在近代形成一门独立学科，主要得益于力学的兴起与发展。17 世纪牛顿力学三定律的建立以及伽利略提出工程结构强度理论，为工程结构受力分析奠定了基础。19 世纪纳维在结构实际受力和结构能抵抗的力之间比较后提出容许应力设计法，确定了早期的结构设计理论。业内曾有“掌握三大力学（理论力学、材料力学和结构力学）、四大结构（混凝土结构、钢结构、砌体结构和木结构），土木工程任遨游”之说，还有更精练的“结构力学＋钢筋混凝土＋规范＝结构设计”的说法，由此力学对土木工程学科的重要性可见一斑。

3.2.2.1 力学概念

力学是研究物体在力作用下各类反应的科学，这里的物体包含固体、流体和气体；力可以是直接作用的荷载，也可以是间接作用的能量（如地震、爆破等）；反应则有各种各样的度量：内力、变形、位移、加速度、速度等。对于工程结构来说，首先需要了解在各种外界力作用下结构的反应，在此基础上才能设计材料与截面的尺寸，因此，力学是工程结构设计的基础。力学可粗分为静力学、运动学和动力学三部分，静力学研究力的平衡或物体的静止问题；运动学只考虑物体怎样运动，不讨论它与所受力的关系；动力学则研究物体运动和所受力的关系。

下面通过一个最简单的梁来说明力学的基本概念。图 3-7(a)所示为一简支梁，支承在支座 A 与 B 上，上面受有 2 个集中力（集中荷载）F_1 和 F_2，又称为主动力。因为主动力和支座反力来源于结构自身以外，所以并称为外力。而结构内部质点之间的相互作用力，则称为内力。当设计这个梁时，首先要了解该梁在荷载作用下支座的反力[图 3-7(b)中的 A_x、A_y 和 B_y]，它既是梁所受力的一部分，又是梁对地基或其他支撑物的荷载；同时要了解梁内每一个部位的内力[图 3-7(c)中的 M_C、N_C、V_C]，即弯矩、轴力和剪力，以设计梁的截面大小。由于梁内每个部位的内力是变化的，所以需要求出最大值。在这个简支梁的例子中，跨中截面的弯矩最大，梁端截面的剪力最大，而轴力在 A 支座与 F_2 作用点之间区段则相等；为了控制梁的变形，不影响正常使用，还需要确定梁跨中 C 点的位移或者其他截面的位移及转角，此时必须引入应力与应变的概念。所谓应力是单位面积上的内力，沿截面法线的分量称为正应力、沿截面内的分量称为剪应力。正应力引起构件伸缩变形，剪应力使截面发生错动(角度变化)。单位长度的伸缩量定义为正应变，是个无量纲的参数；直角的改变量定义为剪应变，以弧度计量。在跨中截面，轴力 N_C 产生均匀分布的正应力(σ_N)，弯矩 M_C 则产生三角形分布的正应力(σ_M)，剪力 V_C 产生抛物线分布的剪应力(τ_C)，如图 3-7(d)所示。确定结构上反力、内力、应力以及变形的过程通常称为力学分析，是做结构设计必不可少的步骤。

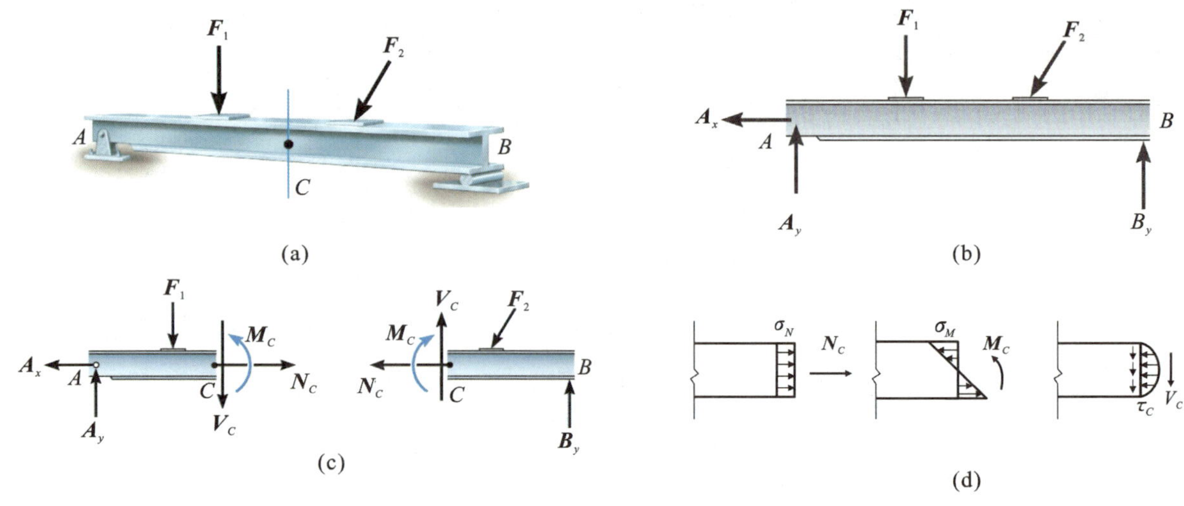

图 3-7　简支梁受力分析

3.2.2.2　工程结构受力分析与结构设计原则

工程结构受力分析就是依据力学原理确定结构在风、重力、地震、温度变化等作用下的形变、内力或应力。随着结构的复杂化，力学分析过程一般都需要计算机完成，现在有许多力学分析计算软件，工程师依赖它们从事各类结构的受力分析。但计算机分析犹如一个黑匣子，分析过程通常是封闭的，其输出结果的正确与否需要做必要的判断，因此，工程师需要利用力学原理从宏观上把握工程结构的受力特性，至少应遵循以下八大原则：

(1) 受力平衡原则

当工程结构处于静止不动时，作用于其上的所有力(对整体指主动力与支座反力，对截面法取出部分指外力和内力)组成一个平衡力系，其外效应为零(加速度为零)，这就是平衡。受力平衡原则表明平衡状态的结构内力和外力(含惯性力)是平衡的。图 3-7(b)所示梁主动力和反力平衡，而图 3-7(c)所示每一部分的内力和外力平衡。

(2) 变形协调原则

工程结构受力后会发生变形，这种变形是协调的，否则结构就会断裂或错开。也就是说，一点只有一个位移，不会因计算的角度或方向而发生改变。图 3-8 所示的十字交叉梁板，中间 E 点的竖向位移(或挠度)为 Δ，无论按 AB 方向梁计算还是按 CD 方向梁计算其竖向挠度都应该是 Δ。

(3) 力走捷径原则

工程结构上所受的外力会按捷径传播到结构的支撑物上。反过来，能使作用在结构上的力按最短捷的路线传到支撑物上的工程结构，其承载功能发挥得最好。图 3-9 给出了梁和柱的传力特点，显然柱的传力最短捷，因此，柱的承载功能必然发挥得最好，这就是俗话所说“立柱顶千斤”的道理。

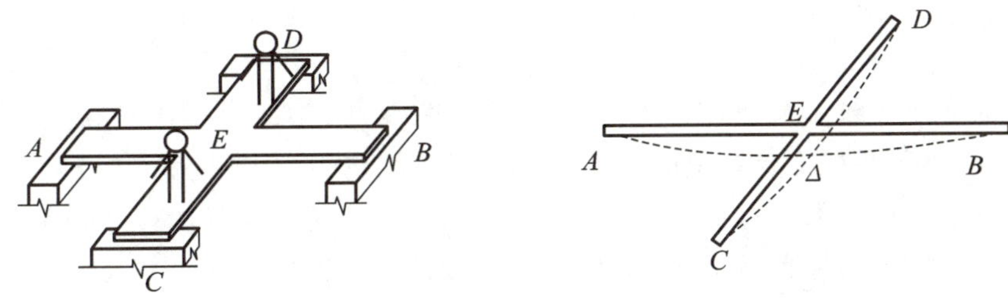

图 3-8 E 点竖向挠度按 AB 与 CD 方向考虑均为 Δ

(4) 刚者多劳原则

多种结构或构件共同工作时，刚度（结构抵抗变形的能力）大的结构或构件承载的作用大。例如图 3-10 结构中墙 A 和柱 B、C 共同承受水平分布力 P，墙 A 水平刚度大，水平变形小，柱 B、C 水平刚度小，水平变形大，故墙 A 将承受的水平力大于柱 B、C 的水平力，换句话说，水平力 P 的绝大部分传递给墙 A。这也是众人抬重物时都喜欢合作者挺直腰板的原因。

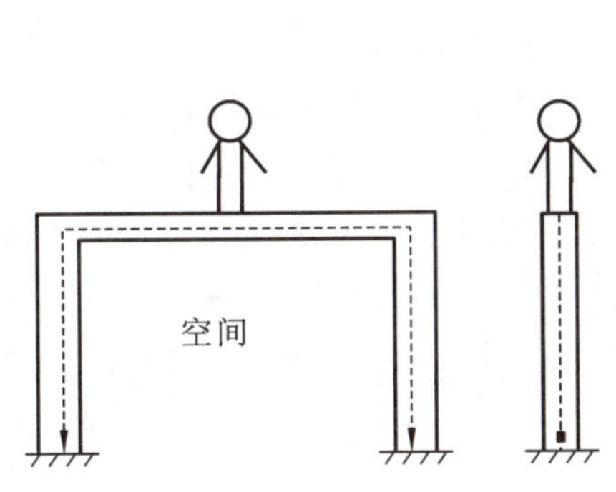

图 3-9 力的传递走捷径

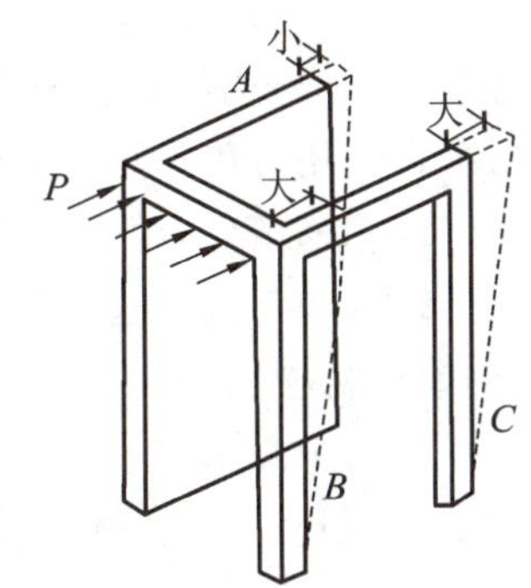

图 3-10 刚度大的墙 A 承受绝大部分的水平力

(5) 共生突变原则

在工程结构中，刚度突变和内力突变是共生的。也就是说，结构刚度的突然变化必然会引起内力的突变——应力突变。因此，工程结构应尽可能设计得规整、对称、均匀、光滑和缓变。

(6) 多重设防原则

为防止某个构件破坏引起整个结构的破坏，工程结构应考虑多重设防，使结构体系有能力前赴后继地履行和完成工程结构的承载功能。图 3-11 所示的三个支撑的梁，当其中一个支撑破坏后，梁还有两个支撑，不至于垮塌，具有这种功能的结构通常称为超静定结构。

图 3-11 多支撑梁

(7) 避脆保稳原则

结构破坏分延性破坏和脆性破坏两种。延性破坏在破坏前有比较明显的变形发生（破坏前兆，有预警作用），而脆性破坏在破坏前无明显变形（破坏无前兆，无预警），常常突然发生，非常危险，因此，工程结构要尽量避免发生脆性破坏。另外，结构失稳会导致工程结构整体倾塌，因此须确保工程结构不会发生失稳破坏。

(8) 满约束原则

为了达到最经济的效果，一般情况下，应该使结构的抵抗能力恰好等于结构可能遭受到的外荷载，这样结构材料的承载能力能得到充分发挥。结构优化设计中的满应力设计、满应变设计，以及企业管理中的满负荷工作法等都是这一原则的推论。

3.2.2.3 力学课程

力学是个大家族,下含一般力学、固体力学、流体力学和工程力学四个二级学科和一系列课程。与土木工程学科关系最紧密的力学课程主要有理论力学、材料力学、结构力学、弹性力学、土力学、水力学、有限元分析等课程,这些课程通常都是土木工程专业的必修课。除此之外,还有塑性力学、弹塑性力学、岩石力学、流体力学、非线性力学、振动分析、计算力学、断裂力学、空气动力学、结构优化分析设计等更高层次的课程,经常在土木工程学科的研究生阶段开设。下面简要介绍一下本科学习中几门最基础也是最重要的力学课程。

(1) 理论力学

理论力学又称"古典力学"或"经典力学",是固体力学的基础,是本科学习的第一门力学课程。它是研究物体机械运动规律的科学,是高中物理课程中力学部分的延伸。理论力学把物体看成是质点或者刚体,刚体是没有相对变形、保持形状不变的物体,研究当力作用在刚体上时刚体的反力、位移、速度和加速度等,主要介绍牛顿力学基本原理、刚体静力学、刚体运动学和刚体动力学。

(2) 材料力学

材料力学学科有悠久的历史,从伽利略把木梁插到砖墙上作弯曲试验至今,走过了300多年的历程。它主要研究杆件在拉、压、弯、剪、扭五种作用下的强度、刚度稳定性条件,是工程结构设计和机械设施设计的基础。强度条件就是杆件不破坏的条件,用应力表示为截面上的最大应力不超过规定值;刚度是抵抗变形的能力,刚度条件要求变形足够小;稳定性则是杆件保持初始平衡状态的能力。材料力学包括两大部分内容:一部分是材料的力学性能(或称机械性能)的研究,是固体力学计算中必不可缺少的依据;另一部分是对杆件进行力学分析。杆件是工程结构中最基本的元素。一直以来,材料力学与理论力学和结构力学并列,被称为土木工程学科三大基础力学,是必修的技术基础课程。

(3) 结构力学

结构力学主要研究结构在荷载作用下内力、变形的计算方法,结构稳定性及在动力荷载作用下的结构反应。其主要研究对象是梁、柱、拱、桁架、框架、平板等组成的杆件结构。与理论力学、材料力学相比,结构力学更接近工程结构,它首先研究结构的构成规律以及对实际结构提炼形成的结构计算简图,然后研究在各种荷载下结构内力、位移的计算方法,其结果可直接用于实际结构的设计和施工。结构力学对土木的学生来说是很重要的一门课程,结构概念的形成、结构的性能感知都有赖于该课程的内容。

(4) 弹性力学

弹性力学又称弹性理论,是固体力学的一个分支,主要研究弹性体在外力作用或温度改变及支座沉陷等情况发生时的应力、变形、位移。在研究对象上,弹性力学同材料力学和结构力学之间有一定的分工。材料力学基本上只研究杆状构件;结构力学主要是在材料力学的基础上研究杆状构件所组成的结构,即所谓杆件系统;而弹性力学则主要研究各种形状的实体结构(如板、壳、挡土墙、堤坝、地基等),所以在土木工程领域内非建筑结构中应用广泛,如岩土工程结构、水电工程结构等。

(5) 水力学

水力学主要研究水的平衡和机械运动的规律,以及这些规律在工程实际中的应用。它的研究对象是流体——水,属于流体力学的一个分支。一般认为古希腊阿基米德的浮力定律奠定了流体力学(水力学)静力学的基础。在土木工程专业中,地下建筑、岩土工程、水工建筑、矿井建筑等领域,都需要掌握好水力学的知识,以解决工程中遇到的相关问题。

(6) 土力学

土力学是研究土体的一门力学。它的研究对象是土体,但研究内容则是土体在荷载作用下的应力、变形、强度、渗流及长期稳定性等力学范畴的问题。它也介绍一些土质学的内容,如土的生成、组成,物理化学、物理生物性质等。"高楼万丈平地起,建筑屹立基础始",这里的平地指的就是地基,没有地基的安全稳定,就没有土木工程的高楼大厦、大桥、大坝等,因此,土力学是土木工程所有方向的重要课程。

3.2.3 结构设计依方法

结构设计是土木工程建设中重要的环节，任何工程结构都要通过结构设计来保证其安全稳定功能。结构设计一般步骤如下：

(1) 结构选型：根据概念和经验选用结构的类型、假定尺寸大小和材料等级；

(2) 荷载计算：确定结构简图，计算各种荷载；

(3) 结构受力分析：利用力学知识，计算结构在各种荷载作用下的内力、位移等反应；

(4) 截面设计：根据结构设计原理与规范进行强度(承载能力)、刚度(结构变形)或稳定性验算，并考虑构造要求，进行结构尺寸调整；

(5) 结构施工图绘制：依照制图标准，绘制完整的施工图。

3.2.3.1 作用(荷载)

使土木工程结构产生效应(内力、应力、位移、应变、变形和裂缝等)的各种原因称为结构上的作用。作用可以是直接作用在结构上的外力，如自重、风压、水压和土压等，称为直接作用，也称为荷载；也可以是引起结构产生振动、变形等效应的因素，如温度变化、材料收缩膨胀、地基不均匀沉降和地震等，称为间接作用。

作用(荷载)可以分成以下几类：

(1) 永久作用(荷载)：永久地作用在结构上，其值不随时间而变化的一类作用(荷载)，也称恒载。永久作用(荷载)主要包括结构自身的重量(重力，简称恒载，Dead Load)，如柱、梁、板的重量；围墙、栏杆、装饰面层等附属结构的重量。固定在结构上的一些设施的重量，在地下结构(像挡土墙、隧道衬砌)上作用的土压力和水位不变时的水压力等也属于永久作用(荷载)。永久作用(荷载)一般由结构体积乘以材料的密度求得，在结构的总荷载中占 50%～70%。

(2) 可变作用(荷载)：作用在结构上的值随时间变化的一类作用(荷载)，也称活载。可变作用(荷载)包括房屋结构中的使用荷载(楼板上的人员、家具或设备重量，因其可任意移动，故称为活荷载，简称活载，Live Load)、屋面上的雪荷载等。道路桥梁中车辆荷载也是可变荷载，作用在结构上的风荷载也是随时间变化的，也属于可变荷载。

(3) 偶然作用(荷载)：在结构使用期间内有可能出现，但不是肯定出现，一旦出现，其作用值很大且持续时间很短的作用(荷载)，如地震、意外爆炸、意外撞击、火灾、台风等。偶然作用(荷载)会使结构产生较大变形和受力，因此，设计时必须加以考虑，避免在这类意外发生时结构被破坏。

图 3-12 为房屋结构中的各种荷载，以及简化成简图的形式，从中可以了解荷载的一些特性。

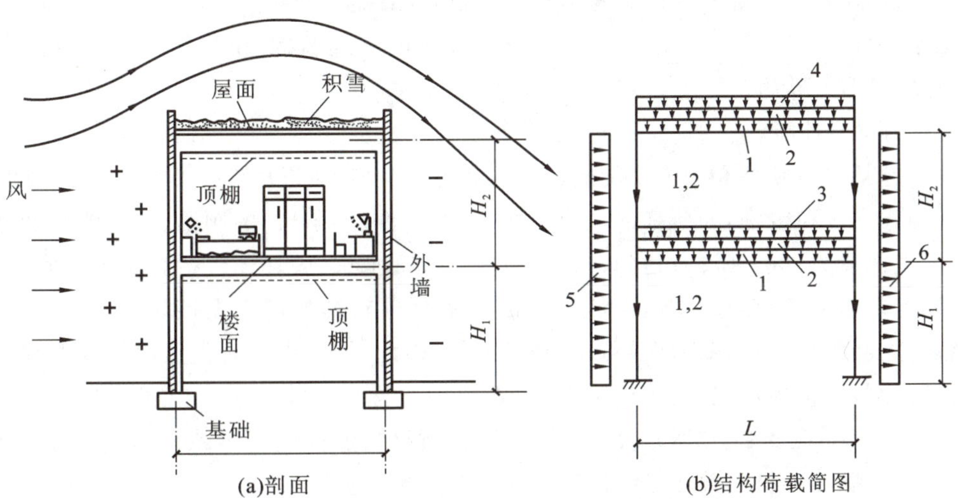

图 3-12 房屋结构中的各种荷载

1—承重结构自重；2—墙面、屋面、楼面(含顶棚)恒载；3—楼面活载；4—雪荷载；5—风荷载(压力，+)；6—风荷载(吸力，-)

3.2.3.2 工程结构

土木工程结构犹如人的骨骼体系，承担着外界压力，保证设施的安全，使其能正常发挥使用功能。

(1) 结构的构件

结构是由一系列的构件组成的，例如图 3-12 中的房屋框架结构是由水平的梁和竖向的柱组成，梁、柱就是结构的构件，可以说构件是结构承受荷载的基本单元。工程结构有各种各样的形态，但基本构件(图3-13)只有如下几种：

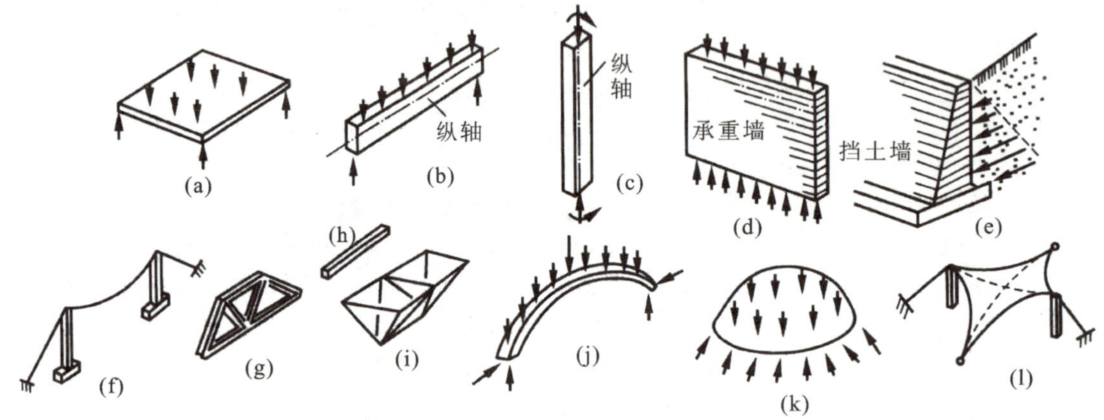

图 3-13　结构的基本构件

(a)板；(b)梁；(c)柱；(d)、(e)墙；(f)索；(g)、(h)、(i)杆；(j)拱；(k)壳；(l)膜

① 板：平面尺寸较大但厚度较薄，通常水平方向设置，承受垂直板面的荷载，以受弯矩为主。

② 梁：截面尺寸小于其跨度的水平线形构件，承受垂直于纵轴方向的荷载，以受弯矩和剪力为主。

③ 柱：截面尺寸小于其高度的竖向线形构件，承受平行于纵轴方向的荷载，以受压力和弯矩为主。

④ 墙：尺寸类似于板，但通常竖向设置，承受平行墙面的荷载，主要受压力和剪力。

⑤ 杆：线形构件，多用于桁架和网架，与梁柱不同的是，它仅承受轴向力，其轴向力有受拉和受压之分。

⑥ 拱：曲线形的构件，承受沿其纵轴平面内的荷载，受压性能较好，主要受压力、弯矩和剪力。

⑦ 壳：曲面形的构件，具有很好的空间受力性能，能以极小的厚度跨越较大的跨度，以受压为主。

⑧ 索：柔性构件，只能受拉，通常为钢索或钢丝绳。

⑨ 膜：柔性的布形构件，由薄膜材料如玻璃纤维布制成，只能承受拉力。

由以上的基本构件就可组成各种结构，如第 2 章所介绍的建筑结构、桥梁结构、道路结构、水工结构、岩土工程结构、给排水工程结构等。

(2) 结构破坏与材料性能

结构破坏主要包括材料破坏和失去平衡破坏。前者是因为结构受力超过了材料强度极限；后者则是指结构不能保持平衡丧失了稳定性，如压杆的失稳破坏、悬挑构件(如阳台)的倾覆、挡土墙的滑移等，这类破坏发生时，构件截面上的受力可能并没有达到材料的强度。广义上讲，破坏还包括影响正常使用的一些特定形态，如混凝土结构开裂过大、变形过大等，虽然这类破坏不会导致结构的安全问题，但会影响结构功能的发挥。如屋面裂缝过大会漏雨，墙面变形会导致装修撕裂等，因此，结构设计时仍然要加以限制。

结构的承载能力与结构的形状、大小相关，更主要的是与材料性能相关。以图 3-14 所示均匀受拉构件为例，其拉应力 $\sigma=N/A$，应变 $\varepsilon=\Delta L/L$，ΔL 为伸长量。当材料所受的应力或应变超过了材料强度或极限应变后，结构就会发生破坏。材料破坏是结构破坏最基本的形态。

材料强度是由材料性能决定的。例如木材抗拉性能很好，而混凝土受压能力极强，遇拉却马上开裂，钢材则受拉受压性能都很好。近年来大量使用的组合结构则结合了混凝土受压与钢材受拉的特性，使其共同

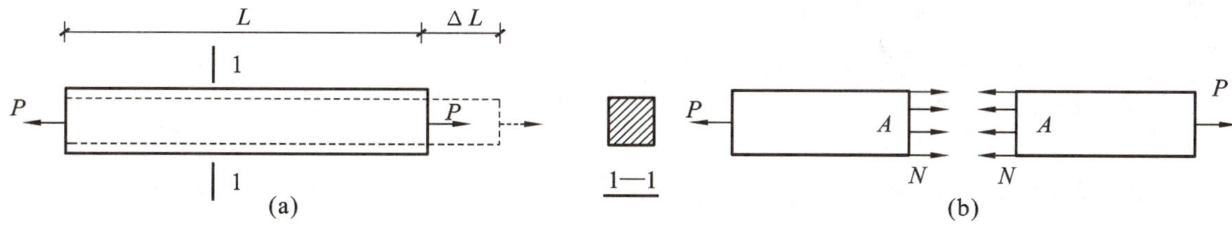

图 3-14 均匀受拉构件

工作，扬长避短。因此，工程结构必须根据受力特性选择合适的材料，同时通过试验了解不同材料的特性，为工程设计打下基础。

3.2.3.3 工程结构设计

(1) 工程结构设计目标

工程结构设计的目标是保证工程结构在规定的时间内，在具有足够可靠性的前提下完成结构预定功能。这里所谓的足够可靠性是指发生破坏(失效)的概率很低，因为不可能保证结构绝对安全，否则经济代价太高，因此结构设计要求破坏或者失效的概率足够小。

结构的设计、施工和维护应使结构在规定的设计使用年限内以适当的可靠度且经济的方式满足规定的各项功能要求。结构应满足下列功能要求：① 能承受在施工和使用期间可能出现的各种作用；② 保持良好的使用性能；③ 具有足够的耐久性能；④ 当发生火灾时，在规定的时间内可保持足够的承载力；⑤ 当发生爆炸、撞击、人为错误等偶然事件时，结构能保持必需的整体稳固性，不出现与起因不相称的破坏后果，防止出现结构的连续倒塌。在工程结构必须满足的 5 项功能中，第①、④、⑤项是对结构安全性的要求，第②项是对结构适用性的要求，第③项是对结构耐久性的要求，所以结构的功能要求可以概括为安全性、适用性和耐久性要求，也就是对结构可靠性的要求。

如果工程结构不能满足上述某项预定功能要求，则称为失效。结构失效有几种形态：①破坏，指结构或构件截面抵抗作用力的能力不足以承受荷载效应，如拉断、压碎、弯折等即为材料破坏；②失稳，主要发生在柱、拱等构件中，指结构过分细长，在不大的作用力时突然发生极大的变形而破坏，此时结构应力并没有达到材料强度；③影响正常使用的变形，这属于适用性的范畴；④倾覆或滑移，例如阳台倾翻、挡土墙的滑移等；⑤结构材料丧失耐久性，如钢材生锈、混凝土受腐蚀、砖遭冻融或者木材被虫蛀等。

(2)工程结构设计方法

《工程结构可靠性设计统一标准》(GB 50153—2008)规定，房屋建筑、铁路、公路、港口、水利水电等各类工程结构的设计，宜采用以概率理论为基础、以分项系数表达的极限状态设计方法；当缺乏统计资料时，工程结构设计可根据可靠的工程经验或必要的试验研究进行，也可采用容许应力或单一安全系数等经验方法进行。

① 容许应力法(allowable stress method)

容许应力法又称许用应力法，它是由法国人纳维于 1826 年在《材料力学》一书中提出，最早指导结构设计的一个方法。该方法要求，结构或地基在作用(荷载)标准值下产生的应力 σ 不超过规定的容许应力(许用应力)$[\sigma]$：

$$\sigma \leqslant [\sigma] \tag{3-1}$$

结构或地基在作用(荷载)标准值下产生的应力 σ 称为工作应力。对于图 3-14(b)所示的均匀受力情况，式(3-1)中的 σ 即为平均应力；而对于图 3-7(d)所示的梁，在拉力和弯矩共同作用下截面应力分布不均匀，式(3-1)中的 σ 应为应力分布的最大值。

容许应力(许用应力)$[\sigma]$为材料或岩土强度标准值除以安全系数 K 而得。安全系数 K 根据工程经验取值，不同材料取值不同，不同行业取值也不相同。延性材料的安全系数一般可取 1.25 ～2.5，脆性材料的安全系数一般取 2.5 ～3.0，特殊情况下可能超过 4。

② 单一安全系数法(single safety factor method)

单一安全系数法是指使结构或地基的抗力标准值与作用(荷载)标准值的效应之比不低于某一安全系数的设计方法。

例如对于图 3-13(e)所示的挡土墙，在土压力作用下，可能产生滑移，也可能发生倾覆。《建筑地基基础设计规范》(GB 50007—2011)采用单一安全系数法验算其稳定性。

挡土墙的滑动稳定性是指在土压力和其他外力作用下，基底摩阻力抵抗挡土墙滑移的能力，用滑动稳定系数 K_s表示，即作用于挡土墙的最大可能的抗滑力与实际滑动力之比：

$$K_s=\frac{\text{抗滑力}}{\text{滑动力}}\geqslant 1.3 \tag{3-2}$$

挡土墙的倾覆稳定性是指它抵抗绕墙趾向外转动倾覆的能力，用倾覆稳定系数 K_t表示，其值为对墙趾的抗倾力矩与倾覆力矩的比值：

$$K_t=\frac{\text{抗倾力矩}}{\text{倾覆力矩}}\geqslant 1.6 \tag{3-3}$$

③极限状态法(limit state method)

整个结构或结构的一部分超过某一特定状态就不能满足设计规定的某一功能要求，此特定状态称为该功能的极限状态。所谓极限状态设计法，是指不使结构超越某种规定的极限状态的设计方法。

极限状态分为承载能力极限状态和正常使用极限状态两类。承载能力极限状态对应于结构或结构构件达到最大承载能力或不适于继续承载的变形的状态，属于安全性的功能要求；正常使用极限状态对应于结构或结构构件达到正常使用或耐久性能的某项规定限值的状态，属于适用性和耐久性的功能要求。

任何结构构件、不管处于何种设计状况，均应进行截面承载能力设计，以确保安全。截面承载能力极限状态下的设计表达式为：

$$\gamma_0 S_d \leqslant R_d \tag{3-4}$$

式中 γ_0—— 结构重要性系数，其值与设计状况和安全等级有关；

S_d—— 荷载组合的效应(如轴力、剪力、弯矩、扭矩)设计值；

R_d—— 结构构件抗力设计值。

《建筑结构可靠性设计统一标准》(GB 50068—2018)已与《工程结构可靠性设计统一标准》(GB 50153—2008)全面对接，并提高了荷载组合中的荷载分项系数(荷载设计值＝荷载分项系数×荷载代表值)：永久荷载分项系数由 1.2 提高到 1.3，可变荷载分项系数由 1.4 提高到 1.5。

结构或结构构件按正常使用极限状态设计时，应符合下式要求：

$$S_d \leqslant C \tag{3-5}$$

式中 S_d—— 正常使用极限状态荷载组合的效应(如变形、裂缝等)设计值；

C —— 设计对变形、裂缝等规定的相应限值。

(3) 结构设计施工图

结构设计最终成果要用图纸表达出来作为施工的依据，这些图纸称为结构设计施工图。在结构施工图中需详细表示所有结构构件位置、尺寸、形状、使用的材料，及内部构造等信息。建筑结构施工图一般包括结构总说明、基础布置图、承台配筋图、地梁布置图、各层柱布置图、各层柱配筋图、各层梁配筋图、各层板配筋图、屋面板配筋图、楼梯配筋图、节点大样等。一般工程可能要绘制数十张，大型复杂工程则可能包含上百张甚至更多的图纸。工程制图的基本原理是画法几何，同时图纸绘制还必须依据标准[如国家标准《建筑制图标准》(GB/T 50104—2010)]，才能让其他人看懂。因行业不同，土木工程领域还有其他一些制图标准如《道路工程制图标准》、《水利水电工程制图标准》等。

图 3-15 是某建筑的梁平法施工图，图纸一般利用 AutoCAD 软件绘制，要求表达清晰、全面，能够满足施工的要求。

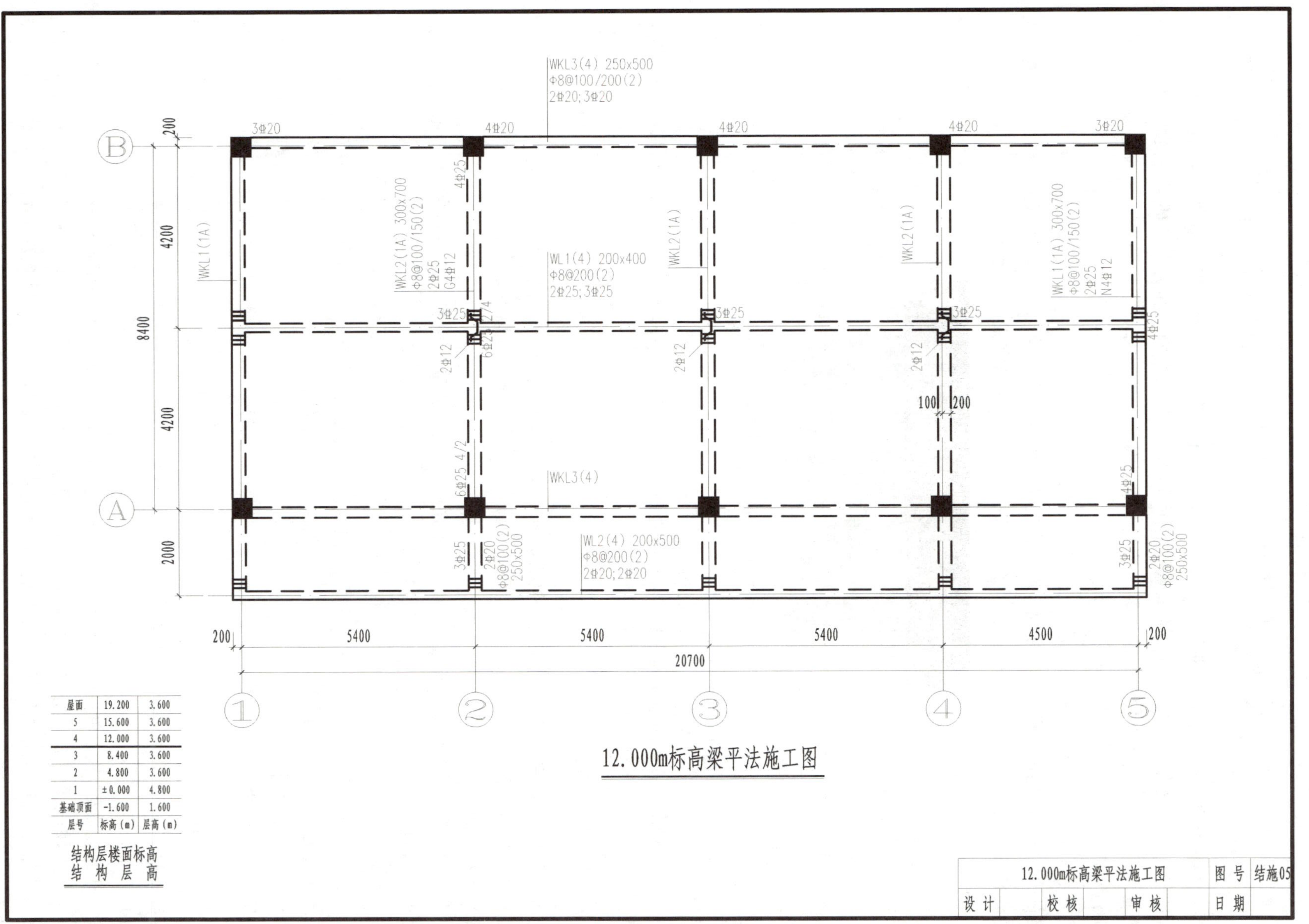

图3-15 某建筑梁平法施工图

3.3 大动干戈——土木工程建造

巍巍高楼、绵绵道路、气壮山河的大坝、横跨海峡的长桥，无论设计得何等精妙，都要建成才算成功，这就是工程的魅力。建造是工程生命周期中最重要的阶段，大量的人力、物力和财力等都消耗在此阶段。对工程项目建造而言，工期、质量和成本是最重要的控制要素，因此，建造过程必须伴随着科学的管理，以保证工程项目顺利实施。

随着经济的发展和技术的进步，现代土木工程越来越巨型化、复杂化，给施工建造带来极大的挑战。质量合格的工程材料，先进合理的施工技术，现代化的施工机械以及科学化的施工组织是当代土木工程建造成功的必要条件(图 3-16)。土木工程建造师必须掌握相关知识，才能完成工程建造。

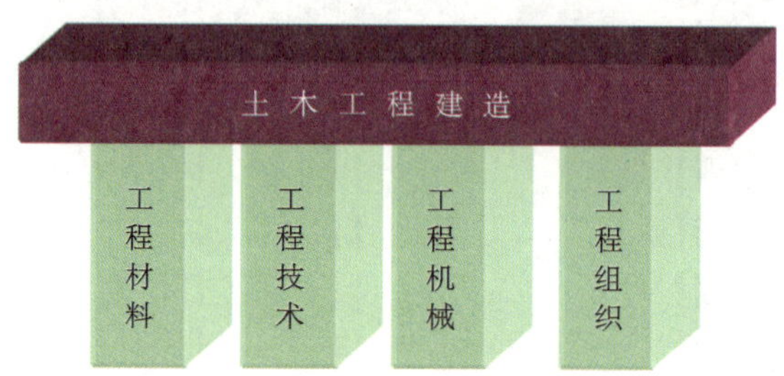

图 3-16　土木工程建造四大平台

3.3.1 建筑工程施工技术

建筑工程的建造一般遵循先地下后地上、先主体后维护的基本顺序，通常由土方工程、基础工程、砌体工程、钢筋混凝土工程、预应力混凝土工程等构成。

3.3.1.1 土方工程

土木工程施工中，所谓土方工程主要包括场地平整、土方开挖、土方回填与压实，是施工建造的第一步。土方工程施工要求准确、安全、量少、时短、经济，因此，施工中必须做好以下几点：

(1) 土方规划

土方工程施工前，合理确定场地设计标高，做好挖方量、填方量的土方计算，尽可能地平衡，力求总的土方量最少，工期最短。

(2) 土方施工要点

在土方工程施工过程中，要做好土壁稳定、施工排水、流砂(流土)防治和填土压实等方面的相关工作，确保施工质量和施工安全，图 3-17 所示为土方工程施工的相关图片。

(3) 土方施工机械

根据工程特点选用合理的土方施工机械，充分发挥施工机械的效能，加速工程进度。

3.3.1.2 基础工程

基础工程施工(图 3-18)需要依次做好基坑验槽、地基加固处理和基础施工三项工作。

(1) 基坑验槽

基坑开挖完成后，施工单位必须会同建设各方共同验槽，判断基坑是否达到设计的要求。虽然开工之前做过地质勘探，但土层情况十分复杂，地勘不足以查明全部基坑情况，因此必须验槽。经验槽合格后方能进行后续的基础工程施工。验槽主要包括观察验槽和钎探验槽两种方式，通过观察来判断基坑是否达到持力层，通过钎探来判断土的软硬情况以及是否有孔洞、枯井、墓穴或软弱土层等异常情况。

(2) 地基加固处理

当工程结构荷载较大而地基土质又比较软弱时，需要采取人工加固处理的方法来改善地基的性质，以提

(a) 场地平整

(b) 土方开挖

(c) 基坑支护

(d) 土方回填与压实

图 3-17　土方工程施工

(a) 基坑验槽

(b) 地基加固

(c) 预制桩施工

(d) 灌注桩施工

图 3-18　基础工程施工

高承载力、增加稳定性，减小地基变形和基础埋置深度。常用的地基加固处理方法包括“挖、填、换、夯、压、挤、拌”七种方式。

（3）基础施工

基础工程中，除桩基础外，其他类型基础与结构主体施工相似。桩基础按照施工方式可分为预制桩和灌注桩两种。对预制桩，需要做好桩的预制、起吊、运输和堆放工作，选用合理的沉桩方式及施工机械。对混凝土灌注桩，需按照成孔→吊放钢筋笼→浇筑混凝土的流程做好各项工作，确保桩基础的施工质量。

3.3.1.3 砌体工程

砌体工程包括砖砌体、石砌体、中小型砌块砌体和桥涵砌体等，其中最为常见的是砖砌体工程。为保证砌筑工程的施工质量，需要从原材料选用和施工工艺两个方面进行保证。

（1）砌筑材料

砌筑工程的材料包括块材和砂浆。常见的块材包括砖、石材和砌块，砂浆包括水泥砂浆、石灰砂浆和混合砂浆。工程材料要求不但质量合格，而且需根据工程特点选用合理的类型。

（2）砌筑工艺

砌筑时应遵循规范规定的施工工艺，如对砖砌体工程而言，需要依次完成抄平→放线→摆砖样→立皮数杆→立头角→勾缝等工作，从而保证砌筑工程施工质量满足规范要求，达到“横平竖直、砂浆饱满、组砌得当、接槎可靠”。

图 3-19 为砌筑工程施工的相关图片。

(a) 砖砌体施工

(b) 砌块砌体施工

图 3-19 砌筑工程施工

3.3.1.4 钢筋混凝土工程

钢筋混凝土工程因其耐久性、耐火性、整体性、可塑性好，节约钢材，在工程建设中应用广泛。钢筋混凝土工程主要包括钢筋工程、模板工程和混凝土工程。

（1）钢筋工程

钢筋进场验收以后，在使用之前，应先完成除锈、调直、下料、弯曲、连接等加工工作。目前常用的钢筋调直机具有除锈、调直和切断的功能，只需要钢筋下料前根据施工图纸，考虑钢筋的量度差值和弯钩增长值准备好钢筋配料单。钢筋弯曲宜采用弯曲机和弯箍机。钢筋的连接方式包括焊接、机械连接和绑扎连接三种方式，需要根据工程特点和钢筋情况选用合理的连接方式（图 3-20）。

（2）模板工程

模板是使混凝土构件按照几何尺寸成型的模型板。模板的基本要求是形状、尺寸准确，接缝严密，有足

(a) 焊接

(b) 机械连接

(c) 绑扎连接

图 3-20 钢筋工程

够的强度和刚度，稳定性好，并且装拆方便、灵活，能多次周转使用。常见的模板按其材料不同可分为木模板、竹模板、钢木模板、钢模板、塑料模板、铝合金模板和玻璃模板等(图 3-21)。

(3) 混凝土工程

混凝土工程不但要具有正确的外形和尺寸，而且需要具有良好的强度、密实性和整体性。混凝土工程主要工艺流程包括配料、搅拌、运输、浇捣和养护等过程(图 3-22)。施工配料是保证混凝土质量的重要环节，首先要保证称量准确，其次还要按照砂石集料的实际含水率进行施工配合比的换算。运输方案应根据建筑结构特点、混凝土工程量、运输距离、现场条件及现有设备等进行综合考虑。混凝土在浇筑过程中呈疏松状，里面含有大量的空洞与气泡，需要在混凝土初凝前通过振捣、挤压或离心等方法，将混凝土捣实成型。其中振捣法是最为常用的方法，常用的振捣机械有内部振动器、表面振动器、外部振动器和振动台。振捣成型后，还需要为混凝土硬化创造必要的湿度、温度条件，进行及时养护，防止水分过早蒸发或冻结，防止出现裂缝、剥皮和起砂等现象。

3.3.1.5 预应力混凝土工程

预应力混凝土(图 3-23)是指在外荷载作用前，预先在混凝土内部建立预压应力，以减小或抵消外部荷载所产生的拉应力，提高使用荷载下结构的抗裂度和刚度。按照施工工艺，常见的预加应力的方法有先张法和后张法。

(1) 先张法

在混凝土浇筑前，先铺设、张拉预应力筋，并将张拉后的预应力筋临时锚固在台座上，浇筑混凝土并养护至设计强度的 75%以后，放松预应力筋。

(2) 后张法

(a) 木模板

(b) 钢模板

(c) 塑料模板

图 3-21　模板工程

(a) 混凝土运输

(b) 混凝土浇筑

(c) 混凝土振捣

(d) 混凝土养护

图 3-22　混凝土工程施工

先制作构件并预留孔洞，待混凝土达到一定强度后，穿筋并进行张拉，预应力筋张拉至要求状态后将另一端锚固，并进行孔道灌浆处理。

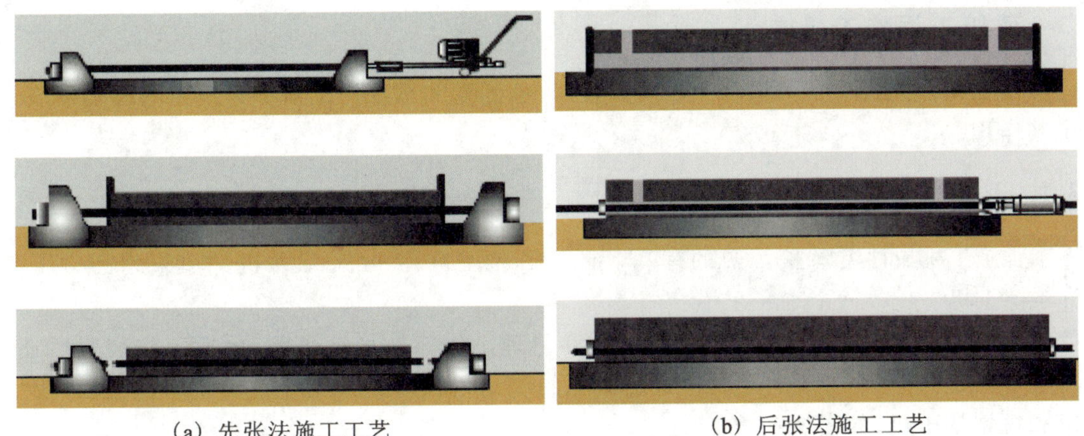

(a) 先张法施工工艺　　(b) 后张法施工工艺

图 3-23　预应力混凝土工程施工

3.3.2　建筑工程施工组织

建筑工程产品固定，生产流动，施工时间长，综合性强，需要的人员、机械和材料繁杂，必须通过合理的施工组织，使所有的人、材、机各得其所、各司其职、各尽其能，以多快好省地完成施工任务。在进行施工组织时，要坚持建设程序，合理安排施工顺序，尽量采用流水作业并确保连续施工，采用先进的施工技术和科学管理方法，提高建筑工业化程度和机械化程度。

施工组织设计是用来指导施工项目全过程各项活动的技术、经济和组织的综合性文件，是对施工活动的全过程进行科学管理的重要手段。施工组织设计一般根据工程特点、技术难易程度以及施工现场的具体条件，分为施工组织设计大纲、施工组织总设计、单位工程施工组织设计及分部或分项工程作业设计。

施工组织设计的内容要结合工程对象的实际特点、施工条件和技术水平进行综合考虑，一般包括以下基本内容：

(1) 编制说明；
(2) 工程概况及特点；
(3) 施工部署和施工准备工作；
(4) 施工现场平面布置；
(5) 施工总进度计划；
(6) 各分部分项工程的主要施工方法；
(7) 拟投入的主要物资计划；
(8) 工程投入的主要施工机械设备情况；
(9) 劳动力安排计划；
(10) 确保工程质量的技术组织措施；
(11) 确保安全生产的技术组织措施；
(12) 确保文明施工的技术组织措施；
(13) 确保工期的技术组织措施；
(14) 质量通病的防治措施；
(15) 季节性施工措施；
(16) 成品保护措施；
(17) 创优综合措施；
(18) 项目成本控制；

(19) 回访保修服务措施;

(20) 施工平面总图、施工总进度图、施工网络图。

3.3.3 建筑工程施工机械

施工机械是建筑业先进生产力的物化表现。近年来,随着我国国民经济和建筑业的迅猛发展,施工机械充分发挥了其作用。

3.3.3.1 土石方机械

土石方工程施工机械种类繁多,常见的有单斗挖土机、推土机、铲运机、装载机、平地机和土方压实机械等。

(1) 单斗挖土机

单斗挖土机(图 3-24)适用于基坑、沟槽的开挖和清理工作以及场地平整,更换工作装置后还可进行装卸、起重、打桩等其他作业,是土石方工程中最为常见的施工机械。其常见类型有正铲挖土机、反铲挖土机、抓铲挖土机和拉铲挖土机,如图 3-24 所示。

(a) 正铲挖土机

(b) 反铲挖土机

(c) 抓铲挖土机

(d) 拉铲挖土机

图 3-24 单斗挖土机

(2) 推土机

推土机(图 3-25)能单独完成挖土、运土和卸土工作,具有操作灵活、转动方便、所需工作面小、行驶速度快等特点。其主要适用于一至三类土的浅挖短运,如场地清理或平整,开挖深度不大的基坑以及回填,推筑高度不大的路基等。推土机的运距一般应在 100 m 以内,当推运距离为 40~60 m 时,工作效率最高。

(3) 铲运机

铲运机(图 3-26)能够独立完成铲土、运土、卸土、填筑和压实等工作,适用于大面积的场地平整,大型基坑、沟槽的开挖,以及路基堤坝等的填筑。

图 3-25　推土机

图 3-26　铲运机

(4) 装载机

装载机(图 3-27)主要用于铲装土壤、砂石、石灰、煤炭等散状物料,也可对矿石、硬土等做轻度铲挖作业。

(5) 平地机

平地机(图 3-28)是用来平整地面的施工机械,动作灵活准确,操纵方便,平整场地有较高的精度,适用于构筑路基和路面、修筑边坡、开挖边沟,也可搅拌路面混合料、扫除积雪、推送散粒物料以及进行土路和碎石路的养护工作。

图 3-27　装载机

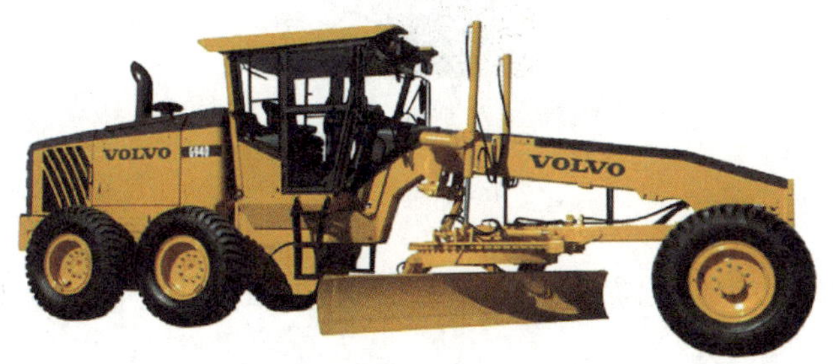

图 3-28　平地机

(6) 压实机械

常见的压实机械有压路机和打夯机(图 3-29)。压路机用于大型工程项目的填方压实作业,可以碾压砂性土壤、半黏性及黏性土壤、路基稳定土及沥青混凝土路面层。打夯机是利用冲击和振动作用分层夯实回填土的压实机械。

(a) 压路机

(b) 打夯机

图 3-29　土方压实机械

3.3.3.2　起重运输机械

建筑工程施工中常见的起重运输机械有起重机、卷扬机和施工升降机。

(1) 起重机械

常见的起重机械又分为桅杆式起重机、履带式起重机、汽车式起重机、轮胎式起重机和塔式起重机几种类型(图 3-30)。

(a) 汽车式起重机　(b) 轮胎式起重机

(c) 履带式起重机　(d) 塔式起重机

图 3-30　常见起重机械

(2) 卷扬机

卷扬机(图 3-31)是由人力或机械动力驱动卷筒、卷绕绳索来完成牵引工作的装置,可以垂直提升、水平或倾斜拽引重物。

(3) 施工升降机

施工升降机(图 3-32)是建筑中经常使用的载人载货施工机械,在工地上通常是配合塔吊使用,一般载重量在 1～5 t,运行速度为 1～60 m/min。

图 3-31　卷扬机

图 3-32　施工升降机

3.3.3.3　混凝土机械

(1) 混凝土搅拌机

混凝土搅拌机(图 3-33)是把水泥、砂石集料和水混合并拌制成混凝土混合料的机械,主要由搅拌筒、加料和卸料机构、供水系统、传动机构、机架和支承装置等组成。

(2) 混凝土搅拌站

混凝土搅拌站(图 3-34)是用来集中搅拌混凝土的联合装置。由于它的机械化、自动化程度较高,所以生产效率也很高,并能保证混凝土的质量、节省水泥,常用于混凝土工程量大、工期长的大中型工程。

图 3-33 混凝土搅拌机

图 3-34 混凝土搅拌站

(3) 混凝土搅拌输送车

混凝土搅拌输送车(图 3-35)是将混凝土搅拌桶安装在汽车底盘上的混凝土运输机械,在运输过程中搅拌桶不停地慢速转动。

(4) 混凝土输送泵

混凝土输送泵(图 3-36)由泵体和输送管组成,是一种利用压力将混凝土沿管道连续输送的混凝土运输机械。混凝土输送泵可以保证混凝土连续浇筑、加快施工、保证质量,主要应用于房屋建筑、桥梁及隧道施工。

图 3-35 混凝土搅拌输送车

图 3-36 混凝土长臂输送泵

(5) 混凝土振动器

混凝土振动器是将振动力传给混凝土,从而使混凝土密实成型的振捣机械。按照其工作方式不同,可分为混凝土内部振动器、外部振动器(图 3-37)、表面振动器(图 3-38)和振动台等。

图 3-37 混凝土外部振动器

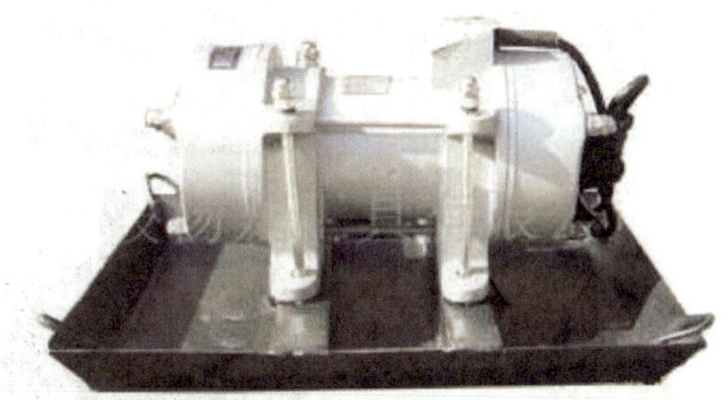

图 3-38 混凝土表面振动器

3.3.3.4 钢筋机械

(1) 钢筋调直剪切机

钢筋调直剪切机(图 3-39)可以完成钢筋的调直、切割工作。

(2) 钢筋弯曲机

钢筋弯曲机(图 3-40)可以根据需要将不同直径的钢筋弯曲成需要的形状。

图 3-39　钢筋调直剪切机

图 3-40　钢筋弯曲机

(3) 钢筋电阻点焊机

钢筋电阻点焊机(图 3-41)是将钢筋交叉点放在点焊机的两电极间，使钢筋通电发热至一定温度后，加压使焊点金属焊合。其通常用于交叉钢筋焊接以及各种网片、骨架的成型。

(4) 钢筋电渣压力焊机

钢筋电渣压力焊机(图 3-42)是利用电流通过渣池产生的电阻热将钢筋端部熔化，然后施加压力使钢筋焊合的机械。钢筋电渣压力焊机主要用于现浇结构中竖向或斜向钢筋的接长。

(5) 钢筋冷挤压机

钢筋冷挤压机(图 3-43)是将两根钢筋插入一个金属套管，然后用挤压机和压模在常温下对金属套管加压，使两根钢筋连接成一体。

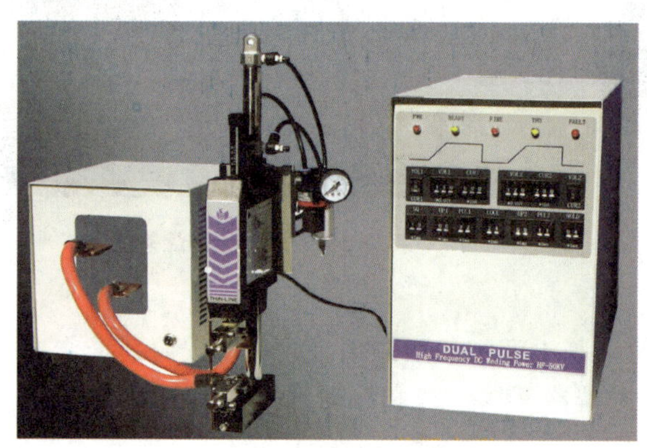

图 3-41　钢筋电阻点焊机

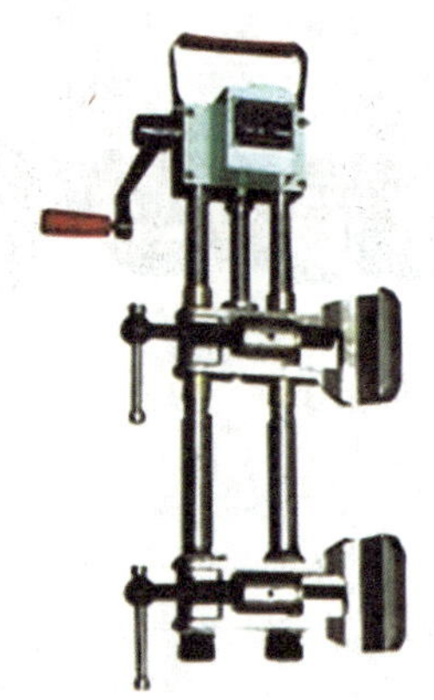

图 3-42　钢筋电渣压力焊机

图 3-43　钢筋冷挤压机

3.4 天长地久——土木工程运营与维护

现代土木工程是一个复杂的、综合的系统工程，为在服役期内安全地发挥各项功能，就需要定期或不定期地对土木工程进行运营管理与维护，同时还要保证正常的使用，不任意改变或添加工程设施的功能和荷载，使之满足安全、适用和耐久的功能要求。

3.4.1 土木工程运营与维护理念

我国古代许多土木工程，如长城、都江堰水利工程、大运河和故宫博物院等，至今仍在使用，其可观的经济效益和社会效益，令人叹为观止。同时也说明通过适当运营与维护管理，能延长土木工程的寿命，使其长久地发挥作用。

土木工程运营与维护理念就是保证土木工程结构在各种作用下能达到合理的使用年限或使用寿命，甚至能长期使用。其中，土木工程的合理使用寿命是结构最主要的性能目标，也是我们所期待的结果。

土木工程运营与维护的任务和原则是指在预定的时间内，使土木工程结构达到预期的功能目标，实现投资目的要求；尽可能地降低运营与维护费用消耗，尽量少占资金，保证工程的经济性；满足预定的使用功能要求，达到预定的生产能力或使用效果，能经济、安全、高效地运营并提供良好的运营条件，使用户（即使用者或业主）和社会各界都感到满意；能充分、合理、有效地利用各种资源，不发生事故或其他损失，能较好地解决工程运营中出现的各种风险、困难和干扰，与自然、社会和人文环境保持协调一致。

3.4.2 土木工程运营

土木工程运营指的是使用期间的管理活动，现阶段有两种形式：物业管理、房地产开发与交易。

3.4.2.1 物业管理

物业是指已建成并投入使用的各类房屋及与之配套的设备、设施和场地。物业按照使用功能分为居住物业（住宅小区、公寓、别墅、度假村等）、商业物业（写字楼、商业大厦、商业广场、宾馆、酒店等）、工业物业（工业厂房、仓库等）及其他物业（车站、码头、医院、学校、体育馆等）。

广义的物业管理泛指一切为了物业的正常使用、经营而对物业本身及其业主和用户所进行的管理和提供的服务。但通常使用的物业管理主要是狭义的物业管理，是指业主通过选聘物业服务企业，由业主和物业服务企业按照物业服务合同约定，对房屋及配套的设施设备和相关场地进行维修、养护及管理活动。

（1）物业管理的基本内容

按服务的性质和提供的服务方式不同，物业管理可分为常规性公共服务、针对性的专项服务和委托性的特约服务三大类。常规性的公共服务主要包括房屋建筑主体的管理，房屋设备、设施的管理，环境卫生的管理，绿环管理，保安管理，消防管理，车辆道路管理，公众代办性质的服务。针对性的专项服务内容有日常生活类服务，商业服务类服务，文化、教育、卫生、体育类服务，金融服务类服务，经纪代理中介服务等。委托性的特约服务，如小区内老年病人的护理、接送子女上学、照顾残疾人的上下楼、为居民代购生活用品等。

（2）物业管理的基本环节

物业管理包括早期介入、承接查验、入住手续的办理、档案资料的建立、物业的装修与管理、物业的日常管理与维修养护等多个环节。

（3）物业管理的组织机构

物业管理的组织机构主要是指物业管理企业，一般应按法定程序成立并具有相应资质条件，专门从事永久性建筑物及其附属设备设施等物业以及相关场地和周边环境等管理工作，具有独立的企业法人地位的经济实体。其属性属于第三产业中的服务行业。

物业管理组织机构的基本类型一般有直线制、直线职能制、事业部制（分权组织）、矩阵制等形式。

① 直线制下设专门的作业组，由经理直接指挥；

② 直线职能制是各级组织单位除主管负责人外，还相应地设置了职能机构，这些职能机构有权在自己的业务范围内从事各项专门管理活动；

③ 事业部制是把那些具有相对独立的业务部门划分为独立单位或分公司，使之独立核算，每个独立经营单位都是在总公司的掌控之下的利益中心；

④ 矩阵制由纵向智能系统和横向子项目组成，项目成员受双重领导，既受所属职能部门的领导，又受项目经理的领导。

（4）业主和业主委员会

业主是房屋所有权人，在物业管理中又是物业管理企业所提供服务的主体。业主委员会则是物业管理区域内代表业主实施自治管理的组织，是由业主大会从业主中选举产生，经政府备案成立代表全体业主合法权益的业主大会常设机构。其宗旨是代表业主的合法权益，实行业主自治与专业化管理相结合的管理体制，保障物业的合理与安全使用，维护本物业的公共秩序，创造整洁、优美、安全、舒适、文明的环境。

（5）特色化物业管理

目前，大城市的多数办公写字楼、商业楼宇、医院、图书馆、博物馆、展览馆、体育场馆等都是智能建筑，即运用系统工程观点，将建筑的结构（建筑环境结构）、系统（智能化系统）、服务（用户需求服务）和管理（物业运行管理）四个基本要素进行优化组合，以提供一个安全、方便、舒适和高效的生活和工作环境的建筑物，是高科技与建筑相结合的产物。智能化建筑的物业管理要求运用现代技术（信息技术、自动控制技术和计算机技术），在建筑智能化系统与物业管理系统集成于一体的自动化监控（远程实时监控）和综合信息服务平台上，实现具有集成性、交互性和动态性的智能化物业管理模式。

现代写字楼一般具有现代化的设备和设施。写字楼物业管理的内容包括设备管理及维修保护，环境保护以及清洁、绿化、安保等服务。写字楼的物业管理模式有小而全的管理模式和规模化、集约化管理模式两种。而规模化、集约化的物业管理企业实施高品位、专业化管理，具有严格的服务标准、运作规范和作业规范，配有高水平的管理人才队伍，该模式是物业管理的重点发展方向。

大型的购物中心、综合超市、仓储式商场、百货商场以及便利店等商业楼宇物业管理包括楼宇和设备设施管理，环境卫生及绿化管理，安全保卫以及装修、广告、租赁、经营、销售与合同管理等内容。

工业厂房及仓库的物业管理特点是专业性强、维护保养费用高，清洁难度大、环保要求高，隐患多，安全保卫工作难度大，常规服务（安保、保洁、绿化等各种现场管理工作）标准高。其物业管理内容一般包括厂区内的供水、排水、消防、供电、供气、供热、通信、仓储、道路、绿化等。

（6）优秀物业管理案例

优秀的物业管理可以使项目享有良好的声誉，获得良好的社会效益和经济效益。香港实行“以地养铁”，轨道项目 PPP 模式结合物业发展，让香港地铁（图 3-44）成为世界少有能盈利的轨道交通机构。香港地铁“物业＋轨道”发展模式的演变历程，主要可分为三阶段：

① 初期发展（20 世纪 80 年代）：利用所拥有空间发展补贴开支。香港地铁 1979 年通车，初期主要覆盖市区线路，仍需政府通过贷款注资建设，物业发展难以作为支持建设还本付息和运营收入补贴的主要来源。由于香港土地资源匮乏，香港地铁充分利用轨道建设范围占有的土地进行车辆段（如九龙湾德福花园、荃湾绿杨新村）和站点上盖的发展（如湾仔修顿花园、中环环球大厦），其物业销售与租金收益用于轨道交通建设运营资金补贴的同时，亦进一步通过上盖发展，强化沿线客流量，保障运营收益。

② 快速发展期（20 世纪 90 年代）：利用新线与新发展区的融合创造价值。政府将填海土地协议出让于香港地铁，并让香港地铁参与新发展区（如东涌、西九龙填海区）的前期规划研究，积极采取新线站点与土地融合发展模式。

③ 成熟期（21 世纪初）：长远持续的分期发展让土地价值最大化。轨道线网快速发展后，客流量增大，沿线市场发展逐渐成熟，香港地铁逐步对之前轨道线网所预留土地进行长达 10～20 年的分期开发。务求通过人流和商机的培育，让土地价值最大化，创造更高盈利目标。

图 3-44 香港地铁

经过持续的发展，香港地铁轨道运营和物业发展利润比重已由 70∶30 倒挂为 36∶64，物业发展成为香港地铁主要利润来源。这归功于其“物业＋轨道”发展模式。香港地铁承担了介乎政府和市场之间的角色，其模式包含以下特点：港铁承担了部分政府在城市发展建设中的职能，通过城市发展与轨道建设两个不同的主体整合考虑，总体提高了社会与土地经济效益；港铁作为一个有效的平台，引入市场力量改善轨道交通项目风险管理和资产管理，并通过市场资金满足轨道和其他社会公共利益需求。

3.4.2.2 房地产开发与交易

房地产是房产和地产及其权属的总称。

(1) 房地产开发

房地产开发是指依据《城市房地产管理法》取得国有土地使用权，并在土地上进行基础设施和房屋建设。主持房地产开发的企业一般称为房地产开发公司。

房地产开发项目首先要进行可行性研究，即在投资决策之前，通过分析、计算和评价投资项目的技术方案、开发方案、经营方案的经济效果，研究项目的必要性和可行性，进行开发方案选择与投资方案决策。

房地产项目实施前需要做一定的准备工作，主要包括房地产开发项目的报建、规划申请与审批、开工申请与审批、规划设计、融资和招投标。

房地产开发项目实施过程中则要进行项目管理，对各项具体工程进行计划、指挥、检查、调整和控制，以及与社会各相关部门的联络、协调，把项目策划和工程设计图样付诸实施，取得投资效益。房地产开发项目管理主要包括项目的成本管理、工程管理、质量管理、进度管理、合同管理、工程技术管理、施工安全管理以及市政配套协调管理等内容。其中成本管理、质量管理和进度管理是房地产开发项目管理的三大核心。

(2) 房地产业

房地产业是指从事土地和房地产开发、经营、管理和服务的行业。

房地产业主要包括国有土地使用权的出让、房地产的开发和再开发，如征用土地、拆迁安置、委托规划设计、组织开发建设、对旧城区土地的再开发等；房地产经营包括土地使用权的转让、出租、抵押和房屋的买卖租赁、抵押等活动；房地产中介服务包括房地产咨询、估价和经纪代理、物业管理；房地产的调控和管理包括建立房地产的资金市场、技术市场、劳务市场和信息市场，制定合理的房地产价格，建立和健全房地产法规，以实现国家对房地产市场的宏观调控。

(3) 房地产交易

房地产交易是指交易主体之间以房地产这种特殊商品作为交易对象所从事的市场交易活动。其交易应遵循平等自愿、诚实信用、公平公正和房屋所有权与其占用范围内的土地使用权主体一致的原则。房地产交易管理应遵循集中管理与分级管理相结合、依法保护房地产权利的原则。

房地产交易类型主要有房产买卖或出售、租赁、互换、信托、抵押和典当等。我国的商品房销售包括商品房现售和商品房预售两种方式。商品房销售以套内建筑面积作为计价依据。商品房买卖合同及商品房权证应载明共用部位及设施。商品房现售按国家及各地的有关规定执行。商品房预售时，预售人应当取得房地产行政主管部门核发的《商品房预售许可证》，否则不能进行商品房销售。

3.4.3 土木工程维护

随着我国建设高峰期修建的工程日渐老化，既有结构需要检测与加固的情况越来越多，如近年来，许多城市都在开展桥梁普查，排除安全隐患。国外也有类似情况，据统计，美国现在平均每年需要投入相当于我国目前每年正在新建工程资金的1.5～2.0倍来维护、修缮原有的基础设施和已建工程。可见，今后土木工程的主要工作要从以新建为主转向新旧工程并举。

3.4.3.1 土木工程检测

土木工程检测分平时常规检测和灾害后检测。当工程结构使用年限较长时，性能会下降，为了评估结构的剩余寿命，可对结构进行检测与评定。有时工程结构的使用功能会发生改变，例如有些房屋使用一段时间以后，需要加层或扩建，此时也需要先评定现有结构的性能，再进行改建设计。更多的时候，当结构遭遇某些灾害(如地震、火灾或洪水)时，需要了解结构受损情况，就需要进行结构检测，以作为后期加固或拆除的依据。

(1) 检测与维护的内容

土木工程结构检测主要包括结构构件布置及尺寸的检测，结构材料强度性能的检测，裂缝、缺陷等结构外观质量的检测，挠度、沉降等结构构件变形的检测，螺栓、焊缝等连接质量的检测以及钢筋锈蚀、混凝土剥落等损伤的检测，在此基础上得出鉴定等级和是否需要修复加固的结论。

如大型桥梁现在都安装有健康与安全检测系统，能自动采集工作环境(风速、风向、温度、荷载等)，结构整体性能(位移、变形、动力、振动等)，结构控制断面的静、动应变(应力)，拉索状态(受力、振动、完好程度)，正桥和引桥的结构响应(沉降、线形、温度、动力、应变)等内容。

土木工程结构的灾后检测中，首先关注的是材料受灾后的性能变化，也即材料在灾害作用下的损伤，主要包括材料在结构受灾后的强度、刚度、弹性模量、本构关系等性能的变化。其次是结构体系的改变，重要部位是否有裂缝和过大变形，同时还需结合计算，分析、评价结构的承载能力。例如火灾后，混凝土结构需要受损检测来评估混凝土构件的剩余承载力，从而决定结构是加固还是拆除。

(2) 检测方法

通常利用仪器对结构进行现场检测，以测定工程结构材料的实际性能。因被测结构在试验后一般还需继续使用，故现场检测必须以不破坏结构本身使用性能为前提，这种检测称为非破损检测(或无损检测)。常用的检测内容和检测手段有如下几种：

① 混凝土强度检测。检测混凝土强度主要采用回弹法、超声法或超声-回弹综合法，即通过测试混凝土表面的硬度回弹值或声音在混凝土内部的传播速度等，按相关关系推出混凝土强度指标。除此之外，还有一类半破损检测混凝土强度的方法，如钻芯取样法和拔出法，即在结构构件上直接进行局部微破坏试验，或直接取样试验，获取数据，推算出混凝土强度指标。利用超声法还可进行混凝土缺陷和损伤检测。

② 混凝土碳化检测。混凝土结构暴露在空气中会产生碳化，当碳化深度到达钢筋时，会破坏钢筋表面起保护作用的钝化膜，钢筋就有锈蚀的危险。故评价现存混凝土结构的耐久性时，碳化深度是重要的依据。混凝土碳化深度可利用酚酞试剂检测，即在混凝土构件上钻孔或凿开断面，涂抹酚酞试液，根据颜色变化情况即可确定碳化深度。

③ 钢筋锈蚀检测。钢筋锈蚀会导致保护层胀裂剥落，削弱钢筋截面，直接影响结构承载能力和使用寿命。混凝土中钢筋锈蚀是一个电化学过程，钢筋锈蚀后会在表面产生腐蚀电流，利用仪器可测得电位情况，因此，根据钢筋锈蚀程度与测量电位之间的关系，可判断钢筋是否锈蚀及锈蚀程度。

④ 砌体强度检测。砌体强度检测可采用实物取样试验，即在墙体适当部位切割试件，在试验室进行试

压，确定砌体实际抗压强度。近年来，原位测定砌体强度技术有了较大发展，如顶剪法，利用千斤顶对砖砌体作现场顶剪，量测顶剪过程中的压力和位移，即可求得砌体抗剪及抗压强度；扁顶法，将一种专门用于检测砌体强度的扁式千斤顶插入砖砌体灰缝中，对砌体施加压力直至破坏，根据加压的大小，确定砌体抗压强度。

⑤ 钢材强度测定及缺陷检测。钢材的强度可采用表面硬度法进行无损检测，由硬度计端部的钢球受压时在钢材表面留下的凹痕推断钢材的强度。钢材和焊缝缺陷可用超声波法检测。因钢材密度比混凝土大得多，为了能检测钢材或焊缝中较小的缺陷，要求选用较高的超声频率。

3.4.3.2 土木工程维修与加固

(1) 维修与加固的目的和要求

土木工程维修与加固的目的和要求不外乎两大类，一是提高结构构件的承载能力，通常称为结构补强或加固改造；二是改善结构构件的适用性和耐久性，延长其使用年限，通常称为维修、维护或再设计。有时两种处理目的和要求兼而有之。

对既有建筑加固改造的内容主要包括建筑主体的改造、建筑功能的提升改造、建筑设备的改造、优秀历史文物建筑的综合改造和建筑区域居住环境的改造等。当结构物存在的缺陷和损伤使其丧失某项或几项功能时，就应进行补强或加固。补强与加固的目的就是提高结构及构件的强度、刚度、延性、稳定性和耐久性，改善使用功能，延长结构寿命。

土木工程结构的再设计是指对接近或达到设计使用年限结构的审核和延长使用寿命的改造与加固，对有安全隐患的结构进行复核性再设计；对既有结构改变用途或使用环境变化而进行的再设计；对遭受偶然作用，结构受灾损坏后的修复性再设计等。其加固改造处理与再设计必须充分考虑原有的结构体系和方案的可行性及可操作性，需要对整体方案进行论证，从而加强整体的牢固性。

(2) 维修与加固方法

目前，混凝土结构维修补强与加固方法有直接加固和间接加固两种。直接加固主要有加大截面法、外包钢加固法、碳纤维加固法等；间接加固法主要有预应力加固法、增加支承加固法等。

① 加大截面加固法[图 3-45(a)]：加大结构构件截面面积来加固的一种方法，不仅可提高加固构件的承载力，而且还可增大截面刚度。其广泛用于加固混凝土结构梁、板、柱，钢结构中的梁、柱及屋架，砌体结构的墙和柱等。但加大截面尺寸会减小使用空间，有时会受到使用上的限制。

② 外包钢加固法[图 3-45(b)]：在结构构件四周包以型钢或钢板的加固方法，可在基本不增大构件截面尺寸的情况下增加构件承载力，提高构件刚度和延性。该方法适用于混凝土结构、砌体结构的加固，但用钢量较大，加固费用较高。

③ 碳纤维加固法[图 3-45(c)]：利用树脂类黏结材料将碳纤维布粘贴于钢筋混凝土表面，使其与被加固截面共同工作，以达到加固目的。该方法具有节省空间，施工简便，不需要现场固定设施，施工质量易保证，基本不增加结构尺寸及自重，耐腐蚀、耐久性能好等特点。碳纤维加固法适用于混凝土结构抗弯、抗剪加固，还广泛用于各类工业与民用建筑物、构造物的防震、防裂、防腐的补强。

④ 粘贴钢板加固法：用胶结剂把钢板粘贴在构件外部进行加固的方法。该方法施工周期短、粘钢所占空间小，几乎不改变构件外形，却能较大幅度提高构件承载力。

⑤ 预应力加固法：采用外加预应力水平钢拉杆或下撑拉杆对结构进行加固，不仅可提高构件承载能力，减小构件挠度，增大构件抗裂强度，而且还能消除和减缓后加杆件的应力滞后现象，使后加部分有效地参与工作。该方法广泛用于混凝土梁、板等受弯构件以及混凝土柱的加固，还可用于钢梁和钢屋架的加固，是一种很有前途的加固方法。

⑥ 增加支承加固法[图 3-45(d)]：通过增设支点或采用托梁拔柱的方法改变结构受力体系，从而达到加固的目的。增设支点可以减小构件的计算跨度，降低结构内力和变形，大幅度提高结构及构件的承载力；托梁拔柱是在不拆或少拆上部结构的情况下，拆除或更换柱子的一种处理方法，适用于要求改变房屋使用功能或增大空间的建筑物改造。

(a) 加大截面加固法

(b) 外包钢加固法

(c) 碳纤维加固法

(d) 增加支承加固法

图 3-45　常用的结构加固方法

⑦ 化学灌浆加固法：用压送设备将化学浆液灌入结构裂缝的一种修补方法。灌入的化学浆液能修复裂缝，防锈补强，提高构件的整体性和耐久性。

⑧ 基础托换与纠偏。基础托换是指为了增加现有建筑基础的支承能力，在现有基础的下部增加新的永久性支撑物或基础。基础托换方法有加大基底面积的基础扩大技术、新做混凝土墩或砖墩加深基础的坑式托换技术、增设基桩支承原基础的桩式托换技术和采用化学灌浆固化地基土的灌浆托换技术。基础纠偏主要是在基础沉降小的部位采取促沉措施将结构物纠正或在基础沉降大的部位采取顶升措施以纠偏。

另外，还有砌体结构、钢结构等的加固。砌体结构的加固也分为直接加固和间接加固两类。直接加固方法有钢筋混凝土外加层加固法、钢筋水泥砂浆外加层加固法和增设扶壁柱加固法；间接加固方法有无黏结外包型钢加固法和预应力撑杆加固法。而钢结构加固可从减轻荷载、改变结构计算图形、加大原结构构件截面和连接强度、阻止裂纹扩展等几个方面入手，如加大构件截面尺寸、连接的加固、裂纹的修复与加固等。

4 精彩纷呈的土木工程职业

如前所述，土木工程是建造各类工程设施的科学技术的统称。它既指工程建设的对象(例如房屋、道路、铁路、管道、隧道、桥梁、运河、堤坝、港口、电站、机场、海洋平台、给水排水以及防护工程等)，也指为建设对象所进行的勘测、设计、施工、管理、监理、维护等技术活动，而土木工程师则是指从事这些技术活动的工程技术人员。

土木工程庞大而又复杂，其中的技术活动林林总总，包含了不同性质的工作与要求：策划、设计类从构思到成图，需要较好的创新思维与逻辑分析能力；施工建造类将工程付诸实施，要求有较好的实践动手能力；监理管理类则保证工程建设的质量与运转，需要全局意识与按章办事的严谨态度。但无论哪一类工作和职业，都需要土木工程的相关基础知识与逐渐积累的工程经验。对土木工程学生来说，今后的职业选择很多，只要你通过在校的认真学习，打下坚实的基础，未来则可根据自身的兴趣、能力和潜质追求不同事业。

土木工程师是技术性很强的职业，需要承担较高的职业责任，因此，大多数国家都设置了门槛要求，只有获得了相应资格才能从事土木工程勘探、设计、施工、监理与管理等工作。我国从 20 世纪 90 年代开始健全这一制度，几乎所有领域的土木工程师都需要取得国家颁发的注册证书，方能从业。

4.1 土木工程领域的执业准入

所谓准入制度就是政府设置的门槛，是政府对某些责任较大、关系到国家和公众利益的专业工作实行的准入控制，它要求专业人员必须具备一定的学识、技术能力以及良好的品德，通过考试发放相应的执业资格，并实行强制性注册登记管理，以保证行业的工作质量和水准。许多行业都有准入制度，例如会计师、医师、律师等，都需要取得资格、登记注册后才能从业。

4.1.1 注册工程师制度的发展

执业资格制度起源于英国，迄今已有 150 余年历史。1771 年英国成立了世界上第一个工程师协会(ICE)，1818 年该协会获英国皇家特许，成为官方授权的自我规制专业团体，通过颁发特许资格证书，将专业工程师从未经培训的、不称职的从业人员中分离出来。1883 年美国开始在牙医专业实行执业资格注册制度，而后逐步扩展到医生、药剂师、律师、会计等行业。尽管美国 1852 年就成立了第一个工程师协会——土木工程师协会(ASCE)，但其主要聚焦于繁忙的修路、建桥和供水工程等公共工程，并没有设立行业准入门槛，当时任何人都可以称自己为“工程师”，并从事工程实践。直到 1907 年美国怀俄明州首次颁布了世界上第一个专业人员工程执照法，对工程师和测量师执业进行准入控制，通过政府规制筛选合格的专业工程师从事指定的工程实践，以保护公众安全。此后，其他州也陆续实行工程师执业资格注册制度。到 1950 年，美国所有的州都通过了不同形式的执业资格法(Licensing Laws)。同年美国专业工程师协会(NSPE)宣布一项新政策，鼓励所有取得了执照的专业工程师在他们的名字后加“P. E.”(Professional Engineer)，以作为专业标识。除英国、美国之外，世界上许多国家，例如亚洲的日本、新加坡、韩国等国，以及我国的香港、台湾地区也参照西方国家设置了执业资格制度，对土木工程行业进行规范。

对于政府和社会来说，实行注册工程师制度主要是为了保证工程技术人员的职业水准与道德水平，从而保护公众的生命财产安全。对工程技术人员来说，取得执业资格意味着有较高专业水平与良好的道德品格，能更好地从事专业工作。尽管在许多国家，工程师注册并不是强制性的，但执业资格注册带给工程师许多保障：

(1)执业资格是工程技术人员专业化的标志，也是能力、才干、经验和品德的保证。执业资格注册将拥有较高水准的专业工程师与一般的工程技术人员区别开来，在法律责任、从业范围、社会地位和工资待遇上体现不同的标准。在工程行业中，许多业务只能由经过执业资格注册的工程师承担，例如结构设计工作，只有注册结构工程师才有权签署图纸与设计文件。因此，技术人员获得执业资格后，意味着工作机会和工资收入都可能大大增加。

(2)执业资格是工程师个人的标志，并不与服务的机构挂钩，可随人员流动，因此，工程师获得执业资格注册后，可保证在岗位变换或工作调动时得到同样的认可。同时，注册工程师制度也为工程机构间的人才流动提供了制度保证，引导工程技术人员的合理流动与有效配置。

(3)执业资格注册作为工程技术人员职业发展的重要途径，成为工程技术人员职业成长的标准与范例，特别是为工程专业毕业生提供了规范的上升通道，通过注册考试，获得执业资格，就能迅速地成长为合格的专业工程师，在职业发展上取得跨越式的进步。

4.1.2 执业资格注册制度的内涵

虽然各国实行的工程师执业资格制度不尽相同，但通常包含以下几个共同的特点：

1.重视专业学历教育

工程师注册资格申请都要求有专业学历背景，多数国家都是要求 4 年本科教育。通常申请条件规定了专业范围与学位条件，申请条件或报考条件分为本专业（最接近、最对口的专业）、相近专业；学位条件分硕士、学士和专科，分别要求不同的实践年限，以保证申请人员的专业基础达到最低要求。为避免各学校专业教育的参差不齐，执业资格制度还非常重视专业教育的评估与认证，对是否通过认证的院校的毕业生区别对待。我国通常对没有通过评估学校的毕业生要求延长实践年限，而国外有更严格的要求，例如美国正在改革工程教育，如果本科学位是来自没有通过评估的学校的毕业生，则必须具备通过评估的学校的研究生学位，否则不能申请注册工程师执业资格。因此，各国都设有专门的第三方高等教育评估机构，定期对高等院校进行专业教育的评估或认证。我国从 20 世纪 90 年代由原建设部主导，开始进行专业评估，率先在建筑学专业与土木工程专业中实施，现在教育部已开始对所有工科专业进行认证。

2.要求职业实践年限

注册工程师是实践性很强的职业，仅有专业知识不足以胜任工作，实践经验是必备条件。世界各国的工程师执业资格都要求一定的实践年限，以保证申请人员有足够的实际经验。例如我国对注册建造师规定，如取得工程类或工程经济类大学本科学历，工作必须满 4 年，其中从事建设工程项目施工管理工作满 3 年方能报考。国外有时有更复杂的要求，如英国以及英联邦范围内，建筑学专业的学制一般是 3＋1＋2＋1 制。学生入大学后，学习 3 年本科课程，三年级末举行学位考试，由英国皇家建筑师学会(the Royal Institute of British Architects，简称 RIBA)命题进行统考，考试合格者获得学士学位，不合格者算大专毕业。获得学士学位的学生，先到建筑事务所实习 1 年，再回到学院进行两年理论学习，然后进行第二次统考，亦称毕业考试，考试合格者获得毕业文凭。大学生毕业后，再去建筑事务所工作一年，才能参加英国皇家建筑师学会举行的注册建筑师的考试，考试合格者可获得建筑师的执照。

3.采取考试方式

各国的执业资格制度都采取了考试的方式，要求从业者必须通过相关的考试，才能获得执业资格。考试的内容包括工程技术专业知识，以及法律、法规等，有些国家，如美国与我国，考试还分为基础考试与专业考试两部分，基础考试申请者可在刚毕业时参加，专业考试则要求具有一定工程实践年限才能参加。考试制度体现了客观性与公正性，避免了论资排辈、任人唯亲等弊端。同时考试制度也可作为行业从业人员数量的一种控制，通常各国的资格考试通过率都很低，一般在 20%左右，通过标准是由行业主管机构根据宏观调控数据来决定的，并非通常考试的及格线。各国的执业资格考试主管机构不尽相同，有的通过政府机构执行，例如我国由人事部管理，委托下属的考试中心组织；也有的通过市场化运作，由专业机构负责，如美国教育考试服务中心(ETS)、英国国家职业资格委员会(NCVQ)、韩国产业人力管理公团等，还有一些考试，通过行业招标，选择最有能力的机构组织完成。

4.实现注册管理的办法

通过考试取得执业资格后，从业人员还必须通过注册登记的办法获取注册证书，才能执业。注册过程采用动态管理，需要考察从业人员的业绩、与服务机构的关系以及职业道德情况，一般有效期为2～4年。在注册有效期内，要求专业技术人员必须更新知识，跟上科技的发展，必须参加规定的继续教育，通常是40～80小时的学习，取得继续教育培训机构的合格证书，才能再注册。

4.2 中国注册工程师制度

4.2.1 中国注册工程师起源

我国从20世纪80年代开始，随着改革开放的发展，为规范市场秩序、保证工程质量，同时也为了推动我国工程行业走向国际市场以及引进外资项目，原建设部联合原人事部开始按照国际惯例，在建设领域实行执业资格制度，制定了一系列的法律法规，最早出台的是《监理工程师资格考试和注册试行办法》(1992)及《中华人民共和国建筑师条例》(1995)，这标志着注册监理工程师与注册建筑师的诞生，而后，逐步推广到勘察设计行业的其他专业(结构工程、电气工程、公用设备等)，以及城市规划、工程造价咨询、房地产中介、建设施工等领域，至今已形成完善的执业资格与注册管理制度。

在此之前，我国实行的是专业技术职务评聘制度。各单位每年进行职称评审，过程中难免出现论资排辈、迁就照顾、弄虚作假等现象，使职称评审的质量难以保证，并且专业技术职称是终身制，能上不能下，有时只能在本单位有效，不利于人才流动。这种单一的模式与社会主义市场经济体制不相适应，与专业人才队伍建设不相适应，所以必须改革。随着执业资格制度的建立，在全国范围内统一实施资格考试认证，给考试合格者颁发全国通用的资格证书，可作为求职、就业的凭证和从事特定专业的法定注册凭证。这种新的机制有利于发现更多更好的专业人才，拓宽选人、用人的途径，实现全社会对人才资源的有效开发。同时加快专业人员的规范化管理，与国际接轨，强化专业人员在项目建设中的主体地位，明确其在保障国家财产、公众利益和人民生命安全等方面的责任，提高工程技术人员的职业水平。

执业资格制度的实施，不但明确了专业人员应具备的条件，还促进了我国工程教育评估与认证的发展。1992年，为配合中国注册建筑师制度的建立，原建设部成立高等教育评估委员会，开始对建筑学专业进行评估认证工作。随后，1995年，土木工程专业也开始进行评估。到2005年，土建类的6个专业(建筑学、土木工程、城市规划、工程管理、给水排水工程、建筑环境与设备工程)都实行了专业评估认证制度。2006年3月，教育部工程教育专业认证工作启动，机械工程与自动化、电气工程及其自动化、化学工程与工艺、计算机科学与技术四个试点工作组先后成立，完成了8个学校的认证试点，标志着中国工程教育专业认证制度的建立。通过专业认证，明确了工程教育专业的标准和基本要求，促进各院校和专业进一步办出自己的特色；进一步改善教学条件、增加教学经费，促进教师队伍的建设和专业化发展；也促进建立科学规范的教学质量管理和监控体系，提高大学教学管理水平。同时，通过专业认证，加强高等工程教育与工业界的联系。把工业界对工程师的要求及时反馈到工程师培养的过程中来，引导高等工程教育专业改革与发展方向，使工业界参与工程师培养过程中培养方案的制定、培养过程的改进与培养成果的验收，促进工业界对高等工程教育的了解和支持。改善高等工程教育的产业适应性，促进高等工程教育为工业提供合格的工程师。

4.2.2 中国注册工程师分类

所谓的注册工程师是指经全国统一考试或考核，取得执业资格后，在国家相关管理部门注册的工程师。注册工程师有很多类，其中有7类由住房和城乡建设部主管，涉及勘察设计、建筑业、房地产和城市规划领域，分别是房地产估价师、造价工程师、城乡规划师、监理工程师、房地产经纪专业人员、建造师、勘察设计注册工程师。表4-1为2021年的《国家资格职业目录》的部分内容。

表 4-1　职业资格名称及实施单位

<table>
<tr><th colspan="2">注册职业资格名称</th><th>资格证细分专业</th><th>实施部门</th></tr>
<tr><td colspan="2" rowspan="3">监理工程师</td><td>土木建筑工程</td><td rowspan="3">住房和城乡建设部
交通运输部
水利部
人力资源和社会保障部</td></tr>
<tr><td>交通运输工程</td></tr>
<tr><td>水利工程</td></tr>
<tr><td colspan="2">房地产估价师</td><td>—</td><td>住房和城乡建设部
自然资源部</td></tr>
<tr><td colspan="2" rowspan="4">造价工程师</td><td>土木建筑工程</td><td rowspan="4">住房和城乡建设部
交通运输部
水利部
人力资源和社会保障部</td></tr>
<tr><td>交通运输工程</td></tr>
<tr><td>水利工程</td></tr>
<tr><td>安装工程</td></tr>
<tr><td colspan="2">注册城乡规划师</td><td>—</td><td>自然资源部
人力资源和社会保障部
相关行业协会</td></tr>
<tr><td colspan="2" rowspan="5">建造师</td><td>建筑工程</td><td rowspan="5">住房和城乡建设部
人力资源和社会保障部</td></tr>
<tr><td>公路工程</td></tr>
<tr><td>水利水电工程</td></tr>
<tr><td>机电工程</td></tr>
<tr><td>……①</td></tr>
<tr><td rowspan="11">勘察设计注册工程师</td><td>注册结构工程师</td><td>—</td><td>住房和城乡建设部
人力资源和社会保障部</td></tr>
<tr><td rowspan="4">注册土木工程师</td><td>岩土工程</td><td rowspan="4">住房和城乡建设部
交通运输部
水利部
人力资源和社会保障部</td></tr>
<tr><td>港口与航道工程</td></tr>
<tr><td>水利水电工程</td></tr>
<tr><td>道路工程</td></tr>
<tr><td>注册化工工程师</td><td>……②</td><td rowspan="5">住房和城乡建设部
人力资源和社会保障部</td></tr>
<tr><td>注册电气工程师</td><td>—</td></tr>
<tr><td rowspan="3">注册公用设备工程师</td><td>暖通空调</td></tr>
<tr><td>给水排水</td></tr>
<tr><td>动力</td></tr>
<tr><td>注册环保工程师</td><td>—</td><td>住房和城乡建设部
生态环境部
人力资源和社会保障部</td></tr>
<tr><td colspan="2">房地产经纪专业人员职业资格</td><td>—</td><td>住房和城乡建设部
人力资源和社会保障部
中国房地产估价师与房地产经纪人学会</td></tr>
</table>

注：①一级建造师设置 10 个专业：建筑工程、公路工程、铁路工程、民航机场工程、港口与航道工程、水利水电工程、市政公用工程、通信与广电工程、矿业工程、机电工程；二级建造师设置 6 个专业：建筑工程、公路工程、水利水电工程、矿业工程、市政公用工程、机电工程。

②注册化工工程师划分为本专业、相近专业和其他专业。本专业包括：化学工程与工艺应用化学（工）能源化学工程、化学工程与工业生物工程、高分子材料与工程、复合材料与工程、无机非金属材料工程、制药工程、生物制药、中药制药、轻化工程、纺织工程、非织造材料与工程、食品科学与工程、生物工程等；相近专业包括：过程装备与控制工程、环境工程、安全工程等；其他专业包括除本专业和相近专业外的工科专业。

土木工程专业的毕业生有资格参与上述多数类别的资格考试，从事对应的职业。但多数土木毕业生主要从事注册结构工程师、注册土木工程师（岩土、港口与航道工程、水利水电工程）、注册建造师与注册监理工程师等几类工作。

1. 注册结构工程师

注册结构工程师始于 1997 年，是我国土木类第一种注册制的工程师，注册证书如图 4-1 所示。注册结构工程师主要从事房屋结构、桥梁结构及塔架结构等工程的结构设计；从事建筑物、构筑物、工程设施等调查和鉴定；还可对本人主持设计的项目进行施工指导和监督。

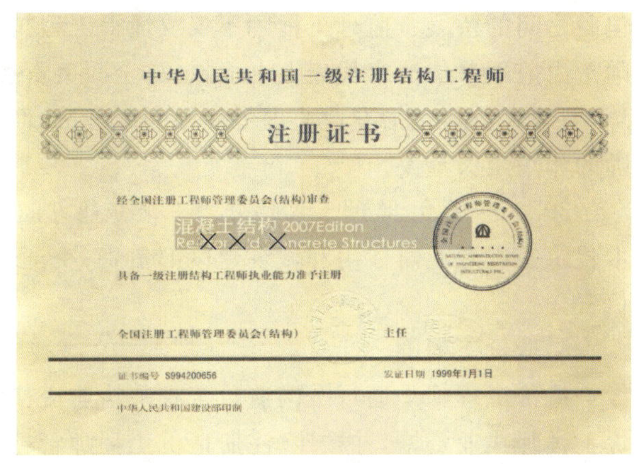

中华人民共和国一级注册结构工程师

注册证书

经全国注册工程师管理委员会（结构）审查

×××

具备一级注册结构工程师执业能力准予注册

全国注册工程师管理委员会（结构）　主任

证书编号 S994200656　发证日期 1999年1月1日

中华人民共和国建设部印制

图 4-1　一级注册结构工程师注册证书

注册结构工程师分为一级和二级，一级注册结构工程师的勘察设计范围不受项目规模及工程复杂程度的限制，即可以承担任何工程的结构设计；二级注册结构工程师仅限承担国家规定的民用建筑工程三级及以下项目或小型工业项目。

注册结构工程师设计的主要文件（图纸）中，除应注明设计单位资格和加盖单位公章外，还必须在结构设计图的右下角由主持该项设计的注册结构工程师签字并加盖其执业专用章，方为有效。否则设计审查部门不予审查，建设单位不得报建，施工单位不准施工。

2. 注册土木工程师

注册土木工程师包括岩土、港口与航道工程、水利水电工程三个专业。

注册土木工程师（岩土）始于 2002 年，其执业范围为：工程勘察或者本专业工程设计，即岩土专业工程设计；本专业工程技术咨询；本专业工程招标、采购咨询；本专业工程的项目管理；对工程勘察或者本专业工程设计项目的施工进行指导和监督等。

注册土木工程师（港口与航道工程）由住房和城乡建设部与交通运输部共同主管，其执业范围包括：港口与航道工程设计；港口与航道工程技术咨询；港口与航道工程的技术调查和鉴定；港口与航道工程的项目管理业务；对本专业设计项目的施工进行指导和监督。

注册土木工程师（水利水电工程）由住房和城乡建设部与水利部共同主管，主要从事水利水电工程勘察、设计；水利水电工程技术咨询；水利水电工程招标、采购咨询；水利水电工程的项目管理；以及对本专业勘察、设计项目的施工进行指导和监督。

注册土木工程师（道路工程）是从事道路（包括公路、城市道路、林区、厂矿及其他专用道路）工程专业设计及相关业务的专业技术人员，其从业范围主要包括：道路工程勘察设计；道路工程技术咨询；道路工程招标、采购咨询；道路工程的技术调查和鉴定；道路工程的项目管理业务等。

3. 注册建造师

从 2003 年开始，我国工程建设开始实行注册建造师制度。注册建造师是指从事项目施工组织管理的工程技术人员。注册建造师有权以建造师的名义担任建设工程项目施工的项目经理；从事其他施工活动的管理；从事法律法规或国务院行政主管部门规定的其他业务。

注册建造师分为一级和二级，一级注册建造师可担任大中小型工程项目负责人，二级注册建造师只能担任中小型工程项目负责人。由于工程种类繁多，建造师实行分专业管理。

一级建造师设置 10 个专业：建筑工程、公路工程、铁路工程、民航机场工程、港口与航道工程、水利水电工程、矿业工程、市政公用工程、通信与广电工程、机电工程。

二级建造师设置 6 个专业：建筑工程、公路工程、水利水电工程、矿业工程、市政公用工程、机电工程。

4. 监理工程师

监理工程师是指经全国统一考试合格，取得“监理工程师资格证书”并经注册登记的工程建设监理人员。监理工程师代表业主监控工程质量、工程进度、投资控制以及合同管理、安全管理、组织与协调，是业主和承包商之间的桥梁。监理工程师不仅要懂得工程技术知识、成本核算，还需要非常清楚建筑法规。总监理工程师指由监理单位法定代表人书面授权，全面负责委托监理合同的履行，主持项目监理机构的监理工程师。此外，监理人员还包括专业监理工程师和监理员，但对于信息系统工程建设的全过程监理的质量，总监理工程师的作用至关重要。

2020 年开始，监理工程师分为三个专业方向，分别为土木建筑工程、交通运输工程和水利工程。其中土木建筑工程专业由住房和城乡建设部负责；交通运输工程专业由交通运输部负责；水利工程专业由水利部负责。

5. 造价工程师

造价工程师是通过全国造价工程师执业资格统一考试或者资格认定、资格互认，取得中华人民共和国造价工程师执业资格，并按照《注册造价工程师管理办法》注册，取得中华人民共和国造价工程师注册执业证书和执业印章，从事工程造价活动的专业人员。

国家在工程造价领域实施造价工程师执业资格制度。凡是从事工程建设活动的建设、设计、施工、工程造价咨询、工程造价管理等单位和部门，必须在计价、评估、审查(核)、控制及管理等岗位配套有造价工程师执业资格的专业技术人员。

6. 注册公用设备工程师

国家对从事公用设备专业性工程设计活动的专业技术人员实行执业资格注册管理制度。注册公用设备工程师执业资格考试工作由人事部、住房和城乡建设部共同负责，日常工作由全国勘察设计注册工程师管理委员会和全国勘察设计工程师公用设备专业管理委员会承担。

注册公用设备工程师有三个专业：给排水、暖通空调和动力。

4.2.3 注册工程师执业资格考试

4.2.3.1 执业资格考试形式

执业资格考试形式根据专业不同而稍有差别，一般为笔试闭卷考试(部分专业考试采用开卷考试)。考试成绩一般实行滚动制，即所有科目在规定年限内通过有效。

例如一级注册结构工程师设基础考试和专业考试两部分，其中基础考试为客观题，在答题卡上作答，考试时间为一天；专业考试采取主、客观相结合的考试方法，即要求考生在填涂答题卡的同时，在答题纸上写出计算过程，考试时间也为一天。

考试实行全国“统一大纲、统一命题、统一组织、统一时间、统一标准、统一证书”的规定，由人力资源和社会保障部会同国务院有关业务主管部门按照客观、公正、严格的原则进行。考试每年举行一次，考试时间一般安排在 9 月下旬。原则上只在省会城市设立考点。考试采用滚动管理，共设 4 个科目，滚动周期为 4 年。

4.2.3.2 执业资格考试条件与内容

因篇幅有限，本节仅介绍以下几类与土木工程密切相关的考试报考条件和考试科目。

(1) 注册结构工程师

① 报考条件

全国一级注册结构工程师资格考试分基础考试和专业考试。其基础考试条件见表 4-2；基础科目通过后，还需满足一定条件，才能报名参加全国一级注册结构工程师执业资格考试专业科目的考试。

表 4-2 全国一级注册结构工程师执业资格考试基础考试报考条件

<table>
<tr><th>类别</th><th>专业名称</th><th>学历或学位</th><th>职业实践
最少时间</th></tr>
<tr><td rowspan="4">本专业</td><td>结构工程</td><td>工学硕士或研究生毕业及以上学位</td><td></td></tr>
<tr><td rowspan="3">建筑工程(不含岩土工程)</td><td>评估通过并在合格有效期内的工学学士学位</td><td></td></tr>
<tr><td>未通过评估的工学学士学位</td><td></td></tr>
<tr><td>专科毕业</td><td>1 年</td></tr>
<tr><td rowspan="3">相近专业</td><td rowspan="3">建筑工程的岩土工程、交通土建工程、矿井建设、水利水电建筑工程、港口航道及治河工程、海岸与海洋工程、农业建筑与环境工程、建筑学、工程力学</td><td>工学硕士或研究生毕业及以上学位</td><td></td></tr>
<tr><td>工学学士或本科毕业</td><td></td></tr>
<tr><td>专科毕业</td><td>1 年</td></tr>
<tr><td colspan="2">其他工科专业</td><td>工学学士或本科毕业及以上学位</td><td>1 年</td></tr>
</table>

注:建筑工程即教育部新专业目录中的土木工程专业。

② 考试科目

全国一级注册结构工程师基础考试科目包括:高等数学、普通物理、普通化学、理论力学、材料力学、流体力学、计算机应用基础、电工电子技术、工程经济、信号与信息技术、土木工程材料、工程测量、职业法规、土木工程施工与管理、结构设计、结构力学、结构试验、土力学与地基基础等课程。

全国一级注册结构工程师专业考试科目包括:钢筋混凝土结构、钢结构、砌体结构与木结构、地基与基础、高层建筑、高耸结构与横向作用、桥梁结构等。

(2) 注册建造师

① 报考条件

一级注册建造师报考条件:取得工程类或工程经济类大学专科学历,工作满 6 年,其中从事建设工程项目施工管理工作满 4 年;取得工程类或工程经济类大学本科学历,工作满 4 年,其中从事建设工程项目施工管理工作满 3 年;取得工程类或工程经济类双学士学位或研究生班毕业,工作满 3 年,其中从事建设工程项目施工管理工作满 2 年;取得工程类或工程经济类硕士学位,工作满 2 年,其中从事建设工程项目施工管理工作满 1 年;取得工程类或工程经济类博士学位,从事建设工程项目施工管理工作满 1 年。

二级注册建造师报考条件:凡遵守国家法律、法规并具备工程类或工程经济类中专及以上学历并从事建设工程项目施工与管理工作满 2 年。

② 考试科目

一级注册建造师考试科目为建设工程经济、建设工程法规及相关知识、建设工程施工管理与专业工程管理与实务,全为闭卷。其中“专业工程管理与实务”包含:公路工程、铁路工程、民航机场工程、港口与航道工程、水利水电工程、市政公用工程、通信与广电工程、建筑工程、矿业工程、机电工程 10 个类别。

一级建造师执业资格考试实行 2 年为一个周期的滚动管理办法,参加全部科目考试的人员必须在连续两个考试年度内通过全部科目的考试,方能获得一级建造师执业资格。已取得建造师执业资格证书的人员,可根据实际工作需要,只选“专业工程管理与实务”科目的相应专业,报名参加其他专业的考试。

(3) 监理工程师

① 报考条件

监理工程师报考条件为:凡遵守中华人民共和国宪法、法律、法规,具有良好的业务素质和道德品行,具备下列条件之一者,可以申请参加监理工程师职业资格考试:具有各工程大类专业大学专科学历(或高等职业教育),从事工程施工、监理、设计等业务工作满 6 年;具有工学、管理科学与工程类专业大学本科学历或学位,从事工程施工、监理、设计等业务工作满 4 年;具有工学、管理科学与工程一级学科硕士学位或专业学位,从事工程施工、监理、设计等业务工作满 2 年;具有工学、管理科学与工程一级学科博士学位。

② 考试科目

监理工程师考试科目为:建设工程合同管理、建设工程目标控制、建设工程监理基本理论与建设工程监理案例分析,全为闭卷。相关法规与考试成绩实行滚动管理,参加全部四个科目考试的人员须在连续两个考试年度内通过全部科目。

(4) 注册土木工程师(岩土专业)考试报考条件和考试科目

① 报考条件

注册土木工程师考试也分为基础考试与专业考试。报考基础考试条件:取得本专业(指勘察技术与工程、土木工程、水利水电工程、港口航道与海岸工程专业,下同)或相近专业(指地质勘探、环境工程、工程力学专业,下同)大学本科及以上学历或学位;取得本专业或相近专业大学专科学历,从事岩土工程专业工作满1年;取得其他工科专业大学本科及以上学历或学位,从事岩土工程专业工作满1年。

基础考试合格满足一定条件后可申请参加专业考试。

② 考试科目

注册土木工程师(岩土)基础考试科目为:高等数学、普通物理、理论力学、材料力学、流体力学、建筑材料、电工学、工程经济、工程地质、土力学与地基基础、弹性力学、结构力学与结构设计、工程测量、计算机与数值方法、建筑施工与管理、职业法规等。

注册土木工程师(岩土)专业考试科目为:岩土工程勘察,浅基础,深基础,地基处理,土工结构,边坡、基坑与地下工程,特殊条件下的岩土工程,地震工程,工程经济与管理等。

(5) 造价工程师

① 报考条件

一级造价工程师报考条件:具有工程造价专业大学专科(或高等职业教育)学历,从事工程造价业务工作满5年;具有土木建筑、水利、装备制造、交通运输、电子信息、财经商贸类大学专科(或高等职业教育)学历,从事工程造价业务工作满6年。具有通过工程教育专业评估(认证)的工程管理、工程造价专业大学本科学历或学位,从事工程造价业务工作满4年;具有工学、管理学、经济学门类大学本科学历或学位,从事工程造价业务工作满5年。具有工学、管理学、经济学门类硕士学位或者第二学士学位,从事工程造价业务工作满3年。具有工学、管理学、经济学门类博士学位,从事工程造价业务工作满1年。具有其他专业相应学历或者学位的人员,从事工程造价业务工作年限相应增加1年。

② 考试科目

一级造价工程师职业资格考试科目为建设工程造价管理、建设工程计价、建设工程技术与计量(土建)、建设工程技术与计量(安装)与建设工程造价案例分析。一级造价工程师执业资格考试为滚动考试(每四年为一个滚动周期),参加4个科目考试的人员必须在连续四个考试年度内通过应试科目。

(6) 注册公用设备工程师

① 报考条件

基础考试报名条件:取得本专业(指公用设备专业工程中的暖通空调、动力、给水排水专业)或相近专业大学本科及以上学历或学位;取得本专业或相近专业大学专科学历,累计从事公用设备专业工程设计工作满1年;取得其他工科专业大学本科及以上学历或学位,累计从事公用设备专业工程设计工作满1年。

基础考试合格并具备一定条件才可申请参加专业考试。不同的是,截止到2002年12月31日前,符合一定条件可免基础考试,只需参加专业考试。

② 考试科目

考试分为基础考试和专业考试。基础考试为客观题,在答题卡上作答。专业考试分为专业知识考试和专业案例考试两部分,其中专业案例考试采取主、客观相结合的考试方法,即:要求考生在填涂答题卡的同时,在答题纸上写出计算过程。专业考试分为暖通空调、动力、给水排水三种,考试分为专业知识和专业案例。

4.3 注册工程师职业道德标准

职业道德是指人们在职业生活中应遵循的基本道德，是职业品德、职业纪律、专业胜任能力及职业责任等的总称，属于自律范围，它通过公约、守则等对职业生活中的某些方面加以规范。

土木工程师从事的工作与公众安全息息相关，如果不遵守职业道德，仅以逐利为目的，将会对社会造成极大的危害。近年来出现的豆腐渣工程、"瘦身钢筋"、"楼脆脆"等，都造成了极大的生命财产损失，也给土木工程行业带来严重的信用危机。可以说，职业道德是土木工程师的生命，它甚至比专业知识更重要，因此，作为未来的从业者，必须谨记职业道德，按规范办事，保持职业生涯的纯洁，只有这样才能立足工程界。

4.3.1 土木工程师的职业道德规范

1947 年，美国工程师专业发展委员会(后来更名为工程和技术认证委员会)起草了第一个跨学科的工程伦理准则，经过 1963 年和 1974 年两次修改，不断强化的一个道德要求就是工程师要利用知识和技能为人类造福，把公众的安全、健康和福利置于最高地位。今天几乎所有的主要工程师组织都沿袭了这种职业道德训令，制定了工程师守则或信条以自律共勉，其中共同的原则包括：①工程师对社会的责任：守法奉献，即恪守法令规章、保障公共安全、增进民众福祉。②工程师对专业的责任：敬业守分，即发挥专业能力、严守职业本分、做好工程实务。③工程师对雇主的责任：真诚服务，即竭尽才能智慧、提供最佳服务、达成工作目标。④工程师对同行的责任：分工合作，即贯彻专长分工、注重协调合作，增进作业效率。

我国目前对于土木工程师职业还没有建立完整与系统的职业伦理道德规范，但是基本要求是与世界工程师价值观相同的，我国的职业道德规范可以概括为"八要"和"八不准"。

4.3.1.1 八要

(1) 要热爱祖国，敬业爱岗，忠于职守，振兴企业；
(2) 要团结友爱，助人为乐，言语文明，自尊自重；
(3) 要遵纪守法，维护公德，诚实守信，优质服务；
(4) 要精心操作，严守规程，安全生产，保证质量；
(5) 要尊师爱徒，勤学苦练，同心奋进，敢于争先；
(6) 要讲究卫生，净化环境，文明施工，工完场清；
(7) 要提倡节俭，勤俭持家，努力增产，厉行节约；
(8) 要心系用户，礼貌待人，保护财产，爱护公物。

4.3.1.2 八不准

(1) 不准偷工减料，影响质量；
(2) 不准违章作业，忽视安全；
(3) 不准野蛮施工，噪声扰民；
(4) 不准乱堆乱扔，影响质量；
(5) 不准遗撒渣土，污染环境；
(6) 不准乱写乱画，损坏成品；
(7) 不准粗言秽语，打架斗殴；
(8) 不准违反交规，妨碍秩序。

4.3.2 土木工程师的权利、义务与责任

对于具体的执业规范，不同的土木工程师有不同的要求，从下面四类注册土木工程师的介绍可以窥见一斑。

4.3.2.1 注册结构工程师

(1) 权利

以注册结构工程师的名义执行注册结构工程师的业务;国家规定的一定跨度、跨径和高度以上的房屋建筑,应当由注册结构工程师主持设计;任何单位和个人修改注册结构工程师的设计图纸,应当征得该注册结构工程师同意,因特殊情况不能征得该注册结构工程师同意的除外。

(2) 义务

执行业务时,必须由该注册结构工程师所在的勘察设计单位统一接受委托并统一收费;因结构设计质量造成的经济损失,由勘察设计单位承担赔偿责任,勘察设计单位有权向签字的注册结构工程师追偿;保证工程设计的质量,并在其负责的设计图纸上签字盖章;保守在执业中知悉的单位和个人的秘密;不得同时受聘于两个以上的勘察设计单位执行业务;不得准许他人以本人名义执行业务。

(3) 责任

参加施工图会审,审查施工单位基坑开挖、基础施工方案和施工组织设计,跟踪检查基础、主体结构的工程质量,参与解决施工中遇到的技术难题,配合有关部门解决工程施工中出现的质量问题;配合公司有关部门选定钢材、水泥及构配件;负责勘察成果的评审与确定;负责结构专业组设计管理工作;负责编写各阶段结构设计任务书;负责各阶段结构设计的管理;负责结构设计成果的评审与确认;负责参与初步设计、扩大初步设计和施工图设计的审核工作,协调解决其他专业问题,控制钢筋和混凝土用量,提出优化意见;负责参加工程项目的招标工作,参与对施工单位承建资格的审查,审核投标单位投标文件中的施工方案和落实措施,协助确定中标单位。

4.3.2.2 注册土木工程师(岩土)

(1) 权利

注册土木工程师(岩土)有权以注册土木工程师(岩土)的名义从事规定的专业活动。在岩土工程勘察、设计、咨询及相关专业工作中形成的主要技术文件,应当由注册土木工程师(岩土)签字盖章后生效。任何单位和个人修改注册土木工程师(岩土)签字盖章的技术文件,须征得该注册土木工程师(岩土)同意;因特殊情况不能征得签字盖章的注册土木工程师(岩土)同意的,可由其他注册土木工程师(岩土)签字盖章并承担责任。

(2) 义务

遵守法律、法规和职业道德,维护社会公众利益;保证执业工作的质量,并在其负责的技术文件上签字盖章;保守在执业中知悉的商业技术秘密;不得同时受聘于两个及以上单位执业;不得准许他人以本人名义执业。注册土木工程师(岩土)应按规定接受继续教育,并作为再次注册的依据。

(3) 责任

负责编写所负责项目的设计任务书及土建技术要求,参与设计过程监督、施工图纸审核;施工过程中,负责监督所负责项目的土建部分设计、施工、技术服务、工程量核定;负责公司外部工程的质量、工期、技术等公司级监督管理;负责外部工程进度计划(里程碑,总进度计划,各项目月计划、周计划)管理;验收阶段负责对工程的土建部分按照国家规范、规定、强制性标准、合同及公司内部的验收标准予以验收;结算阶段负责对工程量核定情况协助成本审计部予以落实确认;负责各部门相关协调事项的办理,完成直系上级安排的各项临时督办工作。

4.3.2.3 注册建造师

(1) 权利

使用注册建造师名称;在规定范围内从事执业活动;在本人执业活动中形成的文件上签字并加盖执业印章;保管和使用本人注册证书、执业印章;对本人执业活动进行解释和辩护;接受继续教育;获得相应的劳动报酬;对侵犯本人权利的行为进行申述。

（2）义务

遵守法律、法规和有关管理规定，恪守职业道德；执行技术标准、规范和规程；保证执业成果的质量，并承担相应责任；接受继续教育，努力提高执业水准；保守在执业中知悉的国家秘密和他人的商业、技术等秘密；与当事人有利害关系的，应当主动回避；协助注册管理机关完成相关工作。

（3）责任

负责施工组织计划方案的制订与执行；负责施工过程的控制，对工程项目质量计划进行监督、检查；参与项目的图纸会审、答疑和施工现场技术交底工作；负责监督施工单位的工程施工组织计划的实施；负责施工过程中工程变更的初审以及工程量的确认签字；负责组织工程竣工初验和工程决算的初审。

4.3.2.4 监理工程师

（1）权利

使用监理工程师称谓；在规定范围内从事执业活动；依据本人能力从事相应的执业活动；保管和使用本人的注册证书和执业印章；对本人执业活动进行解释和辩护；接受继续教育；获得相应的劳动报酬；对侵犯本人权利的行为进行申诉。

（2）义务

遵守法律、法规和有关管理规定；履行管理职责，执行技术标准、规范和规程；保证执业活动成果的质量，并承担相应责任；接受继续教育，努力提高执业水准；在本人执业活动所形成的工程监理文件上签字、加盖执业印章；保守在执业中知悉的国家秘密和他人的商业、技术秘密；不得涂改、倒卖、出租、出借或者以其他形式非法转让注册证书或者执业印章；不得同时在两个或者两个以上单位受聘或者执业；在规定的执业范围和聘用单位业务范围内从事执业活动；协助注册管理机构完成相关工作。

（3）责任

负责编制本专业的监理实施细则；负责专业监理工作的具体实施；负责组织、指导、检查和监督本专业监理员的工作，当人员需要调整时，向总监理工程师提出建议；负责审查承包单位提交的涉及本专业的计划、方案、申请、变更，并向总监理工程师提出报告；负责专业分项工程验收及隐蔽工程验收；负责定期向总监理工程师提交本专业监理工作实施情况报告，出现重大问题时，及时向总监理工程师汇报和请示；根据本专业监理工作实施情况做好监理日记；负责本专业监理资料的收集、汇总及整理，参与编写监理月报；负责核查进场材料、设备、构配件的原始凭证、检测报告等质量证明文件及其质量情况，根据实际情况认为有必要时对进场材料、设备、构配件进行平行检验，合格时予以签认；负责本专业的工程计量工作，审核工程计量的数据和原始凭证。

4.3.2.5 造价工程师

（1）权利

独立依法执行造价工程师岗位业务并参与工程项目经济管理；在所经办的工程造价成果文件上签字；凡经造价工程师签字的工程造价文件需要修改时应经本人同意；使用造价工程师名称；依法申请开办工程造价咨询单位；继续参加教育；对违反国家有关法律法规的意见和决定，有提出劝告、拒绝执行并有向上级和有关部门报告的权利。

（2）义务

遵守法律、法规和规章制度，履行职责，保证工作质量；参与建设工程项目的造价管理工作，并对工程项目的造价情况负责；保证工程项目造价信息的真实、准确和完整，并对工程项目的造价计算、分析和评估工作负责；参与工程项目的合同谈判、起草、执行和管理工作，并对工程合同的合法性、合理性负责；参与工程项目的资金筹措、管理和使用工作，并对工程项目的资金使用情况负责；遵守工程造价行业的职业道德，保证职业操守。

（3）责任

负责对建设工程的造价进行管理，包括资金计划、造价预算、造价核算等；对建设工程的造价变更进行管理，包括变更审批、变更结算等；对建设工程的造价做出专业咨询意见，包括工程概算、工程预算、工程合同价等；参与建设工程的招投标、谈判、签订工程合同等工作；协助建设工程的拨款、支付、结算工作；参与建设工程的质量、安全、环保等管理工作；完成上级主管部门安排的其他工作。

4.3.2.6 注册公用设备工程师

(1) 权利

在公用设备专业工程设计、咨询及相关业务工作中形成的主要技术文件，应当由注册公用设备工程师签字盖章后生效。任何单位和个人修改注册公用设备工程师签字盖章的技术文件，须征得该注册公用设备工程师同意；因特殊情况不能征得其同意的，可由其他注册公用设备工程师签字盖章并承担责任。

(2) 义务

遵守法律、法规和规章制度，负责工程项目的公用设备设计、施工、调试、维修等工作，保证工程质量；参与工程合同的谈判、起草、执行和管理工作，并保证工程合同的合法性、合理性；参与工程项目的资金筹措、管理；参与工程项目的质量、安全、环保等管理工作，确保工程质量、安全、环保合格并承担相应的职业责任；保证工作信息的真实性和准确性，不得隐瞒重要事实，不得谋取个人利益；遵守公用设备行业的职业道德，保证职业操守。

(3) 责任

参与建设工程的公用设备设计工作，提供专业建议；在建设工程中进行公用设备施工工作，负责工程质量；对建设工程中的公用设备进行调试工作，确保设备运行正常；对建设工程中的公用设备进行维修保养工作，确保设备长期运行；参与建设工程的合同谈判、起草、执行和管理工作，并提供法律咨询服务；参与建设工程的资金筹措、管理和使用工作，并提供财务咨询服务；参与建设工程的质量、安全、环保等管理工作，对工程项目的质量、安全、环保情况负责；完成上级主管部门安排的其他工作；参加业务培训、技术交流，提高业务水平和技术能力。

5　重于泰山的土木工程师责任

灾害(Disaster),广义上讲是能够给人类和人类赖以生存的环境造成破坏性影响的事物的总称。土木工程灾害是指在土木工程建造与使用过程中可能遇到的自然灾害与人为灾害。自然灾害包括地震、海啸、泥石流、洪水、风灾等,人为灾害主要包括火灾、爆炸、工程质量低劣造成的工程事故等。

5.1　土木工程天敌——自然灾害

人类文明有两大敌人:天灾和人祸。从古至今,人类文明的发展史就是不断与各种灾害相抗争的历史。

世界范围内突发性自然灾害包括:地震、海啸、火山、台风、冻害、滑坡、泥石流、森林火灾、农林病虫害等。20 世纪以来,随着现代工业突飞猛进的发展和社会财富的迅速积累,灾害对人类社会所造成的危害也愈发触目惊心:1920 年我国海原滑坡造成 19 万人死亡;1970 年孟加拉国风暴死难人数达 30 万;1976 年我国唐山里氏 7.8 级大地震导致 24 万同胞遇难;2004 年里氏 9.3 级地震引发印度洋海啸,导致东南亚 10 多个国家 23 万人死亡;2008 年我国汶川里氏 8.0 级大地震导致 9 万多人遇难或失踪,等等。

5.1.1　地震

地震(Earthquake)是由于地壳破坏引发的具有突发性的地面运动(图 5-1),可以对土木工程结构造成严重破坏(图 5-2、图 5-3),造成大量的人员伤亡。一次地震的强弱常用震级(Earthquake Magnitude)衡量,它以震源处释放能量的大小确定。一次里氏 4 级地震所释放的能量与 1000 t TNT 炸药相当,震级每增加一级能量增加 31.5 倍(常近似取 32 倍)。

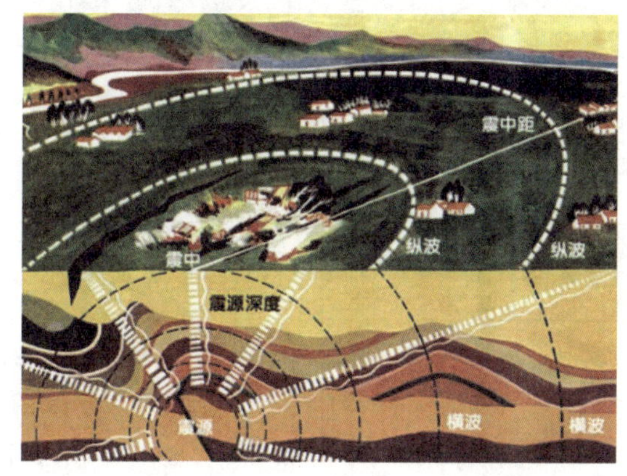

图 5-1　地震

图 5-2　地震造成房屋倒塌

我国地处欧亚地震带与环太平洋地震带之间,是世界上地震活动最为剧烈、地震灾害最重的国家之一。

地震对地表建筑物的影响、破坏程度则用地震烈度(Intensity)表示,需要特别强调的是,地震烈度与震级是有区别的。

一次地震只有一个震级,而烈度则各地不同。对同一次地震,不同的地区,烈度大小是不一样的。距震源近,破坏就大,烈度就高;距震源远,破坏就小,烈度就低。

根据现行国家标准《中国地震烈度表》(GB/T 17742—2020),地震烈度划分为 12 个等级,分别用罗马数字Ⅰ、Ⅱ、Ⅲ、Ⅳ、Ⅴ、Ⅵ、Ⅶ、

图 5-3　地震造成桥梁损毁

Ⅷ、Ⅸ、Ⅹ、Ⅺ和Ⅻ表示，见表 5-1。表中“个别”为 10％以下，“少数”为 10％ ～ 45％，“多数”为 40％ ～ 70％，“大多数”为 60％ ～ 90％，“绝大多数”为 80％以上(表 5-1)。

表 5-1 地震烈度表

地震烈度	描述(人的感觉；房屋震害程度；其他震害现象)
Ⅰ	无感
Ⅱ	室内个别静止中的人有感觉，个别较高楼层中的人有感觉
Ⅲ	室内少数静止中的人有感觉；门、窗轻微作响；悬挂物微动，少数较高楼层中的人有明显感觉
Ⅳ	室内多数人、室外少数人有感觉，少数人梦中惊醒；门、窗作响；悬挂物明显摆动，器皿作响
Ⅴ	室内绝大多数、室外多数人有感觉，多数人从梦中惊醒，少数人惊逃户外；门窗、屋顶、屋架颤动作响，灰土掉落，个别房屋墙体抹灰出现细微裂缝，个别老旧 A1 类或 A2 类房屋墙体出现轻微裂缝或原有裂缝扩展，个别屋顶烟囱掉砖，个别檐瓦掉落；悬挂物大幅度晃动，少数架上小物品、个别顶部沉重或放置不稳定器物摇动或翻倒，水晃动并从盛满的容器中溢出
Ⅵ	多数人站立不稳，多数人惊逃户外；少数轻家具和物品移动，少数顶部沉重的器物翻倒；A1 类房屋少数轻微破坏和中等破坏、多数基本完好，A2 类和 B 类房屋少数轻微破坏和中等破坏、大多数基本完好，C 类房屋少数或个别轻微破坏、绝大多数基本完好，D 类房屋少数或个别轻微破坏、绝大多数基本完好；家具和物品移动，河岸和松软土出现裂缝，饱和砂层出现喷砂冒水，个别独立砖烟囱轻度裂缝；河岸和松散土地出现裂缝，饱和砂层出现喷砂冒水；个别独立砖烟囱轻度裂缝
Ⅶ	大多数人惊逃户外，骑自行车的人有感觉，行驶中的汽车驾驶员有感觉；物品从架子上掉落，多数顶部沉重的器物翻倒，少数家具倾倒；A1 类房屋少数严重破坏和毁坏、多数中等破坏和轻微破坏，A2 类和 B 类房屋少数中等破坏、多数轻微破坏和基本完好，C 类房屋少数轻微破坏和中等破坏、多数基本完好，D 类房屋少数轻微破坏和中等破坏、大多数基本完好；物体从架子上掉落，河岸出现塌方，饱和砂层常见喷砂冒水，松软土地上裂缝较多，大多数独立砖烟囱中等破坏
Ⅷ	多数人摇晃颠簸，行走困难；除重家具外，室内物品大多数倾倒或移位；A1 类房屋少数毁坏、多数严重和中等破坏，A2 类房屋少数严重破坏、多数中等破坏和轻微破坏，B 类房屋少数严重破坏和毁坏、多数中等和轻微破坏，C 类房屋少数中等破坏和严重破坏、多数轻微破坏和基本完好，D 类房屋少数中等破坏、多数轻微破坏和基本完好；干硬土上出现裂缝，饱和砂层绝大多数喷砂冒水，大多数独立砖烟囱严重破坏
Ⅸ	行动的人摔倒；A1 类房屋大多数严重破坏或毁坏，A2 类和 B 类房屋少数毁坏、多数严重破坏和中等破坏；C 类房屋多数严重破坏和中等破坏，D 类房屋少数严重毁坏、多数中等和轻微破坏；干硬土上多处出现裂缝，可见基岩裂缝、错动，滑坡、塌方常见，独立砖烟囱多数倒塌，室内物品大多数倾倒或移位
Ⅹ	骑自行车的人会摔倒，处不稳状态的人会摔离原地，有抛起感；A1 类房屋绝大多数毁坏，A2 类房屋大多数毁坏，B 类房屋大多数毁坏，C 类和 D 类房屋大多数毁坏或严重破坏；山崩和地震断裂出现，大多数独立砖烟囱从根部破坏或倒毁
Ⅺ	各类房屋绝大多数毁坏；地震断裂延续很大，大量山崩滑坡
Ⅻ	各类房屋几乎全部毁坏；地面剧烈变化，山河改观

用于烈度评定的房屋中，A1 类指未经抗震设防的土木、砖木、石木等房屋；A2 类指穿斗木构架房屋；B 类指未经抗震设防的砖混结构房屋；C 类指按照 VII 度(7 度)抗震设防的砖混结构房屋；D 类指按照 VII 度(7 度)抗震设防的钢筋混凝土框架结构房屋。房屋破坏等级分为基本完好、轻微破坏、中等破坏、严重破坏和毁坏五类，其定义如下：①基本完好——承重和非承重构件完好，或个别非承重构件轻微损坏，不加修理可继续使用；②轻微破坏——个别承重构件出现可见裂缝，非承重构件有明显裂缝，不需要修理或稍加修理即可继续使用；③中等破坏——多数承重构件出现轻微裂缝，部分有明显裂缝，个别非承重构件破坏严重，需要一般修理后可使用；④严重破坏——多数承重构件破坏较严重，非承重构件局部倒塌，房屋修复困难；⑤毁坏——多数承重构件严重破坏，房屋结构濒于崩溃或已倒毁，已无修复可能。

我国土木工程的设防烈度为Ⅵ ～ Ⅸ度。工程结构抗震设计通常包含抗震概念设计、抗震计算设计(地震作用计算、结构抗震承载力验算)和抗震措施三个方面。Ⅵ度时可只进行抗震概念设计，采取相应的抗震措施；Ⅶ ～ Ⅸ度时还需要进行抗震计算设计。

土木工程防震、抗震的原则是“预防为主”，预防地震的主要措施包括两个方面：一是加强地震的观测和强震预报工作，二是对土木工程设施进行抗震设防。抗震设防的原则是“小震不坏，中震可修，大震不倒”。

根据这个原则设计土木工程,不但能减轻地震灾害,而且能合理使用建设资金。

土木工程专业的大学生,肩负人民生命与国家财产的安全,责任重于泰山,任重而道远!

5.1.2 火灾

在各种灾害中,火灾是最常见的威胁公众安全和社会发展的主要灾害之一(图 5-4)。

2010 年 11 月 15 日,在上海发生的高层电梯公寓火灾,导致 58 人遇难,71 人受伤,直接经济损失达 1.58 亿元。

图 5-4 火灾现场

国务院上海"11・15"特别重大火灾事故调查组调查报告表明,这起事故是一起因违法违规生产建设行为所导致的特别重大责任事故,也是一起不该发生的、完全可以避免的事故。事故直接原因是由 4 名无证电焊工违章操作引起的。同时,该建设项目还存在装修工程违法违规、层层多次分包;施工作业现场管理混乱,存在明显抢工行为;事故现场违规使用大量尼龙网、聚氨酯泡沫等易燃材料;有关部门安全监管不力等问题。

2010 年 11 月 26 日,上海市人民检察院第二分院对上海"11・15"特别重大火灾事故中涉嫌重大责任事故罪的 13 名犯罪嫌疑人依法批准逮捕。

根据国务院批复意见,依照有关规定,对 54 名事故责任人做出严肃处理,其中 26 名责任人被移送司法机关依法追究刑事责任,28 名责任人受到党纪、政纪处分。

根据公安部消防局公布的数据,2016—2021 年的 6 年时间里,我国共发生火灾近 206.3 万起,死亡 8800 多人,造成直接经济损失达 250 多亿元,具体统计见表 5-2。2019—2021 年全国火灾次数高达 123.3 万次,伤亡 8342 余人,造成直接经济损失 143.71 亿元,形势依然严峻!

表 5-2 2016—2021 年火灾事故情况表

时间	发生(起)	死亡(人)	受伤(人)	直接经济损失(亿元)
2016	312000	1582	1065	37.20
2017	281000	1394	882	36.10
2018	237000	1407	798	36.75
2019	233000	1335	837	36.12
2020	252000	1183	775	40.09
2021	748000	1987	2225	67.50

火灾是一个燃烧过程,要经过"发生、蔓延和充分燃烧"几个阶段。火灾的严重程度主要取决于火的持续时间和温度。当然这两者又受到工程材料、燃烧空间等多种因素的影响。我国将火灾等级分为特别重大火灾、重大火灾、较大火灾和一般火灾四个等级(表 5-3)。

表 5-3 火灾等级分类

等级	人员伤亡、经济损失
特别重大火灾	30 人以上死亡,或者 100 人以上重伤,或者 1 亿元以上的直接财产损失
重大火灾	10 人以上 30 人以下死亡,或者 50 人以上 100 人以下重伤,或者 5000 万元以上 1 亿元以下的直接财产损失
较大火灾	3 人以上 10 人以下死亡,或者 10 人以上 50 人以下重伤,或者 1000 万元以上 5000 万元以下的直接财产损失
一般火灾	3 人以下死亡,或者 10 人以下重伤,或者 1000 万元以下直接财产损失

不同工程材料有着不同的耐火性能(表 5-4)。

表 5-4 不同工程材料的耐火性能

材 料	耐火温度(℃)及特征
岩石	600～900,热裂
黏土砖	800～900,遇水剥落
混凝土	550～700,热裂
钢筋混凝土	300～400,钢筋与混凝土黏着力破坏
钢材	300～400,强度下降; 600,丧失承载力
木材	240～270,可点着火; 400,自燃

5.1.3 风灾

常见的风灾主要来自台风、龙卷风和暴风的动力作用。这些风对工程结构施加的荷载比结构设计中通常假设的风荷载大许多倍,会对人类生命及财产造成巨大危害(图 5-5、图 5-6)。

图 5-5 龙卷风袭击后的村镇

图 5-6 台风对桥梁的毁坏

(1) 台风(Typhoon)为急速旋转的暖湿气团,直径在 600～1000 km 不等。靠近台风中心的风速常超过 180 km/h,由中心到台风边缘风速逐渐减弱。袭击我国的台风常发生在 5～10 月,以 7～9 月最为频繁。2000 年 8 月第 10 号台风给我国东南沿海带来极大损失:福建省 1100 多栋房屋被毁,铁路中断,山体滑坡;浙江乐清市 700 栋房屋被毁;台湾地区经济损失达 40 多亿新台币。

(2) 龙卷风(Tornado)由猛烈的大雷雨发展而成,它有着转动的气柱,并常伴随有漏斗状向下延伸的重云。其涡旋直径一般 60～250 m,以高达 50～150 m/s 的速度旋转,移动速度为每小时数万米,所经路程短的只有几十米,长的可超过 100 km,持续时间从几分钟至几小时不等。龙卷风是最具毁坏性的风,它到达地面时的破坏力极大,人、畜、器物常被卷至空中带往他处。美国每年因龙卷风导致的损失超过 1 亿美元。有记录以来美国最致命的龙卷风发生于 1925 年 3 月 18 日,越过了密苏里州东南部、伊利诺伊州南部和印第安纳州北部的"三州大龙卷"(Tri-State Tornado),导致 695 人死亡。

5.1.4 地质灾害

地质灾害是指由于自然的变异或者人为的作用而导致地质环境或地质体发生变化,从而给人类社会造成严重的危害。常见的地质灾害主要有滑坡、泥石流、土壤液化等。

(1) 滑坡

滑坡(图 5-7)是斜坡岩土体沿着贯通的剪切破坏面所发生的滑移地质现象。其主要诱发因素有暴雨、地震及人为因素。对滑坡的防治要贯彻"及早发现,预防为主;查明情况,综合治理;力求根治,不留后患"的原则,结合边坡失稳的因素和滑坡形成的内外部条件,治理滑坡可从两个方面着手:一是消除、减轻地表水和地下水的危害，常用的方法有水平钻孔疏干、垂直孔排水、竖井抽水、隧洞疏干、支撑盲沟；二是改善边坡岩土体的力学强度，常采用削坡减载、边坡人工加固、固结灌浆或电化学加固法加强边坡岩体或土体的强度。

(2) 泥石流

泥石流(图 5-8)是山区沟谷中，由暴雨、冰雪融水等水源激发的，含有大量的泥砂、石块的特殊洪流。泥石流的形成需要三个基本条件：有陡峭的地形地貌、上游堆积有丰富的松散固体物质、短期内有突发的大量流水来源。泥石流具有季节性、周期性、突发性和破坏性强的特点。如 2010 年 8 月 7 日晚至 8 日凌晨，甘肃省甘南藏族自治州舟曲县发生强降雨引发特大泥石流灾害，致使数千人死亡或失踪，直接经济损失达 8 亿元。

图 5-7　滑坡

图 5-8　泥石流

(3) 土壤液化

土壤液化是指含水率较高、砂粒或粉粒含量较大的土壤在遭受地震时发生的一种土壤喷砂冒水现象。其发生原理是在地震作用下土壤中的孔隙水达到了饱和状态，从而使土壤抗剪强度降为零。土壤液化会使基础发生不均匀沉降，引起上部结构的不稳定。液化土壤还会挟裹埋地管线使其发生大变形，将管线接头拔出或造成管线断裂。因此，工程中应采取相应措施降低或避免土壤液化。

5.2　土木工程人祸——责任事故

中国是世界上最大的建筑工地，一个又一个城市群的快速发展，四通八达的公路网与铁路网，高速便捷的航空运输……这些都是改革开放四十余年来中国土木建筑业取得的巨大成就。但是，限于科技水平和经济发展的不平衡性，目前我国建筑行业还处于劳动密集粗放型、科技水平不高的阶段，导致我国建筑业事故频发，事故次数和伤亡人数始终没有得到有效遏制。

1998 年 3 月 1 日起实施的《中华人民共和国建筑法》中，明确规定了建设工程质量终身责任制和建设工程监理制。2014 年 8 月 25 日，住房和城乡建设部发布的《建筑工程五方责任主体项目负责人质量终身责任追究暂行办法》(建质〔2014〕124 号)进一步强化了“项目建设、勘察、设计、施工、监理”这五方主体将承担相应的质量终身责任。开工前五方负责人必须签署质量终身责任承诺书，工程竣工后设置永久性标牌，载明参建单位和项目负责人姓名，一旦出现问题哪怕项目负责人已离职或退休，也都将被追责。

下面讲述几个典型的责任事故案例，让每一位土木工程专业的大学生明确自身肩上的责任。

5.2.1　典型土木工程事故

5.2.1.1　重庆綦江彩虹桥事件

1999 年 1 月 4 日 18 时 50 分，重庆市綦江县城区一座步行桥(彩虹桥，图 5-9)突然整体垮塌(图 5-10)，数十名过桥者随大桥坠入綦河，造成了严重伤亡事故。这次因工程质量导致的重大责任事故，共造成 40 人死亡(18 名武警战士、22 名群众)。

图 5-9　垮塌前的彩虹桥

图 5-10　垮塌的彩虹桥

经事故调查组调查，彩虹桥突然垮塌是由两方面原因造成：①工程质量问题。彩虹桥的主要受力拱架钢管焊接质量不合格，存在严重缺陷，个别焊缝还有陈旧性裂痕；钢管内混凝土抗压强度不足，低于设计取值的三分之一；连接桥梁、桥面和拱架的拉索、锚具等严重锈蚀。②工程承发包不合法。设计手续不全，设计图中未见设计专用章，施工承包者为一个挂靠国有企业的个体业主，其组织的施工队伍不具备进行市政工程建设的技术力量和设备，不具有合法的市政工程施工资质。

调查结果表明，彩虹桥垮塌，40 人殒命的惨剧不是天灾，而是人祸。

1999 年 3～4 月，重庆第一中级人民法院对綦江彩虹桥垮塌案的 14 名责任被告人判处 2～10 年有期徒刑，并处相应的罚金。需要特别说明的是，事故发生时，綦江彩虹桥主要设计者、重庆市市政设计研究院原总工程师赵国勋（1988 年退休）未在国内，因涉嫌工程重大安全事故罪，2001 年 79 岁的赵国勋被抓捕回国，接受审判。

2001 年 12 月 18 日，新建的綦江新虹桥正式建成通行（图 5-11），并在前头立下警示碑文（图 5-12）。

(a)　　(b)

图 5-11　新虹桥

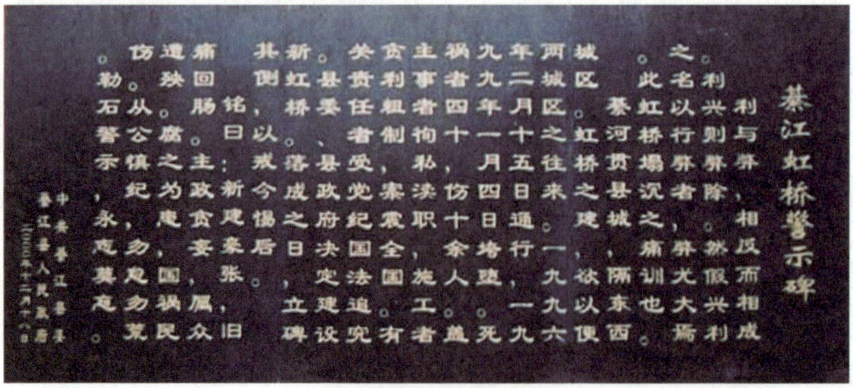

图 5-12　新虹桥警示碑

5.2.1.2 上海“莲花河畔景苑”倒楼事件

2009 年 6 月 27 日清晨 5 时 30 分左右，“莲花河畔景苑”7 号楼整体倒塌(图 5-13)，造成一名作业人员逃生不及，被压窒息死亡。因该楼房倒塌事件引起了社会的广泛关注而上榜“2009 房地产十大新闻”，并遭网友抨击为“楼脆脆”事件。

2009 年 7 月 3 日上午，上海市政府召开新闻发布会，公布了关于倒楼事件的调查报告。

房屋倾倒的主要原因是，紧贴 7 号楼北侧，在短期内堆土过高，最高处达 10 m 左右；与此同时，紧邻大楼南侧的地下车库基坑正在开挖，开挖深度 4.6 m，大楼两侧的压力差使土体产生水平位移，过大的水平力超过了桩基的抗侧能力，导致房屋倾倒。“莲花河畔景苑”7 号楼倒塌示意图如图 5-14 所示。

图 5-13 “莲花河畔景苑”7 号楼倒塌现场

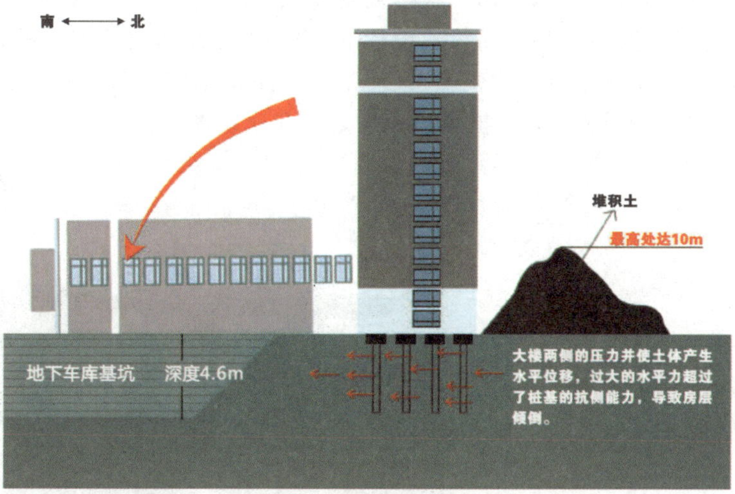

图 5-14 “莲花河畔景苑”7 号楼倒塌示意图

2010 年 2 月 11 日，上海市闵行区人民法院对“莲花河畔景苑”倒楼案做出一审判决，以重大责任事故罪对 6 名被告人进行了相应判处。

5.2.1.3 深圳市红坳渣土受纳场滑坡事故

2015 年 12 月 20 日，位于深圳市光明新区的红坳渣土受纳场发生滑坡事故(图 5-15)，造成 73 人死亡、4 人下落不明、17 人受伤，直接经济损失 8.81 亿元。经国务院调查组认定，此次滑坡灾害是受纳场渣土堆填体的滑动，不是山体滑坡，不属于自然地质灾害，是一起特别重大生产安全责任事故。

图 5-15 深圳市红坳渣土受纳场滑坡事故现场

调查组查明，事故直接原因是：红坳受纳场没有建设有效的导排水系统，受纳场内积水未能及时导出排泄，致使堆填的渣土含水过饱和，形成底部软弱滑动带；严重超量超高堆填加载，下滑推力逐渐增大、稳定性降低，导致渣土失稳滑出，体积庞大的高势能滑坡体形成了巨大的冲击力，加之事发前险情处置错误，造成重大人员伤亡和财产损失。

2017 年 4 月 26 日至 28 日，深圳市中级人民法院和南山区人民法院、宝安区人民法院公开审理了该事故所涉 10 件刑事案件。同年 5 月，继续公开开庭审理，并对上述案件涉及的 26 名直接责任人员和 19 名相关职务犯罪被告人进行了公开宣判，40 多人被判刑。

5.2.1.4 天津铁路桥梁坍塌事故

2020 年 11 月 1 日 9 时许，天津市滨海新区天津港散货物流加工区一跨河铁路桥在维修施工过程中发生坍塌（图 5-16）。事故造成 8 人死亡、1 人重伤、5 人轻伤，造成的直接经济损失共计 482.27 万元。

据调查，本次事故由于整桥换枕作业时违反规定（将钢轨及道砟堆放在桥梁两侧及人行道上），且桥梁建设时期管理混乱，违反桥梁建设标准，未将两片梁体内侧道砟槽板进行横向联结，造成梁体横向失稳垮塌坠落。事故调查组认定“11・1”天津南环铁路桥梁垮塌事故是一起铁路交通较大责任事故，11 人已被司法机关采取强制措施，26 人被给予政务处分和诫勉谈话。

图 5-16　天津铁路桥梁坍塌事故现场

5.2.1.5 武汉施工电梯坠落事故

2012 年 9 月 13 日，湖北省武汉市“东湖景园”在建住宅发生载人电梯从 33 层坠落事故（图 5-17），造成电梯里 19 人全部遇难。事故发生的原因有两个方面：一是升降机架搭建不牢；二是事故升降机严重超载。此外，出事电梯的登记使用牌上显示有效期限为 2011 年 6 月 23 日至 2012 年 6 月 23 日，事故发生时，电梯已经超期运行多日。

图 5-17　武汉施工电梯坠落事故现场

湖北省住建厅认定该事件为重大安全事故，事故性质恶劣，伤亡惨重。该工程总负责人、工地施工负责人、电梯出租公司法人、施工现场安全员、监理公司现场总监、粉刷工程包工头以及电梯维修工等7人分别被判处4～5年有期徒刑。

5.2.1.6 墨西哥首都地铁轨道桥坍塌事故

2021年5月3日，墨西哥首都墨西哥城奥利沃斯郊区一段高架铁路坍塌（图5-18），导致一列地铁列车脱轨。该事故造成至少25人死亡、70多人受伤。

导致这次事故发生的直接原因是施工质量存在问题。由于在2010年建造时没有使用足够量的箍筋，致使支撑铁轨的一个桥墩底座开裂。间接原因是2017年墨西哥大地震后，地铁线路的结构出现了裂缝，当时仅对桥墩和横梁进行了简单的修补，未进行全面的结构检测，从而导致了这次事故的发生。

图5-18 墨西哥首都地铁轨道桥坍塌事故

5.2.1.7 江西丰城发电厂“11·24”冷却塔施工平台坍塌事故

江西丰城电厂是国家“九五”期间的重点工程，是由江西省投资公司、中国国电集团分别按55%、45%股份比例组建的有限责任公司。

丰城电厂三期扩建工程拟建设两座高168 m、直径135 m的双曲线型自然通风冷却塔。扩建项目位于丰城市西面石上村铜鼓山，总投资额76.7亿元，拟建2台100万千瓦超临界燃煤机组，属江西省电力建设重点工程。其中，建筑和安装部分主要包括7号、8号机组建筑安装工程，电厂成套设备以外的辅助设施建筑安装工程，7号、8号冷却塔和烟囱工程等，共分为A、B、C、D标段。

（1）坍塌事故

2016年11月24日7点左右，丰城电厂三期工程7号冷却塔施工平台发生坍塌，施工人员、设备和脚手架从高空坠落，如图5-19所示。

据幸存者回忆，24日早晨7时，有10多位工人到达冷却塔内，进行零班与早班的交接。在他们头顶上方70多米的高处搭建有施工平台，那里还有几十名工人。大概五分钟后，他们突然听到头顶上方有人大声喊叫，接着就看见上面的脚手架往下坠落，砸塌水塔和安全通道。在地面层工作的工人迅速往冷却塔外跑。短短十几分钟的时间内，整个施工平台完全坍塌下来。供工作人员上、下施工平台用的电梯，也一起坍塌了。高空作业人员全部坠落，被钢筋等材料压在了下面，而地面层的工人除了两人轻伤外都安全逃生。

图5-19 坍塌事故现场

（2）事故损失

国务院江西丰城发电厂“11·24”冷却塔施工平台坍塌

特别重大事故调查组于2016年11月26日成立，并在江西省丰城市召开第一次全体会议，随即开展工作。经调查组核实确认，此次事故造成73人死亡、2人受伤，直接经济损失10197.2万元。

经国务院调查组调查认定，该起事故为生产安全责任事故。

图5-20　事故现场坍塌平桥

(3)事故原因

事故的直接原因是施工单位在7号冷却塔第50节筒壁混凝土强度不足的情况下，违规拆除第50节模板，致使第50节筒壁混凝土失去模板支护，不足以承受上部荷载，从底部最薄弱处开始坍塌，造成第50节及以上筒壁混凝土和模架体系连续倾塌坠落。坠落物冲击与筒壁内侧连接的平桥附着拉索，导致平桥也整体坍塌(图5-20)。

经调查组现场勘查、计算分析，排除了人为破坏、地震、设计缺陷、地基沉降、模架体系缺陷等因素引起事故发生的可能。

其施工管理存在不少问题。经调查，在7号冷却塔施工过程中，施工单位为完成工期目标，施工进度不断加快，导致拆模前混凝土养护时间减少，混凝土强度发展不足；在气温骤降的情况下，没有采取相应的技术措施加快混凝土强度发展速度；筒壁工程施工方案存在严重缺陷，未制定针对性的拆模作业管理控制措施；对试块送检、拆模的管理失控，在实际施工过程中，劳务作业队伍自行决定拆模。

(4)事故处理

国务院责成江西省政府向国务院做出深刻检查。相关领导在贯彻落实国家有关安全生产方针政策、法律法规中领导不力，未有效指导督促相关部门和省属企业落实安全生产责任的问题，依法依纪给予通报。

由相关地方和部门对其他47名责任人员依法依纪给予党纪政纪处分、诫勉谈话、通报、批评教育。同时，依法吊销施工单位河北亿能烟塔工程有限公司建筑工程施工总承包一级资质和安全生产许可证，并对工程总承包、监理等单位和相关人员给予相应行政处罚。

已有31名责任人承担刑事责任。其中有施工企业董事长，项目部执行经理、项目部总工程师，总承包单位项目总工程师，总监理工程师等技术人员；也有建设单位的副总经理，工程建设指挥部的指挥长等领导；更有政府监管部门的处长、副处长，主任、副主任等官员。

5.2.2　土木工程责任事故分级与处理

我国现阶段正处于大兴土木的快速发展时期，但令人担忧的是土木工程质量安全事故频频发生，根据我国住房和城乡建设部公布的数据显示，从2015年到2019年事故次数和死亡人数呈上升趋势(图5-21)，2020年全国建筑业事故次数和死亡人数与2019年相比均有所下降，但每年仍有数百人死于各种工程事故，生产安全形势依然严峻！

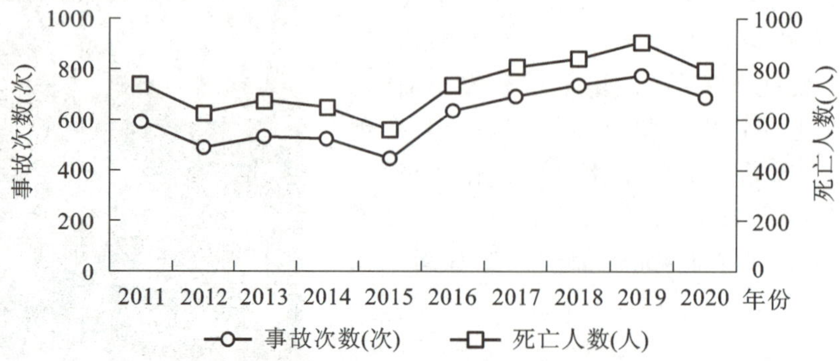

图5-21　2011—2020年我国建筑业事故发生统计图

我国将建筑安全事故分为特大、重大、较大和一般四个等级，施工单位必须在事故发生 1 h 内向县以上建设主管部门汇报，并做好相关的救援工作。事故分级标准见表 5-5。

表 5-5 建筑安全事故分级标准

级 别	代表颜色	分 级 标 准
特别重大事故（Ⅰ级）	红色	（1）房屋建筑工程新建、扩建、改建活动中，发生一次死亡 30 人以上，或重伤 100 人以上，或一次造成直接经济损失 1 亿元以上的事故或事故险情； （2）已建成房屋建筑因工程质量原因发生坍塌，造成一次死亡 30 人以上，或重伤 100 人以上，或一次造成直接经济损失 1 亿元以上的事故或事故险情
重大事故（Ⅱ级）	橙色	（1）房屋建筑工程新建、扩建、改建活动中，发生一次死亡 10 人以上 30 人以下，或重伤 50 人以上 100 人以下，或一次造成直接经济损失 5000 万元以上 1 亿元以下的事故或事故险情； （2）已建成房屋建筑因工程质量原因发生坍塌，造成一次死亡 10 人以上 30 人以下，或重伤 50 人以上 100 人以下，或一次造成直接经济损失 5000 万元以上 1 亿元以下的事故或事故险情
较大事故（Ⅲ级）	黄色	（1）房屋建筑工程新建、扩建、改建活动中，发生一次死亡 3 人以上 10 人以下，或重伤 10 人以上 50 人以下，或一次造成直接经济损失 1000 万元以上 5000 万元以下的事故或事故险情； （2）已建成房屋建筑因工程质量原因发生坍塌，造成一次死亡 3 人以上 10 人以下，或重伤 10 人以上 50 人以下，或一次造成直接经济损失 1000 万元以上 5000 万元以下的事故或事故险情
一般事故（Ⅳ级）	蓝色	（1）房屋建筑工程新建、扩建、改建活动中，发生一次死亡 3 人以下，或重伤 10 人以下，或一次造成直接经济损失 100 万元以上 1000 万元以下的事故或事故险情； （2）已建成房屋建筑因工程质量原因发生坍塌，造成一次死亡 3 人以下，或重伤 10 人以下，或一次造成直接经济损失 100 万元以上 1000 万元以下的事故或事故险情

抛开不可抗力因素，各种土木工程事故的根本原因是勘察、设计、施工、使用及维护中的各种疏忽大意与违章操作所致，这些事故用血的教训警示我们未来的工程师：百年大计，质量第一，安全第一，工程安全必须时刻牢记心中。在工程项目建设过程中，规范相关参与人员的安全生产行为，才能保证工程项目的安全进行。因此，在工程建设的安全管理中，提高安全意识、做好安全事故防范尤为重要。

重大建筑一旦发生安全事故，将会造成大量人员伤亡以及较大的经济损失。为预防建筑工程事故的发生，除了对从业人员的日常安全责任教育，更需要系统地从工程安全理论着手，对重大项目进行安全分析，辨别和分析系统存在的风险因素，明确其对系统安全性的影响量，及其发展成事故的可能性，进而避免事故的发生。

风险因素就是在一定条件下能够导致事故发生的潜在因素，指能造成人的伤亡、物的突发性损坏或影响人的身体健康、对物造成慢性损坏的因素。由于其潜在性，辨识它就需要有丰富的知识和实践经验。辨识事故风险有许多科学的方法，既有定性的方法又有定量的方法。常见方法有情景分析法、回归预测法、时间序列法、马尔可夫链状预测法、灰色预测法、神经网络法、贝叶斯网络法。

在明确了对安全风险的认识后，再开展系统的安全分析，充分了解和查明工程系统中存在的风险源，预先估计事故发生的概率和可能产生伤害及损失的严重程度，为确定出哪种风险能够通过修改施工方案或工程管理手段来进行预防提供依据。它是风险评价的基础。这里的“预先”是指无论系统处于哪个阶段，都要在该阶段开始之前进行系统的安全分析，发现并掌握系统的危险因素。

系统的安全分析法是根据预估的风险和已有的条件，运用逻辑学和数学方法来描述安全系统，并结合自然科学、社会科学的有关理论和概念，制定各种可行的安全措施方案，通过分析、比较和综合，从中选择最优方案，供决策人员采用。目前常用的安全分析方法有事件树、事故树、故障类型影响分析法、安全检查法、因果分析图法、事故比重图、事故趋势图、事故控制图等。每种方法都有其产生的历史和条件，所以并不能处处通用，不少方法是雷同或重复的。这就需要我们进行准确的分析，综合使用多种分析方法，取长补短。

在工程活动中要提高系统的安全性是十分重要的，而其前提条件就是辨别和分析系统存在的危险性，明确其对工程系统安全性的影响量，及其发展成事故的可能性，并提前制定出规避措施以及预案，才能避免重大安全事故的发生或者将事故发生的可能性降到最低。

5.3 土木工程约束——法规与规范

没有规矩，就不成方圆。任何建设活动都需要遵循国家相应的法规和规范。

5.3.1 建设法规

建设法规是我国法律系统中一个重要的分支。所谓“法”，字典里的解释是由国家制定或认可，以强制力保证其实施的行为规范的总称。

法，笼统地讲，乃是指“国法”（国家的法律）。其外延包括：①国家专门机关（立法机关）制定的“法”（成文法）；②法院或法官在判决中创制的规则（判例法）；③国家通过一定方式认可的习惯法（不成文法）；④其他执行国法职能的法（如教会法）。

建设法规是指国家权力机关或其授权行政机关制定的、旨在调整国家及有关机构、企事业单位、社会团体、公民之间在建设活动中或建设行政管理活动中，发生的各种社会关系的法律、法规和规章的统称。它详细规定了哪些是必需的建设行为，哪些是禁止的建设行为；它保护符合法律规定的一切建设行为，同时对那些违法建设行为做出适当的处罚。建设法规能更好地规范建设行为，为人们从事土木建筑活动提供法律保障。

目前，根据《中华人民共和国立法法》有关立法权限的规定，我国建设法规体系由建设法律、建设行政法规、建设部门规章、地方性建设法规和地方性建设规章五个层次组成。具体是：

（1）建设法律

建设法律是指由全国人民代表大会及其常委会制定颁行的属于国务院建设行政主管部门主管业务范围的各项法律，是建设法规体系的核心和基础。如《中华人民共和国民法典》、《中华人民共和国城乡规划法》、《中华人民共和国建筑法》等。

（2）建设行政法规

建设行政法规是指由国务院制定颁行的属于建设行政主管部门主管业务范围的各项法规，其效力低于建设法律，在全国范围内有效。行政法规的名称常以“条例”、“办法”、“规定”、“规章”等名称出现，如《建设工程勘察设计合同条例》、《建设工程质量监督管理规定》、《建设工程质量检测管理办法》等。

（3）建设部门规章

建设部门规章是指由国务院建设行政主管部门或其与国务院其他相关部门联合制定颁行的法规，如《建设行政执法责任制示范文本》、《建设行政许可工作手册》、《物业管理条例释义》等。

（4）地方性建设法规

地方性建设法规是指由省、自治区、直辖市人民代表大会及其常委会结合本地区实际情况制定颁行的或经其批准颁行的由下级人民代表大会或其常委会制定的，只在本区域有效的建设方面的法规。地方性建设法规促进了本地区建设业的发展，同时也为国家建设立法提供成功的经验。如四川省建设厅发布的《四川省工程建设项目招标从业人员管理办法》、《汶川地震灾后农房恢复重建技术导则（试行）》等。

（5）地方性建设规章

地方性建设规章是指由省、自治区、直辖市人民政府制定颁行的或经其批准颁行的由其所在城市人民政府制定的建设方面的规章。

其中，建设法律的法律效力最高，越往下法律效力越低。法律效力低的建设法规不得与比其法律效力高的建设法规相抵触，否则，其相应规定将视为无效。

5.3.2 建设工程法律责任

法律责任是行为人因违反法律义务而应承担的不利的法律后果。法律义务不同，行为人所需承担的法律责任的形式也不同。

5.3.2.1 民事责任

民事责任是指民事主体违反了约定义务或者法定义务所应承担的法律后果，其目的主要是恢复受害人的权利和补偿权利人的损失。民事责任包括违反合同法的民事责任（违约责任）和侵权的民事责任（侵权责任）。

(1) 违约责任

违约责任是指合同当事人不履行合同或者履行合同不符合约定而应承担的民事责任。

(2) 侵权责任

侵权责任是指行为人不法侵害社会公共财产或者他人财产、人身权利而应承担的民事责任。根据《中华人民共和国民法典》及相关司法解释的有关规定，工程建设领域较常见的侵权行为有：侵害公民身体造成伤害的侵权行为、环境污染致人伤害的侵权行为、地面施工致人伤害的侵权行为等。

《中华人民共和国民法典》规定：承担民事责任的方式主要有：停止侵害，排除妨碍，消除危险，返还财产，恢复原状，修理、重做、更换，赔偿损失，支付违约金，消除影响，恢复名誉，赔礼道歉。这些方式可以单独使用，也可以合并使用。

5.3.2.2 行政责任

行政责任是指有违反相关行政管理的法律规范的规定，但尚未构成犯罪的行为所依法应当受到的法律制裁。行政责任主要包括行政处罚和行政处分。

(1) 行政处罚

行政处罚是指国家行政机关及其他依法可以实施行政处罚权的组织，对违反经济、行政管理法律、法规、规章，尚未构成犯罪的公民、法人及其他组织实施的一种法律制裁。

在我国工程建设领域，对于建设单位、勘察单位、设计单位、施工单位、工程监理单位等参建单位而言，行政处罚是最为常见的行政责任承担形式。行政处罚包括警告、罚款、没收违法所得、没收非法财物、责令停产停业、暂扣或者吊销许可证或执照、行政拘留、法律或行政法规规定的其他行政处罚。

(2) 行政处分

行政处分是指国家机关、企事业单位对所属的国家工作人员违法失职行为尚未构成犯罪的，依据法律、法规所规定的权限而给予的一种惩戒。

行政处分分为：警告、记过、记大过、降级、撤职、开除。

5.3.2.3 刑事责任

刑事责任是指犯罪主体因违反刑法，实施了犯罪行为所应承担的法律责任中最强烈的一种。其承担方式主要是刑罚，也包括一些非刑罚的处罚方法。

5.3.2.4 工程建设领域的犯罪类型

(1) 重大责任事故罪：在生产、作业中违反相关安全管理的规定，或者强令他人违章冒险作业，因而发生重大伤亡事故或者造成其他严重后果的行为。

(2) 重大劳动安全事故罪：安全生产设施或者安全生产条件不符合国家规定，造成重大伤亡事故或者造成其他严重后果的行为。

(3) 工程重大安全事故罪:建设单位、设计单位、施工单位因降低工程质量标准,造成重大安全事故的行为。

(4) 串通投标罪:投标人相互串通投标报价,损害招标人或者其他投标人利益,或者投标人与招标人串通投标,损害国家、集体、公民的合法权益,情节严重的行为。

(5) 贪污罪:国家工作人员利用职务上的便利占有公共财物的行为。

(6) 受贿罪:国家工作人员利用职务上的便利为他人谋取利益的行为。

(7) 行贿罪:为谋取不正当利益,给予国家工作人员财物的行为。

5.3.3 工程建设规范

工程建设规范又称工程建设标准,是指对基本建设中各类工程的勘察、规划、设计、施工、安装、验收等需要协调统一的事项所制定的标准。

我国的标准分类方式有多种,最常用的分类有:国家标准、行业标准、地方标准、企业标准。

(1) 国家标准(GB):对需要在全国范围内统一的技术要求制定的标准。国家标准有强制性标准(代号GB)和推荐性标准(代号 GB/T)两类。如《公共建筑节能设计标准》(GB 50189—2015)、《民用建筑设计统一标准》(GB 50352—2019)、《钢管混凝土混合结构技术标准》(GB/T 51446—2021)等。

(2) 行业标准:对没有国家标准而又需要在全国某个行业范围内统一的技术要求所制定的标准。如《外墙外保温工程技术标准》(JGJ 144—2019)等。

(3) 地方标准:对没有国家标准和行业标准而又需要在该地区范围内统一的技术要求所制定的标准。如《太阳能热水系统与建筑一体化设计施工及验收标准》(DBJ 46—012—2017)就是海南省工程建设地方标准;《四川省通风与空调工程施工工艺标准》(DB51/T 5049—2018),是四川省住房和城乡建设厅于 2018 年发布的一个地方标准。

(4)企业标准:对企业范围内需要协调、统一的技术要求、管理事项和工作事项所制定的标准。如《建筑装饰用塑木复合墙板》(QB/T 4492—2013)是由惠东美新塑木型材制品有限公司等发布的企业标准。

我国现行的土木工程建设规范有上千部,但在本科阶段主要接触的规范见表 5-6。

表 5-6 常见土木工程规范清单

标准编号	标准名称
GB 55023—2022	施工脚手架通用规范
CJJ/T 34—2022	城镇供热管网设计标准
GB 55007—2021	砌体结构通用规范
GB 55020—2021	建筑给水排水与节水通用规范
GB 50026—2020	工程测量标准
GB 50205—2020	钢结构工程施工质量验收标准
JGJ/T 187—2019	塔式起重机混凝土基础工程技术标准
GB 50015—2019	建筑给水排水设计标准
GB 50364—2018	民用建筑太阳能热水系统应用技术标准
JGJ/T 136—2017	贯入法检测砌筑砂浆抗压强度技术规程
GB/T 50001—2017	房屋建筑制图统一标准
GB 50017—2017	钢结构设计标准
GB 50084—2017	自动喷水灭火系统设计规范
GB 50243—2016	通风与空调工程施工质量验收规范

续表 5-6

标准编号	标 准 名 称
GB 50019—2015	工业建筑供暖通风与空气调节设计规范
GB 50204—2015	混凝土结构工程施工质量验收规范
GB 50189—2015	公共建筑节能设计标准
GB/T 50083—2014	工程结构设计基本术语标准
GB 50016—2014	建筑设计防火规范(2018 年版)
GB 50974—2014	消防给水及消火栓系统技术规范
CJJ/T 98—2014	建筑给水塑料管道工程技术规程
CJ/T 164—2014	节水型生活用水器具
GB/T 50002—2013	建筑模数协调标准
GB 50009—2012	建筑结构荷载规范
GB 50755—2012	钢结构工程施工规范
JGJ 18—2012	钢筋焊接及验收规程
JGJ/ T281—2012	高强混凝土应用技术规程
JGJ/T 283—2012	自密实混凝土应用技术规程
GB 50736—2012	民用建筑供暖通风与空气调节设计规范
GB 50787—2012	民用建筑太阳能空调工程技术规范
GB 50007—2011	建筑地基基础设计规范
GB 50203—2011	砌体结构工程施工质量验收规范
GB 50666—2011	混凝土结构工程施工规范
JGJ 55—2011	普通混凝土配合比设计规程
JGJ 59—2011	建筑施工安全检查标准
GB 50738—2011	通风与空调工程施工规范
GB/T 50006—2010	厂房建筑模数协调标准
GB 50010—2010	混凝土结构设计规范(2015 年版)
GB 50011—2010	建筑抗震设计规范(2016 年版)
GB/T 50104—2010	建筑制图标准
GB/T 50105—2010	建筑结构制图标准
GB 50628—2010	钢管混凝土工程施工质量验收规范
GB/T 50640—2010	建筑工程绿色施工评价标准
JGJ 3—2010	高层建筑混凝土结构技术规程
JGJ 196—2010	建筑施工塔式起重机安装、使用、拆卸安全技术规程
JGJ/T 198—2010	施工企业工程建设技术标准化管理规范

续表 5-6

标准编号	标准名称
JGJ 209—2010	轻型钢结构住宅技术规程
JGJ/T 229—2010	民用建筑绿色设计规范
GB/T 50106—2010	建筑给水排水制图标准
GB/T 50114—2010	暖通空调制图标准
JGJ/T 70—2009	建筑砂浆基本性能试验方法标准
JGJ/T 193—2009	混凝土耐久性检验评定标准
GB/T 50082—2009	普通混凝土长期性能和耐久性能试验方法标准
GB/T 50502—2009	建筑施工组织设计规范
JGJ 52—2006	普通混凝土用砂、石质量及检验方法标准
JGJ 140—2004	预应力混凝土结构抗震设计规程
GB 50242—2002	建筑给水排水及采暖工程施工质量验收规范
GB/T 50081—2019	混凝土物理力学性能试验方法标准
GB 50021—2001	岩土工程勘察规范(2009 年版)

工程建设标准是为在工程建设领域内获得最佳秩序，对建设工程的勘察、规划、设计、施工、安装、验收、运营维护及管理等活动和结果需要协调统一的事项所制定的共同的、重复使用的技术依据和准则，对促进技术进步，保证工程的安全、质量、环境和公众利益，实现最佳社会效益、经济效益、环境效益等具有直接作用和重要意义。

6 古老而年轻的土木工程教育

土木工程是工科中最古老的专业，其教育历史也很悠久。我国最早的土木工程院系已有100多年的历史，例如天津大学、同济大学、西南交通大学等都在建校初期就设置了土木工程学科，是名副其实的百年土木。20世纪80年代，随着我国经济发展、大兴土木，国内众多的大学都新增了土木工程专业，以满足市场对土木人才的需求。迄今为止，我国已有近500所大学开设了土木工程专业，每年毕业生近10万人，是国内规模最大的专业之一。在漫长的办学历史中，土木工程教育也经历了较大的变化：中华人民共和国成立前，土木工程专业规模小，以培养大土木人才为主；20世纪50年代学习苏联体制，土木工程以行业为导向，细化成10多个专业，如工业与民用建筑、道路桥梁、铁路工程、地下工程、矿山建设等；随着改革开放的深入，20世纪90年代末期，国内高校进行了大规模的专业调整，土木工程专业也进行了整合，打破了行业界限，重新成立土木工程专业，形成现在的大土木格局。目前我国本科教育体系内设有土木类，下含4个专业：土木工程、给水排水科学与工程、建筑环境与能源应用工程以及建筑电气与智能化。尽管各校办学各有特色，但土木工程教育的知识体系以及对人才的素质能力要求是相同的。

6.1 全面综合谈知识体系

随着土木工程项目的复杂化与综合化，现代土木工程师不仅要考虑工程的修建完成，还要关注它的经济性、社会性以及可持续性。这就要求土木工程师具备全面综合的知识结构，既要包括自然科学基础知识，还应该具有人文、社会科学的基础知识；不仅有土木工程专业的技术基础与专业知识，还应有相邻学科的专业知识，这样才能担当工程建设的重任。

6.1.1 土木工程专业培养目标

土木工程专业培养适应社会主义现代化建设需要，德、智、体、美全面发展，掌握土木工程学科的基本原理和基本知识，获得工程师基本训练，具有宽厚的基础理论、广泛的专业知识、较强的实践能力、一定的创新精神和研发能力的高级专门人才。毕业生能够在房屋建筑、铁道、道路、桥梁、隧道与地下建筑、岩土和市政工程等领域从事土木工程的规划、勘测、设计、施工、管理、科研教育、投资和科技开发等工作。

我国工科教育一般强调培养有工程师基本训练的高级专门人才，而不是直接培养工程师，也就是说学生毕业后即为“助理工程师”或者“技术员”，经过数年的实践锻炼，才能成为工程师。在现在的工程执业制度中，土木工程专业的毕业生也需要有一定的实践年限，具备了相应的工程经验，通过专门的考试后才能成为注册工程师，单独从事执业活动。因此，在某种程度上，本科教育是一种工程素质教育，仅有本科的知识积累还不够，还必须要有实践的锻炼，积累工程经验才能真正从事工程建设活动。

土木工程行业领域多、工作性质差异较大，学生的就业面很广，例如在建筑、道桥、铁道、市政等不同行业，毕业生可以从事设计、施工、开发等不同工作。因此，学生在校学习时应尽可能地多接触不同方向，培养自己的兴趣，为今后择业打下基础。当然，作为学生，不可能学完所有方向的专业知识，只能结合自己的兴趣选课，但是要特别注意学好基础课程与技术基础课程，它们是大土木的“通行证”，也正是我们倡导的“强基础”，以扎实的基础知识去面对宽广的行业变化。

6.1.2 土木工程专业的知识结构体系

土木工程的主干学科是结构工程、岩土工程、桥梁与隧道工程；相关学科有市政工程，供热、供燃气、通风及空调工程，防灾减灾及防护工程，水工结构工程，港口、海岸及近海工程等。土木工程的重要基础支撑学科是数学、物理学、材料科学、力学、计算机科学与技术等。土木工程知识结构体系如图 6-1 所示。

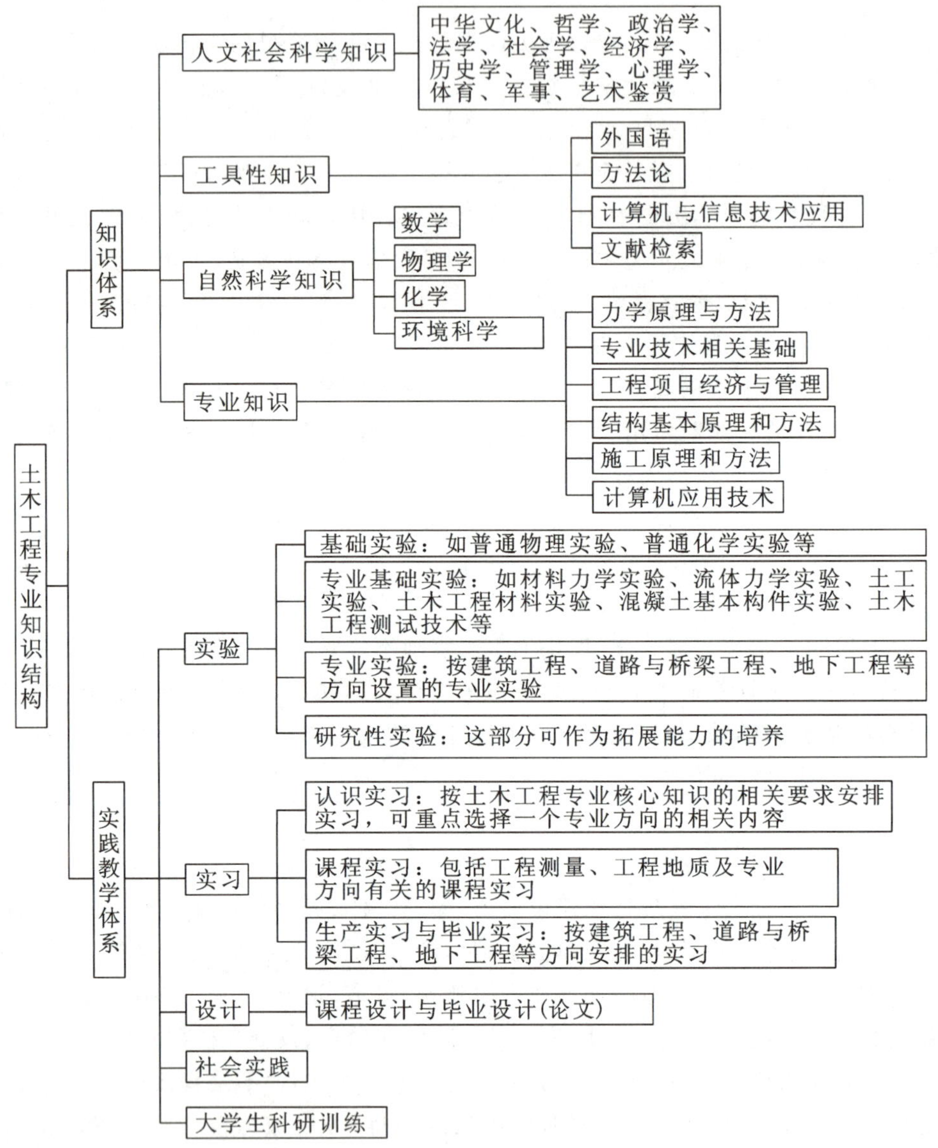

图 6-1　土木工程专业的知识体系

土木工程知识结构分为两大块：知识体系与实践教学体系。知识体系包括人文社会科学知识、工具性知识、自然科学知识和专业知识。人文社会科学知识要求了解科学、哲学、艺术的基本关系和基本观念；了解经济学、管理学与法律等方面的基础知识；了解社会发展的规律和趋势。工具性知识则是以现代语言和信息技术为主，为工作和学习服务的基本技能。自然科学知识主要包括数学、物理、化学以及环境科学基础，是现代工程师所必备的素质。专业知识则包括从事土木工程设计、施工、管理等所需的基本方法和理论，它包括力学基本原理，测量、制图、建材等技术基础，工程项目管理基本方法，结构设计基本原理，施工原理和方法以及计算机在土木工程中的应用。

知识体系由知识领域、知识单元和知识点三个层次组成。一个知识领域可以分解成若干个知识单元，而每个知识单元又包括若干个知识点。知识体系结构的最顶层是知识领域，表示特定的知识子域，中间层是知识单元，表示知识领域中独立的主题模块，最底层是知识点。知识单元又分为核心知识单元和选修知识单元。核心知识单元是专业教育中的基本要求，我国目前以各专业教学规范列出，如《土木工程本科指导性专业规范》中提出了土木工程教学的基本要求，而选修知识单元的选择则体现各校的不同特色。

实践教学体系包括各类实验、实习、设计、社会实践以及科研训练等多种形式，是土木工程专业教学的重要组成部分。它可分为非独立设置和独立设置的基础、专业基础和专业课程的实践教学环节，以及各种综合实践环节。每一个实践环节都应有相应的知识点和相关的技能要求。实践教学体系也分实践领域、实践知识与技能单元、知识与技能点三个层次。通过实践教育，培养学生的实验技能、工程设计和施工的能力以及科学研究的初步能力等。

6.1.3 课程体系

在明确专业的知识体系后，还需要确定某一特定知识领域和知识单元所需的授课或实验（实践）时间，即构建本专业的课程体系。土木工程专业的课程体系应完成培养目标所需的全部教学任务和达到相应要求，并覆盖所有核心知识点和技能点。同时也要给出足够的课程供学生选修。课程教学包括理论课程教学和实验课程教学。课程可以按知识领域进行设置，一门课程也可以包含取自若干个知识领域的知识点。一个知识领域中知识单元的内容按知识点还可以分布在不同的课程中，但要求课程体系中的核心课程实现对全部核心知识单元的完整覆盖。

表 6-1、表 6-2 和表 6-3 分别给出了《高等学校土木工程本科指导性专业规范》在工具、人文、自然科学知识体系，专业知识体系，实践体系中所推荐的核心课程。

表 6-1　工具、人文、自然科学知识体系中的知识领域和对应课程设置

序号	知识体系	知识领域	对应课程
1	工具性知识	外国语	大学英语、科技与专业外语、计算机信息技术、文献检索、程序设计语言
		信息科学技术	
		计算机技术与应用	
2	人文社会科学知识	哲学	毛泽东思想和中国特色社会主义理论体系、马克思主义基本原理、中国近代史纲要、思想道德修养与法律基础、经济学基础、管理学基础、心理学基础、大学生心理、体育
		政治学	
		历史学	
		法学	
		社会学	
		经济学	
		管理学	
		心理学	
		体育	
		军事	
3	自然科学知识	数学	高等数学、线性代数、概率论与数理统计、大学物理、物理实验、工程化学、环境保护概论
		物理学	
		化学	
		环境科学基础	

表 6-2　专业知识体系中的知识领域和对应课程设置

序号	知识领域	推荐课程
1	力学原理与方法	理论力学、材料力学、结构力学、流体力学、土力学
2	专业技术相关基础	土木工程材料、土木工程概论、工程地质、土木工程制图、土木工程测量、土木工程试验
3	工程项目经济与管理	建设工程项目管理、建设工程法规、建设工程经济
4	结构基本原理和方法	工程荷载与可靠度设计原理、混凝土结构基本原理、钢结构基本原理、基础工程
5	施工原理和方法	土木工程施工技术、土木工程施工组织
6	计算机应用技术	土木工程计算机软件应用

表 6-3　实践体系中的领域和核心实践单元

序号	实践领域	实践环节
1	实验	土木工程基础实验
2		土木工程专业基础实验
3		按方向安排的专业实验
4	实习	土木工程认识实习
5		按方向安排的课程实习
6		按方向安排的生产实习
7		按方向安排的毕业实习
8	设计	按方向安排的课程设计
9		按方向安排的毕业设计(论文)

6.2　实践创新论素质能力

土木工程师从事着土木工程规划、设计、建造、开发、管理等方面的工作,传统意义上,他们是高级技术人才,以解决技术问题为己任。然而,随着社会的发展,工程的扩大,仅具备专业知识远不能完成现代工程的建设。现代的工程不仅受材料、技术的限制,更被政治、经济、法律、环境,甚至美学、伦理所制约,土木工程师就要在各种限制和制约中寻求解决问题的方案,因此,综合素质和能力成为土木工程师的基本要求。

2001 年美国土木工程师协会(ASCE)发布了题为"打造未来的土木工程师"的报告,强调土木工程行业必须迎接风险与挑战,承担起维护公众安全、健康和财产的重大职责。并成立了 BOK(Body of Knowledge)委员会,从专业的角度,提出了"21 世纪土木工程学科知识体系(Civil Engineering Body of Knowledge for the 21st Century)",从职业技能的深度和广度提升了土木工程师的从业基准。BOK 界定了 21 世纪土木工程师的培养目标,从知识、技能、态度三方面提出了土木工程师的从业要求,最终总结出 24 条标准,被行业公认为是最前沿的土木工程师要求。

(1) 能用数学知识解决工程问题;

(2) 能用物理、化学和其他自然科学知识解决工程问题;

(3) 能了解人文学科在工程实践中的重要性;

(4) 能了解社会科学与工程实践的结合;

(5) 能应用材料科学解决土木工程问题;

(6) 能分析和解决固体力学和流体力学中的问题;

(7) 能筹划和进行实验,并能分析和解释数据;

(8) 能选择和应用合适的方法或工具解决不明确的工程问题;

(9) 能设计一个系统、元部件或过程,并根据标准、用户需求和制约条件评价其合理性;

(10) 能分析无论是传统的还是当代的工程的可持续性;

(11) 能分析历史或当代问题对工程方案的影响,同时能分析工程方案对经济、环境、政治和社会的影响;

(12) 能分析荷载和承载力中的未定性,并了解在特定模式下的破坏概率;

(13) 能制订项目计划;

(14) 能至少在四个土木工程专业领域中分析和解决问题;

(15) 能在一个土木工程专业领域中设计复杂的系统或过程;

(16) 能与专业人士和非专业人士进行口头的、文字的、网络的或图像的交流;

(17) 能解决与土木工程相关的简单的公共政策问题;

(18) 能应用商业和公共管理的概念和原理;

(19) 能在全球化的范围内执行工程工作或服务;

(20) 能组织和领导团队;

(21) 能在多学科的团队中发挥作用;

(22) 能具有支持职业发展的积极态度;

(23) 能计划和实施终身学习;

(24) 能基于职业和伦理道德解决工程问题。

标准的前 4 条是基础知识教育目标,5~15 条是专业技能的培养目标,16~24 条则是职业态度的引导目标。BOK 对现代土木工程师的要求既深又广,涉及工程师成长的方方面面。

6.2.1 现代科学基础知识

作为受过良好教育的土木工程师,首先要具备现代科学基础知识。现代科学不仅包括自然科学,还包括社会科学、人文科学。传统上,数学、物理学是土木工程学科的理论基础,它是后续专业课程学习的保障,例如力学类课程、结构类课程都需要较好的数学、物理基础,因此,一直以来,数学、物理都是国内外土木工程专业的必修课程。随着土木工程学科的发展以及可持续发展概念的深入,化学、生物(生态)或者地质等自然科学也逐渐成为土木工程学科的基础,特别是对给排水、环境等领域,更多地以生化为基础。因此,作为土木工程师的基本素质,要求具备良好的自然科学知识并能应用这些知识解决工程问题。对学生来说,不可能有精力掌握每一门自然科学知识,因此,可以结合自己的专业兴趣有选择地学习。

现代建设项目具有相当强的社会属性,它的实施不仅依赖于技术水准,更受社会发展的制约。作为项目的承担者必须要有较强的管理能力,能与社会各部门配合协调,因此,土木工程师需要掌握一些社会科学的基础知识。通常社会科学包括经济学、政治学、社会学和心理学,它能帮助工程师认识社会发展规律和人的行为动机。作为土木工程师不可能学习所有的社会科学知识,但应该掌握一些基本的概念,能为工程决策和管理服务。人文科学主要包括哲学、历史、文学、视觉行为艺术以及语言学等。虽然表面上它与工程不直接相关,但人文科学对培养理性思维以及看待问题的方法有极大的帮助,能对土木工程师从事工程实践有潜移默化的影响,因此,土木工程专业的学生应该有意识地加强相关训练。

现代大学提供越来越宽的基础教育。当今世界知识爆炸、科技发展日新月异,专业领域不断拓宽,要学的东西越来越多,但四年大学的时间是有限的,因此,教育界逐渐达成共识:加强基础教学,培养学生深厚的基础知识,以强基础去面对宽专业。以土木工程结构为例,20 世纪 60 年代的学生只需掌握单层工业厂房和砌体结构设计,但到了现在,高层建筑结构、钢结构、组合结构等已经演变成常规结构,其结构设计靠手算已不能完成,因此,除了要增加这些新的结构体系的学习,还要学习计算机方面的知识。显然这些发展不可能全部列入本科教学内容,那么如何解决学与用的矛盾呢?只有靠打牢基础,使学生有能力在研究生阶段或者工作当中去学习，逐渐掌握现代结构的设计、施工方法。从这个意义上来说，本科教育只能被称为工程师素质教育，使学生具备从事土木工程工作的基础知识和能力。

6.2.2 理性思维及分析问题的能力

现代土木工程师必须具有理性思维，能发现问题并制定合理的解决方案。他们必须能收集相关信息、做出简洁的解释、得出顺理成章的结论并按照相关标准进行评估和测试。这几乎是土木工程所有领域要求的基本素质。土木工程师所面对的每一个工程项目都是一个未知的系统，无论是从事设计还是施工，都需要发现问题、分析问题，最后应用合适的方法和工具解决问题。例如设计桥梁，首先要收集水文、气象、地质等资料，明确功能要求，提出初步的桥型，然后分析在各种荷载作用下，桥梁的响应，最后设计细部构造。每一个过程都要考虑周全，都要有数据支撑，不可随意而定，这正是工程师的严谨。

这种严谨的思维和理性的分析要逐步培养。在本科阶段，许多课程学习，例如数学、力学、设计方法，甚至哲学、逻辑学等都对这种思维的建立有帮助。一方面，我们通过这些课程学习知识、掌握技能；另一方面，则是思维训练，慢慢积累，最终形成工程师特有的素质。

6.2.3 理论、计算、试验相结合的专业技能

土木工程项目通常是一个复杂的系统，其中包含许多未定的、不明确的因素。例如设计地震区的高层建筑，必须了解地震作用下高层建筑的反应，才能采取防御措施。在没有经历实际地震时，只有依靠模拟分析去预测这种反应。目前比较有效的模拟手段是计算和试验。我们可以通过数值方法，利用力学基本原理，通过假定材料属性和地震参数，计算出高层建筑在地震过程中的振动情况，从而判别结构是否安全。另一种方法是试验，最有效的是振动台试验，利用振动台可以再现地震时地面的运动，观察高层建筑的振动和破坏情况，非常直观和有效。但是由于受台面尺寸的限制，对于大型建筑只能做较小的模型来模拟分析，缩小尺寸的结果将会影响试验的精度。所以，除了振动台试验，人们还研究了其他的一些试验方法，来模拟地震时高层建筑的反应。其他的工程项目也会碰到类似的问题，都需要利用计算和试验来解决，因此计算和试验成为土木工程师的基本技能。因此，无论在土木工程的哪个领域工作，都需要理论、计算、试验结合的专业技能。

6.2.4 可持续发展理念

可持续发展是今后土木工程建设最重要的原则之一，从项目立项至最终建成投入使用，都要贯穿这一理念。过去许多粗放式的建设方法，将会受到制约，现代土木工程师必须考虑项目对人类、对社会、对环境、对生态等多方面的影响，不能仅考虑眼前利益。因此，土木工程师需要增加生态、环境、经济和社会学等方面的基本知识，更重要的是要有可持续发展的理念，在项目建设过程中，主动与相关领域的专家合作，共同解决工程项目所带来的负面影响。

随着可持续发展理念的深入，土木工程学科出现许多新的概念和思路，例如绿色建筑、绿色施工、节能减排等，吸引了大批工程师投身其中，也给未来的工程师创造了新的就业机会。因此，从现在开始，土木工程专业的大学生必须重视可持续发展理念，掌握相关基本知识，为未来职业发展打下基础。

6.2.5 组织与管理能力

现代土木工程项目的特性之一就是高度综合。项目规模越来越大、难度也越来越大，需要庞大的团队通力合作。以三峡水利工程为例，整个工程投资超过 1800 亿，历时 17 年，混凝土浇筑量达 1800 万立方米，为世界工程之最。建设如此大规模的项目，组织管理是一项关键工作，其难度不亚于技术问题。即使一般工程，比如修建一栋宿舍，也需要制订项目计划、安排人员周转、控制资金流量、加强质量管理等，否则工程很难准时完工。因此，土木工程师必须掌握项目管理基本知识，具备组织协调能力。

土木工程师的岗位常常是变化的。对土木工程专业毕业的学生来说，很少一辈子只从事一种职业，常常是这几年是设计工程师，过几年可能变成了施工工程师；今年是甲方，明年变成乙方。因此，最理想的工程师

知识结构是既懂技术又懂管理,能成为专家,也能做领导。复合型人才最适应现代土木工程的发展。

6.2.6 沟通与交流能力

工程师不同于科学家,不能关起门来搞科研。再美的蓝图都必须付诸实施,因此必须与人打交道。项目是综合的,需要多工种配合。设计一栋建筑,需要建筑、结构、电气、给排水、设备等专业人员合作,过程中会出现很多矛盾,例如管线可能要通过结构构件,需要设备工程师和结构工程师协调;建筑消防设计,需要给排水工程师配合。因此,项目内首先要学会与其他专业的工程师沟通;其次项目要向公众宣传,要获得政府的审批,要了解业主的需求等,还需要土木工程师具有与非专业人士交流的能力。可以说沟通与交流贯穿项目建设的整个过程,从立项、设计、施工到交付使用,每一个环节都要与各种群体打交道,毫不夸张地说,沟通技巧是项目成功的重要因素。

在工程建设过程中,沟通是多种形式的,有口头的、文字的、图像的、图纸的等,均要掌握。工程师要能讲解、解释,要能写报告总结,会利用图像说明,能够用图纸表达,每一项交流形式都需要技巧,都需要学习。工程图是工程师的语言,土木工程专业学生首先要学习工程制图方法,能借助图纸表达三维实体。

6.2.7 积极向上的职业态度

成功取决于态度。对土木工程师而言,从事的工程项目具有实践性、社会性、综合性等特点,书本知识只是工作所需技能的一小部分,更多的是应用和创新,因此,职业生涯中积极向上的态度决定着成败。概括起来,以下几种态度对成功起关键作用。

(1) 终身学习,不断探索

工程项目越来越复杂,高新技术应用越来越宽广,人们对项目安全、经济的追求永无止境,土木工程师永远都有新问题需要解决,本科的学习远不能满足工作的需求,只有不断学习,才能跟上发展的步伐。以设计工具为例,过去设计工程师依赖图板手绘图纸,20 世纪 80 年代末期,计算机绘图逐渐进入工程,当时的建设部提出:2000 年甩掉图板。很多老一代的工程师颇感压力,不相信会如此快地更新。结果根本没到 2000 年,计算机绘图就全面铺开,不懂电脑已无法工作。进入 21 世纪,新的 BIM(Building Information Modeling,建筑信息化建模)概念开始流行,三维图像将代替平面图纸,并且它将承载房屋从策划到使用直至最终拆除的全寿命信息。图纸的第二次革命究竟何时到来用不着猜测,重要的是能否准备好。设计工具如此,其他工程技术发展更是层出不穷,只有不断学习、不断更新,才能胜任土木工程师的工作。

(2) 严谨认真,一丝不苟

工程项目关系到人们的生命财产安全,不能有丝毫的马虎。工程系统复杂,细节繁多,要逐一考虑,不能疏漏。因此,土木工程师要具备细致认真的态度,要学会按制度办事,避免出差错。例如设计过程中若荷载有漏项将会使结构不安全。施工中必须按章执行,疏忽任意环节,将导致安全事故等。

(3) 虚怀若谷,团结合作

工程的综合性决定了土木工程师不可能一个人工作,必须要依靠团队,因此,合作精神尤为重要。合作的基础是尊敬,要能听取他人的意见,博众人之长,才能成就一个工程、一项事业。一个团队中,每个人都有他的作用,都有他的强项,关键是你能否发现。曾经在一个体育馆的施工中,变形缝边的两榀框架无法立模板,技术人员一筹莫展,倒是老工人提出利用砖胚做中间模板,等两边框架混凝土结硬后,用水冲掉中间的砖胚,使问题得以解决。俗话说“众人拾柴火焰高”,团队的力量是工程完成的保证。

(4) 提高自身修养,恪守职业道德

土木工程行业形成较早,有严格的执业制度,无论勘察、设计、建造,还是算价、监理、咨询,都要持证上岗,按规范办事。如果出现人为事故,造成损失,将是执业师的污点,在行业内很难摆脱。因此,从踏入土木工程之门,就必须养成良好的职业操守,不做违反法规、规范的事情,形成良好的声誉,才能在行业内站住脚、立下根。

6.3 开阔眼界述海外教育

土木工程是一个古老的学科，是工科的鼻祖，世界各地的高校多有开设。尽管学科基本内容相通，但各国的土木工程教育仍然各具特色。了解国外的专业情况，有利于我们开阔眼界，学习他们的长处，办好我们自己的土木工程教育。

6.3.1 美国的土木工程教育

美国大多数高校工科中都设有土木工程专业，一般在工学院中设土木工程系，根据各校的特色，设置不同的专业方向，比如结构工程、岩土工程、桥梁工程、水电工程、环境工程等，专业范围比我国要宽。通常其上课时间比我国短，所学课程门数也比我国少，但对基础知识的要求与我国相似。至于实践环节，美国大学一般不集中安排，学生可利用假期实习，也可选择学校提供的各种课外项目，因人而异地掌握实践技能。

6.3.1.1 土木工程师培养模式

在美国土木工程师协会的报告“21 世纪土木工程学科知识体系(Civil Engineering Body of Knowledge for the 21st Century)”中，除了提出土木工程师培养目标外，还特别提出了新的培养模式，即通过本科和研究生阶段的教学以及一定的工程经验，培养合格的土木工程师，可用公式表达为：

$$B+M/30\ \&\ E$$

这里的 B 指本科教育(学士学位 Bachelor)，一般在学校完成。M/30 指硕士教育(Master)或同等学力(取得大约 30 个研究生课程学分)，其完成方式可以是传统的校园学习，也可以是远程教育。企业、政府机构、营利性教育组织均可以承担起 30 个附加学分的培训任务，为未来的工程师提供独立的高质量、高标准的教育项目。E 指工程经验(Experience)，可通过课间课外活动和学士后工程实践获得。

新的培养模式明确了土木工程师的培养必须包含研究生教育，并强调了工程经验的重要性。土木工程领域的专业知识和职业技能，以及沟通技巧、领导力、管理和团队协作等技能，必须通过从事工程实践来建立和深化。只有 B + M/30 和 E 的有机结合，才能达到 BOK 的目标，培养出合格的土木工程师。尽管目前美国的执业注册制度还没有以此公式为门槛，但是 BOK 委员会相信，未来的注册要求一定会按照 BOK 思路改革。

完成以上公式，可以有两条途径，即

$$\text{途径 1：} B^{\text{ABET}} + (M/30)^{\text{Validated}}\ \&\ E$$

$$\text{途径 2：} B + M^{\text{ABET}}\ \&\ E$$

途径 1 指如果获得的学士学位是在 ABET(Accreditation Board for Engineering and Technology，美国工程与技术论证委员会)论证过的学校的土木工程专业取得，M/30 则可为没有经过 ABET 论证的学校的硕士学位，或者 30 学分的同等学力，但必须是 ABET 评审过的研究生进修课程计划；途径 2 指如果获得的学士学位为未经 ABET 论证的学校的土木工程专业授予，则必须取得 ABET 论证过的学校的土木工程专业的硕士学位。两条途径强调了至少一项教育必须是在通过了 ABET 论证的土木工程专业取得，但另外一阶段教育则放宽了要求，这样也扩大了土木工程师的培养范围，因为毕竟不是所有的学校都能通过 ABET 的专业论证。

6.3.1.2 土木工程课程体系

美国的土木工程专业的培养目标强调解决问题的能力，比如加州大学伯克利分校的土木工程专业培养目标明确指出要使学生学会解决诸如此类的社会问题：改进土木工程基础设施、保护自然资源、减少灾害、创造有效及可持续的土木工程系统。学校提供全面的教育，使学生在工程科学、设计和实践方面打下坚实的基础，为今后从事土木工程职业或研究生阶段的学习做好准备。

土木工程课程体系一般在前两年设置专业基础课程，后两年根据不同专业方向设置相关专业课程。图 6-2为加州大学伯克利分校的课程安排范例。

Sample Four – Year Program
A minimum of 120 units is required for graduation

Freshman Year	**Fall**	**Spring**
Chemistry 1A - General Chemistry **OR** Chemistry 4A - General Chemistry and Quantitative Analysis	4	-
E 7 - Introduction to Applied Computing	-	4
Mathematics 1A – Calculus **AND** Mathematics 1B – Calculus	4	4
Physics 7A – Physics for Scientists and Engineers	-	4
Elective Units	3	-
Reading and Composition Course from List A **AND** Reading and Composition Course from List B	4	4
CE 92 - Introduction to Civil & Environmental Engineering	<1>	<1>
Total	**15-16**	**16-17**
Sophomore Year		
Math 53 – Multivariate Calculus **AND** Math 54 - Linear Algebra & Diff. Equations	4	4
Physics 7B - Physics for Scientists & Engineers	4	-
Basic Science Elective (one of the following): Either Chem 1B: General Chemistry, **OR** Chem 4 B General Chemistry and Quantitative Analysis **OR** Physics 7C: Physics for Scientists & Engineers	-	4
CE C30/ME C85 – Introduction to Solid Mechanics	-	3
CE 60 - Structure & Properties of Civil Engineering Materials	3	-
Engineering Science and Sustainability Elective: CE 11 – Engineered Systems and Sustainability **OR** CE 70 – Engineering Geology	<3>	<3>
CE 93 - Engineering Data Analysis	-	3
First Additional Humanities/Social Studies Course	3-4	
Total	**17-18**	**14-17**
Junior Year		
CE 100 - Elementary Fluid Mechanics	4	-
CE 130N – Mechanics of Structures	-	3
Engineering Science Elective (one of the following): Engin 115 – Thermodynamics, **OR** ME 40 - Engineering Mechanics II, **OR** ME 105 - Thermodynamics, **OR** ME C105B - Thermodynamics & Biothermodynamics	-	3-4
Elective Core (four of the following seven): CE 103 - Hydrology (Spring) CE 111 - Environmental Engineering (Fall) CE 120 - Structural Engineering (Spring) CE 155 - Transportation Systems Engineering (Spring) CE 167 - Engineering Project Management (Fall) CE 175 - Geotechnical & Geoenvironmental Engineering (Fall & Spring) CE 191 - Civil & Environmental Systems Analysis (Fall)	6	6
Second and Third Additional Humanities/Social Studies Course	3-4	3-4
Total	**13-14**	**15-16**
Senior Year		
CE 192 - Art & Science of Civil & Environmental Engineering Practice	1	-
Engineering Electives: 15 additional units of upper-division technically oriented engineering coursework offered in the College of Engineering or in Chemical Engineering. Cannot include any course taken on a P/NP basis, BioE 100; CS 194, 195; E 100, C111, 124, 130AC, 140, 193, 195, 196; EE 194, IEOR 172, 190 series; ME 106:	12	3
Design Elective (one of the following; note that some design electives are only offered in Fall or Spring): CE 105 - Applied Environmental Fluid Mechanics (Spring) CE 112 - Environmental Engineering Design (Spring) CE 122N & CE 122L - Design of Steel Structures & Steel Design Lab (Fall & Spring) CE 123N & CE 123L - Design of Reinforced Concrete Structures & Concrete Design Lab (Fall & Spring) CE 153 - Design of Transportation Facilities (Fall) CE 177 - Foundation of Engineering Design (Fall) CE 180 - Construction, Maintenance,& Design of Engin. Systems (Spring)	<3-4>	<3-4>
Fourth Additional Humanities/Social Studies Course	<3-4>	<3-4>
Free Electives	-	5-7
Total	**15-16**	**12-14**

图 6-2 加州大学伯克利分校的课程安排

土木工程学制为四年。每学年分为两学期，每学期一般为四个月左右(包括考试)。学生在四年内至少应取得120学分。一年级(Freshman)的课程主要包括：化学、应用计算简介、数学、物理、阅读与写作、土木工程概论；二年级(Sophomore)课程为：数学、物理、基础科学选修(普通化学和物理中选一门)、固体力学简介、工程材料、工程科学与可持续发展(工程系统与可持续发展或者工程地质)、工程数据分析、人文与社会科学Ⅰ；三年级(Junior)课程为：流体力学、结构力学、工程科学选修(在热力学或工程力学Ⅱ或热力学与生物热力学中选一门)、选修核心课(在水力学、环境工程、结构工程、工程项目管理、交通工程、岩土环境工程、土木环境系统分析共7门中选4门)、人文与社会科学Ⅱ-Ⅲ；四年级(Senior)课程为：土木与环境工程、科学与艺术、工程选修(15学分)、设计选修、人文与社会科学Ⅳ、自由选修。其中的工程选修、核心选修、设计选修课程与专业方向有关。在伯克利分校，设置有如下专业方向：

(1) 工程与项目管理

① 选修核心课：结构工程、工程项目管理；

② 设计选修课：土木与环境工程系统的设计、施工与维修；

③ 专业选修：混凝土材料与施工、施工工程、地质工程基础、地下水与渗流、环境岩土工程、土木与环境工程系统分析、工程风险分析。

(2) 环境工程

① 选修核心课：水文学、环境工程；

② 设计选修课：应用环境流体力学、环境工程设计；

③ 专业选修课：减缓气候变化、空气污染排放与控制、湖泊与水库、生态管理、环境微生物、水化学、地下水与渗流、环境岩土工程。

(3) 岩土工程

① 选修核心课：环境工程、结构工程、岩土与岩土环境工程；

② 设计选修课：基础工程设计；

③ 专业选修课：水文学、水化学、高等结构分析、钢结构设计、钢筋混凝土结构设计、木结构设计、工程项目管理、地质工程基础、岩石力学基础、地下水与渗流、环境岩土工程。

(4) 结构工程

① 选修核心课：结构工程、工程项目管理、岩土及岩土环境工程；

② 设计选修课：钢结构设计或钢筋混凝土结构设计；

③ 专业选修课：高等结构分析、木结构设计、高等材料力学、工程材料破坏机理、混凝土材料与施工、基础工程设计、工程风险分析。

(5) 交通工程

① 选修核心课：交通系统工程、土木与环境工程系统分析；

② 设计选修课：交通设施设计；

③ 专业选修课：空气污染排放与控制、基础设施规划与管理、工程项目管理、基础工程设计、交通政策、规划与发展、交通设施操作、公共交通系统、空中交通系统。

6.3.1.3 课外实践活动

美国大学一般不安排集中实践性环节，但提供各种机会，鼓励学生参与实践。通常有两类课外实践活动：学生社团活动、大学生科研。

(1) 学生社团活动

在美国大学，有很多与专业相关的学生社团。学校鼓励学生参与，以应用所学知识，同时培养领导才干与团队精神。例如在加州大学伯克利分校，设有：美国土木工程师学会学生分会，拥有230多名会员，这是一个全国性的组织，在许多大学都有分会，每年会有许多与土木工程相关的活动；XE本科生荣誉学会，类似于我国各大学的创新学院，如四川大学吴玉章学院、西南交通大学茅以升学院等，各校都有自己的命名，在加州大学系统多以希腊字母表示，这类学院需通过申请，批准后方可加入；女工程师学会，交通学会学生分会，这几个学会也是全国性的，在各校设分会，定期开展活动。除此之外，还有土木工程竞赛团队，包括混凝土独木舟队、钢桥队、环境队、施工队。美国土木工程师学会每年会在高校中开展学科竞赛，类似于我国的结构设计大赛，项目一般固定不变，如混凝土独木舟竞赛，由参赛学生自行设计与建造混凝土独木舟，运到比赛地点，然后派出队员进行划船比赛。

社团活动一般都由学生自行组织、自行开展活动，在校学生可根据自己的兴趣选择参加。这类活动多与专业相关，学生参与其中既可锻炼专业技能，又能培养团队精神，深受学生喜爱。在美国大学没有班级概念，学生因选课不同，很少有固定的同学，同时学生也不住在一起，所以大学生很多是通过社团组织结交朋友。

（2）大学生科研

许多美国大学特别是研究型大学非常鼓励大学生参与科研项目，让学生追求自己的兴趣，学习新知识的同时提高动手能力和解决问题的能力。学校提供许多机会，帮助学生参与科研活动。在伯克利分校，科研机会包括如下几类：

① 设置研究工作机构，专门帮助本科生开展科研工作。

② 研究课程，称之为 Supervised Independent Study，是由教授领导的一些项目研究，对一、二年级学生开设一门，三、四年级学生开设一门，优秀荣誉学生开设一门，这些课程都计学分，但有些不算入必修学分。学生可自行申请，但需要教授同意才能加入，三、四年级学生研究课程只接受 GPA 在 2.0 以上的学生参加，而荣誉学生研究课程只接受专业课成绩在 3.3 以上的优秀生参加。

③ 国际学习。学校每年有各种各样的海外学习项目，帮助学生开阔视野，拓展职业。学校设有专门的机构(Education Abroad Program)介绍各种海外项目。比如到中国的项目，包括到北京师范大学、北京大学、复旦大学、清华大学、华东师范大学等的学习项目。

6.3.2 英国的土木工程教育

英国的高等工程教育历史悠久，有 60 余所大学设有土木工程专业。一般土木工程专业设在工程学院中，专业覆盖面广，是名副其实的大土木。在英国，土木工程专业学制一般为 3 年(大部分英格兰学校)或 4 年(苏格兰学校)。英国的土木工程专业是以职业为目标的，强调培养应用型人才。第一学年及第二学年课程为工程学科基础(四年制)，要求打下较宽的基础，学生必须通过该类系列课程考试后，方能进入后两年的学习。进入第三年后，学生开始选择专业方向或者学位，成绩优良者甚至可以直接选择五年制的硕士学位项目，其余同学则进入四年制的本科学位项目。下面以苏格兰阿伯丁大学(University of Aberdeen)为例，介绍英国的土木工程专业课程体系。

阿伯丁大学土木工程提供 5 年制土木工程硕士学位、土木工程学士学位、土木工程科学学士学位、土木与环境工程硕士学位、土木与结构工程硕士学位、土木与环境工程学士学位、土木与结构工程学士学位。各种学位的课程体系一般前两年相同，后两年因方向不同课程有些差异。硕士学位为五年制，学生可以直接从 3 年级进入，也可以在 4 年学士学位课程结束后再进入硕士学习。课程计划要求每年至少达到 120 学分(苏格兰学分系统，大约为一般大学学分的 5 倍)，对应每星期上课约 20 学时。

土木工程学士学位第一年必修课程为电子学原理、工程材料基础、CAD 与工程实践交流、基础工程力学，选修课要求 45 学分。第二学年必修课为工程数学、工艺工程、流体力学与热力学、设计与计算、固体与结构、电子与机械系统，选修课要求 30 学分。第三学年课程包括工程分析与方法、应力分析、流体力学、岩土工程Ⅰ、工程设计、结构力学、结构构件设计、结构设计、工程管理Ⅰ、现场测量与工程水文现场。第四学年必修课为岩土工程Ⅱ、土木工程水力学、高等结构设计，选修课程分方向 1：工程项目(小组项目设计)和工程管理Ⅱ，高等结构分析、环境工程、安全可靠性工程中任选一门；方向 2：国外工程项目，高等结构分析、环境工程、安全可靠性工程中任选两门。

土木工程科学学士学位第一、二学年课程与土木工程学士学位相同。第三学年课程为工程分析与方法、应力分析、流体力学、岩土工程、工程设计、结构力学、结构构件设计、结构动力学、工程管理Ⅰ、现场测量与工程水文现场。第四学年课程由学生根据学位要求，经导师同意后自行选择。

土木与环境工程学士学位第一、二学年课程与土木工程学士学位相同。第三学年课程为工程分析与方法、应力分析、流体力学、岩土工程、工程设计、结构力学、结构构件设计、结构动力学、工程管理Ⅰ、现场测量与工程水文现场。第四学年必修课程为岩土工程Ⅱ、土木工程水力学、高等结构设计、环境工程；选修课程分方向1：工程项目（小组项目设计）和工程管理Ⅱ；方向2：国外工程项目，另选一门经导师同意的课程。

土木与结构工程学士学位前面三学年的课程同土木与环境工程学位的课程，第四学年必修课程为岩土工程Ⅱ、土木工程水力学、高等结构设计、高等结构分析。选修课程分方向1：工程项目（小组项目设计）和工程管理Ⅱ；方向2：国外工程项目，另选一门经导师同意的课程。

硕士课程前三学年同学士学位课程；第四学年必修课程为岩土工程Ⅱ、土木工程水力学、高等结构设计、安全可靠性工程，选修课程为高等结构设计或者环境工程、独立项目和工程管理Ⅱ，或者选择独立国外项目；第五学年课程为高级硕士研究课题、数学优化、结构动力学、工程管理Ⅲ、小组项目、应用数值方法。

英国的中小学教育一般有13年，因此有些大学的基础课如高等数学、大学物理、普通化学等在高中阶段就完成，本科阶段课程计划中一般不再包含。土木工程专业本科录取有较强的入门条件，对数学、物理、化学等课程均有成绩要求。

从上面的课程设置可以看出，英国土木工程教育比较注重专业或专业方向设置，以培养职业工程师即应用型人才为目标。各校以社会发展需求为目标，以职业注册为导向，不断实施教育改革并调整课程体系。

7 面向未来的土木工程新发展

7.1 提升品质，建筑工业化担当

长期以来，我国建筑主要采用现场施工的传统作业方式，工业化程度低，建造质量差，水耗、能耗高，建筑垃圾排放量大，造成极大的能源与环保压力。为推进建筑业可持续发展，促进建筑业产业转型与升级，我国提出发展建筑工业化的重要战略，先后发布了系列政策文件，如 2013 年 1 月国务院办公厅 1 号文《国家绿色建筑行动方案》、2014 年 7 月住房和城乡建设部 92 号文《关于推进建筑业发展和改革的若干意见》，特别是 2016 年 2 月国务院办公厅 71 号文《关于大力发展装配式建筑的指导意见》，都强调"十三五"期间要积极推广应用工业化建筑，到 2025 年我国装配式建筑占新建建筑比例达到 30%。

7.1.1 建筑工业化的定义与内涵

建筑工业化指通过现代化的工厂流水线生产方式建造房屋，使建筑业从传统手工作业为主的生产方式过渡到社会化大生产方式的全过程。它的主要标志是建筑设计标准化、部品生产工厂化、现场施工装配化、结构装修一体化、过程管理信息化。达到能像生产汽车一样建造房子，像组装电脑一样装配房子，像集成飞机内饰一样装饰房子，全面提高建筑的品质。

建筑设计标准化是指面向通用产品，采用共性条件，制定统一的建筑构件和部品标准，并编制标准设计图，设计出多样化和系列化的定型构件与连接节点。建筑师在此基础上灵活选择不同的定型产品，组合出多样化的建筑体系。标准化最根本的要素是采用统一的建筑模数，制定标准构件与部品，只有这样才有利于大规模生产，降低成本。

部品生产工厂化是将建筑中量多面广、易于标准化设计的建筑构配件，如外挂墙板、保温墙、预制楼板、叠合梁、预制楼梯、叠合楼板等，由工厂进行集中批量生产，采用机械化手段，提高劳动生产率和产品质量、缩短生产周期。批量生产出来的建筑构配件进入流通领域成为社会化的商品，可促进建筑产品质量的提高，生产成本的降低。

现场施工装配化是将商品化的建筑构配件运输至建筑施工现场进行"搭积木"式的简捷化的装配安装，建成房屋。工厂化的构配件生产以及商品化的产品使建筑公司可专注于现场安装，机械设备和专用设备得以充分开发应用。专业性强、技术性高的工程（如桩基、钢结构、张拉膜结构、预应力混凝土等项目）可由具有专用设备和技术的施工队伍承担，使建筑生产进一步走向专业化和社会化。

结构装修一体化提倡生产精装修的装配式房屋，使装配式建筑装饰装修与主体结构、机电设备协同施工。从建筑设计的初期开始，统一布置空间，统一布置家具、统一布置管线、统一采购部品材料，实现装修施工与主体结构装配安装的融合，提高装修质量，从根本上改变目前装修公司水平参差不齐、装修市场混乱的局面。

过程管理信息化要求运用现代科学技术和计算机技术，通过信息管理系统把建筑产品的设计、采购、生产、制造、运输、营销、管理等各个环节集成起来，共享信息和资源，综合协调设计、构配件生产与施工安装，使产业结构布局和生产资源合理化，提高建筑行业生产效率。

建筑工业化是我国建筑业发展的必然趋势。改革开放四十余年来，我国建筑业取得了前所未有的成就，修建了一大批世界级的工程，但各种问题也日益暴露，制约了行业的发展，因此，建筑工业化应运而生，以促进建筑业的升级换代。推进建筑工业化具有如下优势：

(1)变农民工为产业工人,解决劳动力短缺,提升工人素质

我国传统的建筑业属于劳动密集型产业,吸纳了大量的农村劳动力,农民工占建筑业一线作业人员数量的95%以上。然而,随着我国人口增长率的下降和城市化的加速,农村可输出的劳动力数量逐年下降,建筑业出现劳动力特别是技术工人的"结构性短缺"。建筑工业化将大量的现场施工变为工厂制造,改善了工作环境,减少了现场劳动力的需求,提高了建筑业的就业吸引力。

(2)降低排放,减轻环境压力

传统建筑业现场作业会造成噪声污染、废水污染、扬尘污染、废弃物污染等。其中建筑垃圾、建筑扬尘和建筑噪声是城市环境污染的重要来源,是国家严格控制的污染源。实现建筑工业化,可以大大减少噪声和扬尘,同时提高建筑垃圾的回收率,有利于减轻城市的环境压力。经过30多年的经济高速增长,我国的环保压力空前巨大,空气污染、水污染、土壤污染等问题日趋严峻。在经历要经济还是要环境的艰难取舍后,政府部门及监管部门开始将环境治理与保护问题提上日程,各项环保政策法规也在日趋严格。

(3)节约资源、降低能耗,促进可持续发展

建筑业的资源和能源消耗特别严重。据统计:建筑在建造和使用过程中的用水占城市用水的47%;城市建成区用地的30%是用于住宅建设。我国95%以上的建筑为高耗能建筑,建筑建造过程与使用过程中的能耗占社会总能耗的47%。同时,房屋建造时大量使用砂石料、钢材、水泥、装饰装修材料,也造成资源的日益短缺。推进建筑工业化,可从根本上解决上述问题。在工厂生产装配式房屋,更方便采用新技术,比如使用新型高效保温墙板,能减少空调能耗;使用节水型卫生洁具,可节约水资源;提供精装房,可减少装修浪费等。

(4)提高建造质量,提升住宅品质

传统建筑质量通病严重,例如混凝土质量不达标,易造成安全隐患;住宅建筑渗漏情况普遍,屋顶漏水、卫生间地面渗漏时有发生;墙面开裂、不平整,影响美观等。这些质量通病,有的缩短了建筑物的使用年限,有的直接影响建筑物的使用功能,成为人民群众质量投诉的热点。建筑工业化将设计、生产和施工统一考虑,整个建造过程类似于工厂生产产品,有完善的质量控制体系,有利于提高建造质量。

7.1.2 建筑工业化发展

建筑工业化步伐比其他工业迟缓得多。第二次世界大战后,当时英国、法国、德国等国家由于饱受战争破坏而呈现严重的"房荒"。随着国民经济的复苏和发展,生产性和非生产性建筑的需求猛增而劳动力缺少,传统的建造方式已不能适应大规模建房的需要。此时,适应大规模、高速度建设的建筑工业化应运而生。

(1)欧洲的建筑工业化发展历程——以法国为例

20世纪50—70年代是法国建筑工业化的"数量"阶段,建立了以全装配式大板和工具式范本现浇技术专用体系为特征的建筑体系,被称为"第一代建筑工业化"。20世纪70年代后期,随着工业化建筑暴露出千篇一律的缺点,法国开始以发展通用部品与构配件为特征的"第二代建筑工业化",建立了"通用构造体系",作为由专用体系向通用体系过渡的一种手段。它以模数协调为基础,主体、设备、围护相分离,发展通用构配件制品与设备,建立系列可互换的构配件目录,建筑师可以从中挑选构配件组合形成结构体系。

20世纪80年代,法国已确定25种工业化建筑体系,其中有钢结构、木结构,但更多的是以预制混凝土体系为主,多采用框架或大板体系向大跨发展,采用螺栓、焊接等干作业施工,结构主体与设备、构配件分开,以减少构件规格并简化节点设计,主体完成之后再进行装修和设备工程。这种构造体系通过系列化的构配件的不同组合,形成多样化的建筑形式,极大地丰富了建筑造型。

欧洲的装配式建筑体系一般都经历了从专用体系向通用体系发展的过程。专用体系是建筑的定型设计,通过标准化的设计,制定生产、施工和管理过程,该体系侧重于批量生产的效益而过分追求构配件的简化,构配件规格少,相互之间不能互换,有一定的局限性。通用体系则以构配件、连接件的标准化与通用化为基础,采用标准化、定型化的设计方法,按照产品目录组合多样化的建筑。通用体系包括统一的建筑模数、通用性的建筑构配件、标准化的连接技术、标准化的构件产品目录及施工的允许误差标准。

(2)美洲的建筑工业化发展历程——以美国为例

美国的建筑工业化发展更侧重于个性化与多样化，建筑部品与构件的商品化与集成度很高，混凝土构件率达 84%。通常采用这样的设计流程：建立系列化、标准化的建筑部品，工厂加工成型，使用者参与设计方案，根据住宅产品目录选择采购建筑部品与构配件，委托承包商组装整栋房屋。美国的住宅建筑体系以木结构为主，基础采用水泥混凝土和混凝土砌块，围护结构以石膏板、玻璃棉、纤维板(或聚氨酯硬质泡沫板)等复合轻质板为主，主体结构形式则为木框架。这种体系具有质轻、施工快、节能等特点。1997 年，美国新建住宅 147.6 万套，其中低层住宅为 113 万套，而木结构低层住宅数量为 99 万套，可见其应用的广泛。

(3) 亚洲的建筑工业化发展历程——以日本为例

20 世纪 50 年代，日本进入战后混乱期，大量住宅毁坏，住宅建设成为严重的社会问题。这个时期，建筑材料由木材、土转向水泥、钢材等人工材料，材料预制成型的力度逐渐加大，建立了工业生产化流程，从而奠定了工业化发展的物质基础。1955 年，日本成立了住宅公团，从建材生产与应用技术、建筑部品分解与组装技术、质量管理与商品流通等领域，组织产业化基础技术的研发。在此基础上向民间企业大量订购建筑部品，向建筑企业发包以预制装配结构为主的标准建设工程，逐渐普及建筑工业化技术。

20 世纪 70 年代，日本住宅总户数超过了全国总家庭户数，住宅建设的要求从“量”向“质”转变。石油危机爆发后，人们开始关注建筑节能，关注住宅性能与质量。1980 年，日本提出了百年住宅建设系统(CHS)，制定了《百年住宅建设系统认定基准》，百年住宅被定义为“可持续地提供舒适的居住生活，居住者可以通过自身的维护和更新有效地进行再利用的住宅”。

20 世纪 90 年代，日本开始关注地球可持续发展、温室气体排放、生物多样性、能源问题等，建筑业的政策制度、法律框架、规划设计理念、建筑部品、施工方式也随之调整，以适应时代的发展需求。

(4) 我国的建筑工业化发展历程

我国建筑工业化的起步较晚，1956 年才提出建筑工业化的发展方向，开始应用预制构件。20 世纪 80 年代，曾在北京、沈阳等城市试点，推进装配式大板住宅的发展，建造了大量住宅小区，但由于产品缺乏多样性、建造成本较高，并易发生渗漏、隔热效果欠佳等问题，没有取得预期效益，影响了继续推广应用。

随着垂直运输机械化和混凝土泵的使用，现浇混凝土技术得以迅速发展。而预制装配式混凝土构件建筑由于结构的整体性、抗震性和墙体防水问题未能很好地解决，以及施工堆放场地要求大、成本较高等诸原因，至 20 世纪 80 年代末，仅北方局部地区还在使用。

20 世纪 90 年代以后，现浇混凝土体系成为我国主要建筑体系，预制混凝土构件仅在单层工业厂房中少量应用。但是现浇混凝土结构现场质量控制困难，质量不稳定的问题一直没有得到很好的解决。1995 年原建设部与原科委联合启动了以科技为先导，以示范小区建设为载体的 2000 年小康型城乡住宅科技产业工程项目，推进住宅产业现代化。1999 年国家又颁布了《关于推进住宅产业化 提高住宅质量的若干意见》，强调提高城镇建设工程质量，建立预制部品的工业化和标准化生产体系、实现住宅建筑节能，提高建筑的科技含量。

相比之下，我国建筑工业化水平总体还比较落后，行业规范和技术标准相对匮乏，建筑部品目录不健全，工业化建筑的质量验收与安装标准缺失，部品的认证与淘汰制度不完善，标准化、通用化的建筑部品跟不上建筑体系集成的要求，目前应该加强配套技术的研发，形成相对完整的产业链，通过政策引导与扶持推进建筑工业化的进程。

7.1.3 工业化建筑体系

工业化建筑按施工方式分为装配式建筑和工具式模板现浇建筑两类。装配式建筑是将预制的构配件运输到现场后安装而成的建筑体系，包括钢结构、钢筋混凝土结构、木结构等多种类型，是目前建筑工业化主要发展体系，具有构件制作简单，适于大批量生产，受气候制约小，施工效率高，产品质量好等优点。工具式模板现浇式建筑是利用模数制灵活模板、大模板、台模、隧道模以及滑模等活动式拼装模板进行机械化浇筑混凝土而建成的建筑。这种体系的优点是结构整体性好、施工速度快，特别适用于多层和高层建筑。工业化施工方法还可把预制与现场浇筑结合起来，形成装配整体式建筑，达到装配速度快、现浇整体性好的目的，如房屋的叠合楼板，在预制楼板的基础上现浇上面的一层，形成整体楼板，既节约了楼板模板搭设时间，又增强了楼板的整体性。这种建造方法兼有预制装配速度快和现场浇筑整体性好的优点。

工业化建筑根据预制构件的适用程度又可分为专用体系和通用体系两类。专用体系只适用于某一地区、某一类型建筑，有一定的局限性；通用体系则将预制构配件设计成通用产品，供各类建筑选用，所需构配件可互换通用，具有适用面广、生产量大、节约成本的优点。

各国的建筑工业化发展由于政策体系、历史背景、发展的侧重点及技术体系的不同，采用的结构体系各不相同。日本的独栋别墅多以木结构或轻钢结构为主，高层建筑以“预制框架＋预制外墙挂板体系”或钢结构体系为主，欧洲以多层预制混凝土结构为主，新加坡以预制装配式剪力墙为主，美国的高层建筑以“钢结构＋预制外墙挂板”结构体系为主。我国目前工业化建筑体系有：砌块建筑、大板建筑、框架建筑、盒子结构、大模板建筑、滑升模板、升板建筑、钢结构、轻型钢结构和木结构等各种形式。钢结构、木结构属于天然的工业化装配式建筑体系，下面主要介绍工业化混凝土建筑体系。

(1)砌块建筑

砌块建筑(图 7-1)是在砖砌体的基础上发展而来，由混凝土砌块取代黏土砖。目前混凝土砌块标准块尺寸为 390 mm×190 mm×190 mm，空心率 46%，重 18 kg，相当于 9.6 块传统黏土砖，砌块的墙体自重比 240 和 370 黏土砖墙分别减轻 30%和 50%。因此，砌块建筑既减少了施工砌筑量，提高施工速度，又降低了墙体自重，还保护了农田，有利于环保。比较常用的砌块材料主要有普通混凝土小型空心砌块、轻集料混凝土小型空心砌块、粉煤灰小型空心砌块、蒸压加气混凝土砌块、免蒸加气混凝土砌块(又称环保轻质混凝土砌块)和石膏砌块。砌块建筑还可以利用灰缝与孔洞配筋，形成配筋砌块结构，以提高结构抗震能力。目前砌块主要应用于多层建筑住宅。我国《砌体结构设计规范》(GB 50003—2011)对砌体建筑房屋的高度以及层数进行了限制，规定在抗震设防烈度为 6 度、7 度、8 度时，砌体建筑的层数分别不能超过 7 层、6 层和 5 层，高度不能超过 21 m、18 m 和 15 m。

图 7-1　砌块建筑

(2)大板建筑

大板建筑(图 7-2)是指利用大型墙板、大型楼板和大型屋面板等预制板材建造而成的建筑。这类建筑除基础外，整块的外墙板、内墙板、楼板、楼梯等构件均在工厂预制，运送到现场后利用大型设备吊装就位，通过有效的连接形成整体。它的特点是墙板面积大，基本上是一个开间一片墙，同时墙板为主要的承重构件，且以内墙承重居多。大板建筑具有工业化程度高、施工速度快、自重轻、经济效益好等优点，但传统的大板建筑也存在隔热、隔声效果不佳，建筑造型和布局不够灵活，整体性较差等问题。大板建筑中，构件间的连接通常有干式连接和湿式连接两类。干式连接是通过在预制构件内预埋连接件，连接时通过焊接或者螺栓将各预制构件连接到一起，这种方式现场湿作业较少，施工速度快，但是整体结构刚度较弱。湿式连接也称为装配整体式连接，在现场通过后浇构造柱、圈梁等将板材连接起来。这种连接形式对构件精度要求较低，且结构的整体性较好，但施工速度比干式连接慢。我国主要采用湿式连接。目前大板建筑主要应用于中、低层建筑，随着技术的发展大板建筑也在逐渐向高层发展。

图 7-2　大板建筑

图 7-3　预制框架建筑

(3)预制框架建筑

预制框架建筑(图 7-3)的主要构件如柱、梁、楼板、楼梯以及外挂墙板等均为预制，运送到现场后通过有效的连接形成整体结构。预制框架建筑主要的承载构件为预制梁和预制柱形成的混凝土框架。目前，我国应用最广泛的是装配整体式框架叠合楼板体系，通常的做法是将梁、柱以及楼板的下部预制，安装时将梁搭在柱上，楼板搁置在梁的上面，梁柱节点核心区与楼板面层在现场一起二次浇筑混凝土，形成整体的框架建筑。预制框架建筑具有空间布置灵活、施工速度快的特点，广泛地应用于公共建筑中。随着技术的不断进步，民用住宅中也逐渐有所应用。

(4)盒子建筑

盒子建筑是建筑工业化高度发展的结果，其核心概念是标准化的预制空间模块。盒子建筑以房间为基本的预制单元，将墙板和楼板在工厂整体预制成为标准化的箱形结构，类似盒子，因此被称为“盒子构件”。根据每个盒子构件板材数量的不同，盒子构件可分为六面体盒子、五面体盒子、四面体盒子等。在盒子构件运至现场后，通过组合拼装形成具有居住功能的房屋建筑。盒子建筑集成化程度很高，可将管线、装修等工序集成一体，从而大大缩短现场的施工工期。盒子建筑于 20 世纪 50 年代出现在瑞士，1979 年在我国的青岛、南通、北京等地也有试点应用。1967 年加拿大蒙特利尔为世界博览会建成的“Habitat 67”(67 号栖息地，图 7-4)是盒子建筑的经典之作，该建筑由 354 个盒子构件组成，充分发挥了盒子的组合功能，通过特殊建筑造型，创造出了前所未有的建筑形象。

(a)
(b)

图 7-4　67 号栖息地

(5)大模板建筑

大模板建筑是指采用工具式大型模板现场浇筑混凝土的建筑形式，相对于小型模板，大模板是指覆盖整体墙面的一种整体式模板(图 7-5)。利用大模板浇筑混凝土，具有施工效率高、浇筑混凝土质量好的优势，但是在安装和拆卸的过程中需要大型起重设备。大模板建筑内墙通常采用大型模板现场浇筑，外墙可采用预制钢筋混凝土墙板、现砌砖墙或者现场浇筑钢筋混凝土墙板，楼板可采用现浇楼板、叠合楼板和预制楼板。根据外墙的不同，大模板建筑可分为三类。第一类大模板建筑内墙为现浇钢筋混凝土墙板，外墙为预制墙板，又称“内浇外挂”，通常应用于高层建筑。第二类大模板建筑内墙为现浇钢筋混凝土墙板，外墙则采用黏土砖砌筑砖墙，称为“内浇外砌”，通常应用于多层建筑。第三类大模板建筑内外墙均采用现场浇筑的方式，通常应用于高层住宅。大模板建筑具有整体性好，刚度大，施工速度快，机械化程度高，结构表面平整等优点，但是现场浇筑量较大，用钢量大，通用性较差，不算真正意义上的工业化建筑。

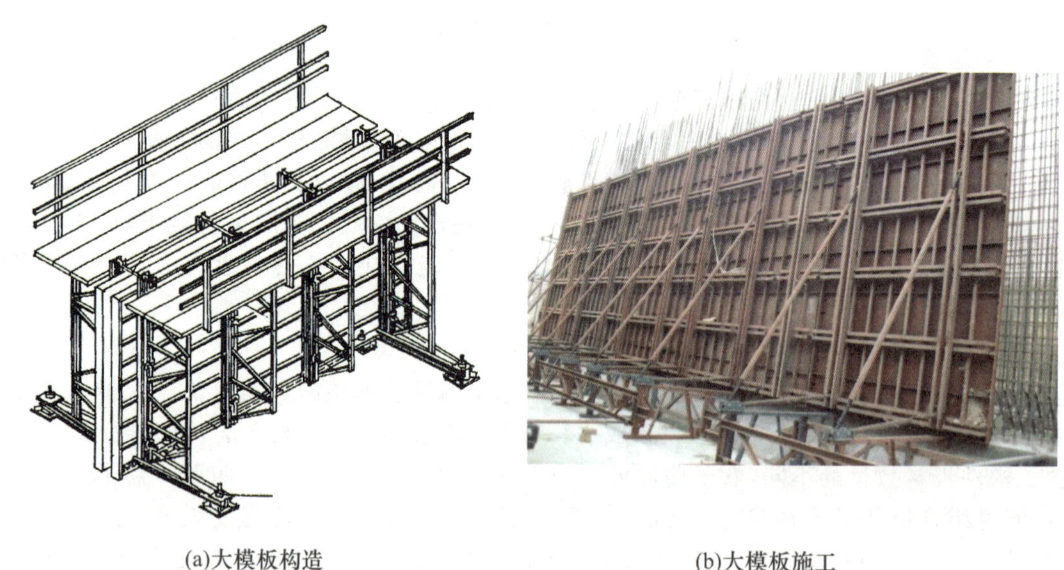
(a)大模板构造　(b)大模板施工

图 7-5　整体式大模板

(6)滑模建筑

滑模建筑全称为滑升模板建筑。为了加快施工速度，滑模施工采用一套由特别的模板和与之配套的操

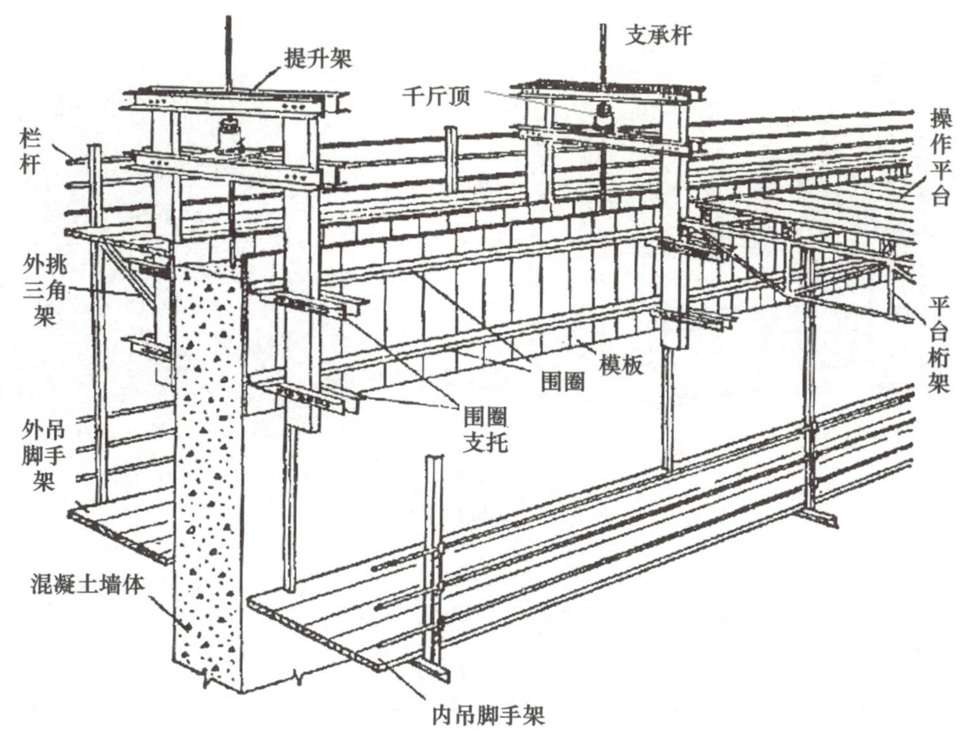

图 7-6　滑模示意图

作平台组成的滑模装置(图 7-6),通过液压提升系统,以墙体特制钢筋为导杆,将整个工作平台、内外模板、吊架等逐步向上提升。在滑模施工(图 7-7)过程中,钢筋绑扎和混凝土的浇筑始终在模板上口 30 cm 左右进行,当模内浇筑满混凝土,且模板下口的混凝土强度达到 0.3～0.5 MPa 后,提升平台向上滑升一定高度(25～30 cm),接着绑扎钢筋,浇筑混凝土,再向上滑升,这样循环往复,实现连续施工。滑模通过不断革新,形成了多种形式的工艺类型,比较成熟和典型的有"逐层空滑楼板并进法"、"先滑墙体楼板跟进法"、"先滑墙体楼板降模法"等。滑模施工减少了模板、支架等的支拆次数,从而有效降低了施工工期,且建筑物层数越多,施工速度快的优越性越明显,因此,常应用于高层建筑中。除此以外,滑模建筑还具有混凝土连续性好、无施工缝、材料消耗少、占用场地少等优点。滑模建筑的应用也有一定限制,要求建筑立面造型以及构件断面变化不能过大,否则模板不易顺利滑升。

图 7-7　滑模施工

(7)升板建筑

升板结构 1913 年由美国学者 A-Pelter 提出,1948 年由美国人 P-Youtz 和 T-Slick 试验成功。其建筑的结构形式为板柱结构,适用于商场、书库、车库和其他仓储建筑。施工时首先在底层混凝土地面上一次性重复浇筑各层楼板和屋面板,并竖立预制钢筋混凝土柱子,然后利用房屋自身的柱子做导杆,将预制楼板和屋面板提升至设计高度,并加以固定(图 7-8)。至于内外墙体,可现浇钢筋混凝土,也可砌筑砖墙,还可安装其他轻质幕墙等。只提楼板的建筑称为升板建筑,连同墙体一起提升施工的称为升层建筑。升板、升层建筑楼面面积大,可自由分割空间,且将大量现浇过程挪到地面进行,减少了高空作业和垂直运输,节约了模板和脚手架工程,并减少了施工现场面积,非常适合施工现场受限的建筑。

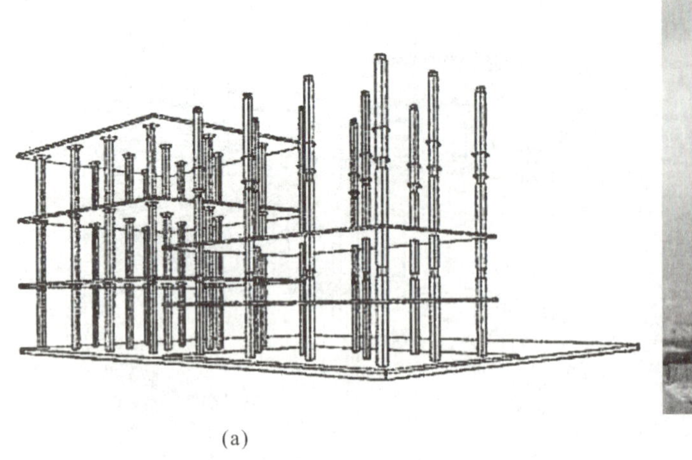

(a)

(b)

图 7-8　升板建筑施工

7.2　行业进步，建筑信息化领军

建筑工程是一个复杂的系统，其生命周期包含设计、施工、运维等不同的阶段，涉及不同的专业领域，包含大量的信息。传统的工作方式各专业信息都是借由图纸传递，以平面 2D 的样式呈现，常常因信息不畅而造成潜在的风险。例如在结构分析时，结构工程师会利用建筑师提供的平、立面图，建立结构计算模型，但随着建筑形体的复杂化，将平、立面图提供的信息完整地绘制到分析软件中，会变得困难且耗时；在施工期间，对于复杂的建筑形体，工人仅能靠平、立面图来判断建筑物的实际样子和构成，有可能造成施工错误，浪费工程经费及时间。因此，在信息化发展时代，建筑业急需高效率的信息工具，整合各专业的信息，为建筑提供一个开放的且贯穿全生命期的平台，使不同专业的工作人员能互通信息，提高工作效率，建筑信息模型（BIM）应运而生。

7.2.1　BIM 的概念

BIM 是 Building Information Modeling 的缩写，中文译为“建筑信息模型”。美国国家建筑科学协会（NIBS，全称 National Institute of Building Sciences）制订的《美国国家 BIM 标准（NBIMS）》对 BIM 的全称有三种理解：Building Information Model，即建筑信息模型；Building Information Modeling，建筑信息建模；以及 Building Information Management，建筑信息管理，它们分别表达了 BIM 的不同含义。

Building Information Model 是建筑设施的物理和功能特性的数字表达，是可以替代真实建筑的虚拟电子信息模型，是各专业共享的知识库。

Building Information Modeling 是建立、完善建筑物信息模型的行为，是各参与方根据自身职责对模型信息提取、修改、更新和插入的过程，是在平台上工作的过程。

Building Information Management 是在一个透明、可复制、可核查、可持续的协同工作环境中，各参与方通过信息共享、分析和利用对项目进行有效管理。

7.2.2　BIM 的特点与价值

BIM 在现在的项目条件下具有四大优势和特点：

（1）可视化

可视化即“所见即所得”的形式。BIM 是一种三维模型，能非常直观地呈现。对于建筑行业来说，传统的施工图纸只是各个构件的二维平面表达，其真正的构造形式需要建筑业从业人员去自行想象。而 BIM 提供了可视化的思路，让人们将以往的线条式的构件表达成一种三维的立体实物形式。虽然现在建筑业也有设计的三维效果图，但这种效果图常常只是外观的表现，不含任何构件的内部截面、配筋形式或者连接方法等信息，并且缺少不同构件之间的互动性和反馈性。而 BIM 的可视化是一种能够探究建筑内部的可视化，是能够实现构件之间关联与互动的可视化，项目设计、建造、运营过程中的不同专业间的沟通、讨论、决策都可在这种可视化的模型状态下进行。

（2）协调性

协调是建筑业中的重点内容，项目建设的自始至终都需要各参与方的协调与配合。当项目在实施过程中遇到了问题，就要将各有关人士组织起来开协调会，找问题发生的原因及解决办法，然后做出变更，提出相应补救措施来解决问题。例如在设计时，往往由于各专业设计师之间沟通不到位，会出现各种专业之间的碰撞问题。如暖通专业在布置管道时，结构图纸可能还没有设计完成，管线可能正好处在有结构梁等构件的地方，这样到真正施工时，梁就会阻碍管线的布设，出现碰撞问题。传统的方法只能在问题出现之后协调解决。BIM 的应用则可在建造之前进行各专业的碰撞检查，提前发现问题进行协调，生成协调数据，使各专业更改。当然，BIM 的协调作用并不局限于碰撞问题，它还可以解决如电梯井布置、防火分区、地下排水布置等与其他设计布置相协调的问题。

（3）模拟性

BIM 的模拟性不仅能模拟设计出建筑物模型，还可以模拟不能在实际中进行操作的过程。例如：在设计阶段，可以对设计的建筑进行模拟实验，如房间日照模拟、热能传导模拟、结构地震反应模拟等；在招投标和施工阶段可以进行 4D 模拟（三维模型加项目的发展时间），也就是根据施工的组织设计模拟实际施工过程，从而确定合理的施工方案来指导施工；还可以进行 5D 模拟（基于 4D 模型加造价控制），从而实现成本控制；后期运营阶段可以模拟日常紧急情况的处理方式，如地震时人员逃生模拟及消防人员疏散模拟等。

（4）优化性

建筑工程从设计、施工到运营的过程是一个不断优化的过程，利用 BIM 平台可以做更好的优化。一般优化过程受三种因素的制约：信息、复杂程度和时间。没有准确的信息，不可能做出合理的优化结果，BIM 模型提供了建筑物的所有信息，包括几何信息、物理信息、规则信息，还提供了建筑物变化以后的实际存在信息，给做优化提供了良好的基础。当项目复杂程度较高时，参与人员本身的能力无法掌握所有的信息，必须借助一定的科学技术和设备的帮助。而现代建筑物的复杂程度大多超出参与人员本身的能力极限，因此，BIM 及与其配套的各种优化工具提供了对复杂项目进行优化的可能。

基于以上的优势，应用 BIM 可以给工程建设创造极大的价值。根据美国 Autodesk 公司的统计，BIM 应用可以提高企业竞争力 66%，减少 50%～70%的信息请求，缩短 5%～10%的工期，减少 20%～25%的专业协调时间。

2007 年，美国斯坦福大学对 32 个应用 BIM 的项目进行调查研究，发现 BIM 应用可以实现：消除 40%的预算外更改；造价估算精度控制在 3%以内；节省造价估算时间 80%；节省 10%的合同价；工期缩短 7%。由此可见，应用 BIM 技术是项目原生动力推进的。

7.2.3 BIM 的发展

（1）国外 BIM 发展

美国是较早启动建筑业信息化研究的国家，2003 年，美国推出了全国 3D-4D-BIM 计划，要求从 2007 年起，所有大型项目都要应用 BIM。根据权威机构的调查报告，北美地区工程项目采用 BIM 技术的比例 2007 年为 28%，2009 年为 49%，2012 年已经快速上升至 71%。

2010 年 4 月，韩国公共采购服务中心（Public Procurement Service，PPS）发布了 BIM 路线图，制定了 2016 年前全部公共建筑采用 BIM 的目标。

2011 年 5 月，英国内阁办公室发布了“政府建设战略”（Government Construction Strategy）文件，要求最迟在 2016 年完成全面的协同 BIM。2011 年英国开展的全国 BIM 调研显示：2010 年使用 BIM 的建筑业专业人士比例为13%，而2011年已经达到31%，且78%的受访者认可BIM是“项目创新的未来”。

2011年11月，新加坡建设局(Building & Construction Authority，BCA)发布了BIM发展路线规划，提出“2015年前在建设产业中广泛应用BIM”的目标，并计划到2020年，实现对BIM 3D文件的在线审核，自动审核达到90%。

2012年6月，澳大利亚Building SMART(Building SMART是一个中立化、国际性、独立的服务于BIM全生命周期的非营利组织，旨在促进在建筑工程全生命周期过程中，各参与方间的信息交流与协同合作)发布“国家BIM行动方案”，指出BIM应用可以提高6%～9%的生产效率，2016年7月1日起，所有澳大利亚政府的建筑采购必须使用基于开放标准的全三维协同BIM进行信息交换。

(2)国内BIM发展

2011年5月，住房和城乡建设部在《2011—2015建筑业信息化发展纲要》中指出：在“十二五”期间要加快建筑信息模型(BIM)在工程中的应用。

2013年住房和城乡建设部发布《关于征求关于推荐BIM技术在建筑领域应用的指导意见(征求意见稿)》，要求部分政府投资的大型公共建筑和绿色建筑项目在设计和施工中采用BIM技术。

2015年住房和城乡建设部颁发的《推进建筑信息模型应用指导意见》中提出：2020年末以国有资金投资为主的大中型建筑、申报绿色建筑的公共建筑和绿色生态示范小区等，BIM技术的应用要达到90%。

2015年《中国建筑施工行业信息化发展报告(2015)　BIM深度应用与发展》编写组对全国建筑施工企业BIM技术应用情况进行了调查，38%的企业处于BIM技术普及阶段，26.1%的企业处于项目试点阶段，10.4%的企业处于BIM大面积推广应用阶段。

2016年颁发的《2016—2020年建筑业信息化发展纲要》中，共28次提及BIM技术。BIM成为“十三五”建筑业重点推广的五大信息技术之首。同年，国家还发布了《建筑信息模型应用统一标准》(GB/T 51212—2016)。

2017年，国务院在《关于促进建筑业持续健康发展的意见》中指出：要加快推进BIM的集成应用，实现项目全生命周期的数据共享和信息化管理。

7.2.4 BIM软件

BIM实施离不开软件，目前相关的BIM主流软件可分为三大类，BIM建模类软件、BIM辅助类软件和BIM管理类软件。具体应用较广的软件如图7-9所示。

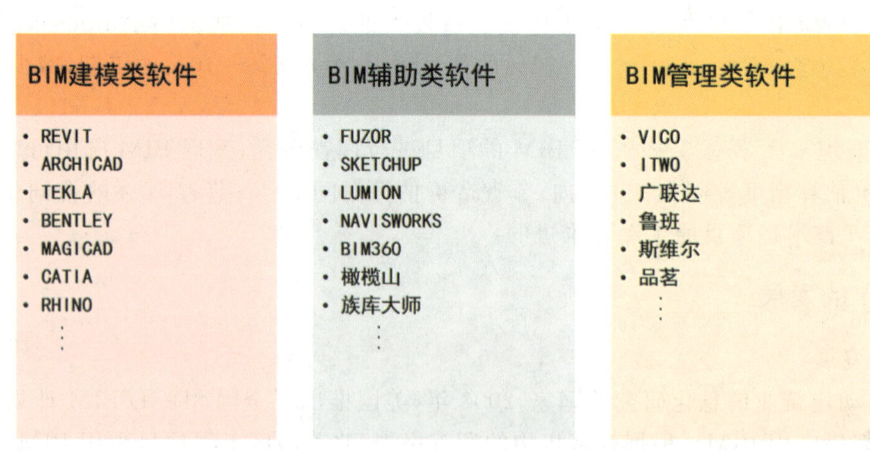

图7-9　BIM主流软件

7.2.5 BIM在工程中的应用

(1)BIM在决策阶段的应用

BIM 在决策阶段的应用主要包括地形测量、地形分析等，通过生成真实的数字地形图，为项目决策提供依据。

①数字地形模型搭建：利用规划区域的测量数据，生成整个规划地区的真实数字地形图，同时根据场地周边已有道路和市政资料，建立市政条件模型，为规划方案设计提供准确的数字场地沙盘，如图 7-10 所示。

②地形分析：根据数字地形模型，分析场地的高程分布、坡度范围、自然汇水区域等，为规划方案提供可视化的场地原始条件数据库，如图 7-11 所示。

图 7-10 数字地形沙盘

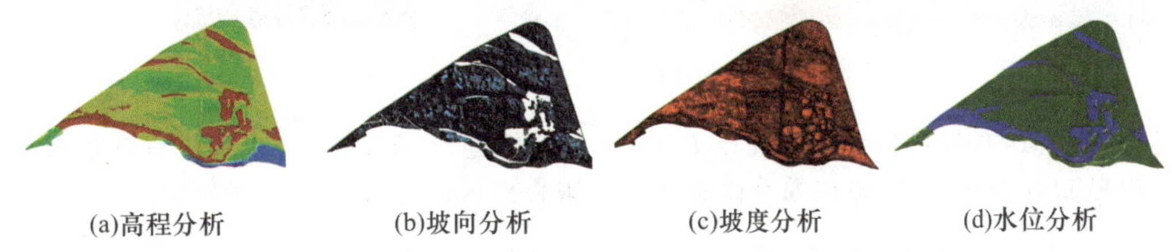

(a)高程分析 (b)坡向分析 (c)坡度分析 (d)水位分析

图 7-11 地形分析

(2)BIM 在设计阶段的应用

BIM 在设计阶段的应用较早，主要集中于模型建立、深化设计、碰撞检测、性能分析和工程计量等。

①模型建立(图 7-12)：通过 BIM 建模软件，建立工程的建筑、结构、设备、装修等各专业信息化三维模型，让工程相关各方直观了解项目构成、理解设计意图，提高沟通和协调的效率。

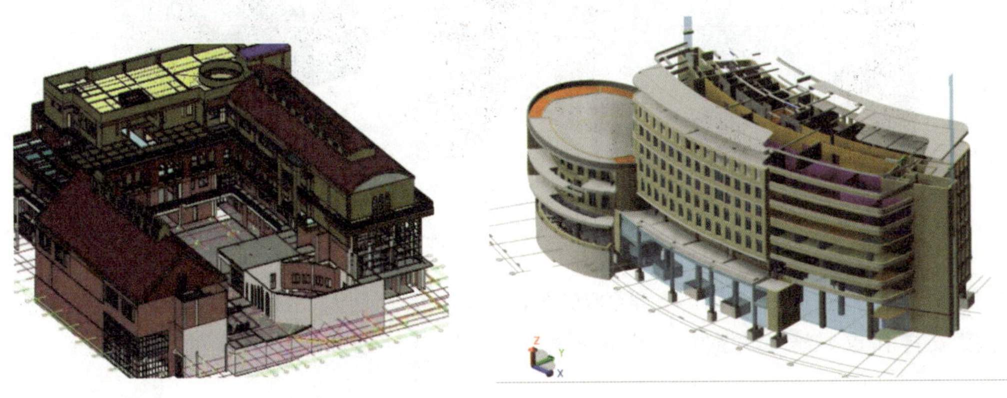

图 7-12 BIM 模型

②深化设计：针对工程的复杂节点和重点难点进行三维深化设计，基于 BIM 模型可进行节点展示和技术交底，如图 7-13 所示。

③碰撞检测：将各专业 BIM 模型进行集成，通过碰撞检测进行各专业协同设计，提前发现设计中的不合理情况，施工前对设计进行优化完善，减少施工中的设计变更。

④性能分析：基于 BIM 模型，利用相关软件对项目进行能耗分析、日照分析、人员疏散分析等，提高项目的设计性能。

⑤工程计量：根据设计提供的 3D-BIM 模型，结合国家清单计量规范，统计工程量，高效编制工程量清单和招标控制价。

(3)BIM 在施工阶段的应用

施工阶段的 BIM 应用主要包括三维场布、虚拟施工、施工管理(成本管理、进度管理、质量管理)等。

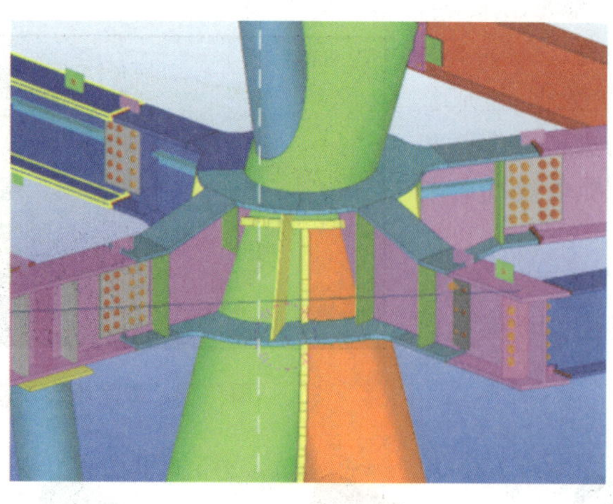

图 7-13　BIM 节点模型

①三维场布(图 7-14):替代传统二维场布方案,建立三维施工场布模型,直观检查功能分区是否合理,交通运输和工作界面有没有冲突,现场安全设施搭建是否合理等。

图 7-14　三维施工场布模型

②虚拟施工(图 7-15):在施工 BIM 模型的基础上,将进度计划与 3D-BIM 模型挂接,形成 4D-BIM 模型,对工程的进度安排和重要施工方案进行虚拟模拟,保证进度计划和施工方案的合理性。

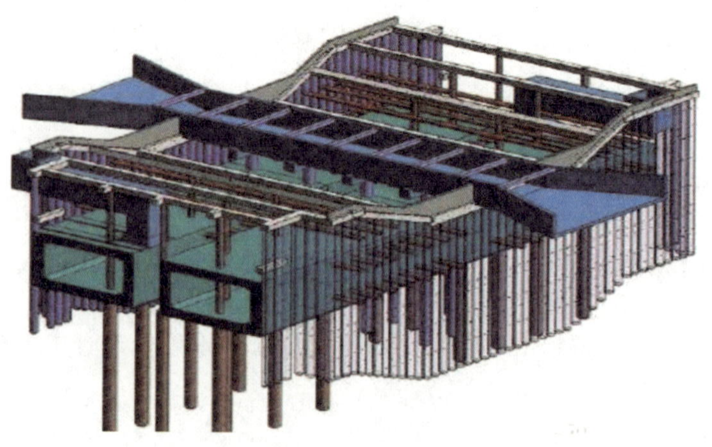

图 7-15　虚拟施工模型

③施工管理:基于 BIM 进行施工阶段的成本、进度、质量、安全等高效管控,实时将计划值与实际值进行对比,及时发现目标偏差并采取措施进行调整,保证工程目标的顺利实现。

7.3 节能减排,绿色建筑兴起

7.3.1 绿色建筑的产生与内涵

绿色建筑的思潮最早起源于 20 世纪 70 年代的两次世界能源危机,当时因为石油恐慌,建筑界兴起了节能设计运动,也引发了"低能源建筑"、"诱导式太阳能建筑"、"生态建筑"、"风土建筑"等热潮,至今仍影响着环境设计界。有感于地球环境的危机,1980 年,世界自然保护组织首次提出"可持续发展"概念。1987 年,联合国环境署发表《我们共同的未来》报告,确立了可持续发展的思想。1990 年世界首个绿色建筑标准在英国发布。1992 年"联合国环境与发展大会"使可持续发展思想得到推广,绿色建筑逐渐成为发展方向。1993 年第十八次国际建筑师协会会议发表了"芝加哥宣言",以"处于十字路口的建筑——建设可持续的未来"为主题,号召全世界的建筑师以环境的可持续发展为职责,举起了绿色建筑的旗帜。1999 年,国际建筑师协会发表《北京宪章》,要求将可持续发展作为建筑师和工程师在新世纪的工作准则。2000 年以后,全球绿色建筑进入了快速发展期。

1992 年巴西里约热内卢联合国环境与发展大会以来,中国政府相继颁布了若干纲要、导则和法规,大力推动绿色建筑的发展。2004 年 9 月建设部设立"全国绿色建筑创新奖",标志着我国的绿色建筑进入了全面发展阶段。2005 年 3 月召开的首届国际智能与绿色建筑技术研讨会暨技术与产品展览会(以后每年一次),公布"全国绿色建筑创新奖"获奖项目及单位。同年发布了《建设部关于推进节能省地型建筑发展的指导意见》。2006 年,住房和城乡建设部正式颁布了《绿色建筑评价标准》。2011 年,《节能减排"十二五"规划》(国发〔2012〕40 号)提出,到 2015 年城镇新建绿色建筑标准执行率达到 15%的节能目标。《"十二五"绿色建筑和绿色生态城区发展规划》(建科〔2013〕53 号)则提出,"十二五"期间,新建绿色建筑 10 亿平方米。2012 年,党的十八大将"生态文明"纳入战略高度。2013 年,国务院办公厅发布《绿色建筑行动方案》,提出到 2015 年末,20%的城镇新建建筑达到绿色建筑标准要求。2014 年,《国家新型城镇化规划(2014—2020)》指出,未来 6 年,城镇绿色建筑占新建建筑比例将提高到 50%。同年,修订后的《绿色建筑评价标准》(GB/T 50378—2014)正式发布。我国已成为绿色建筑发展的重要引导者。

参照《绿色建筑评价标准》(GB/T 50378—2019),绿色建筑的内涵是指在全寿命期内,节约资源(节能、节地、节水、节材)、保护环境、减少污染,最大限度地为人们提供健康、适用和高效的使用空间,以及与自然和谐共生的建筑。具体而言,在节约环保方面,绿色建筑实现最大限度地节约各种资源与减少污染;在舒适健康方面,绿色建筑更加注重建筑使用效果;在自然和谐方面,绿色建筑对自然环境产生最低限度的影响和破坏,兼顾环境效益和社会效益。

绿色建筑与传统建筑的区别如表 7-1 所示。

表 7-1 绿色建筑与传统建筑的对比

	传统建筑	绿色建筑
工程理念	效率、效益最大化	以人为本
建筑设计	建筑体从自然中剥离	整体设计观
技术手段	耗能大户、污染大户	不污染环境、高效节能的建筑技术
投资收益	前期投入较小,后期成本高	前期投入大,后期经济、社会效益高
运营管理	保值、增值	创造价值

7.3.2 绿色建筑标准

虽然人类对于绿色建筑期盼已久，但绿色建筑的建设与实施必须依赖于科学量化的绿色建筑评估体系，才能提高效率，顺利推进。1990 年英国建筑研究所 BRE 公布了办公大楼建筑环境负荷评估法 BREEAM，成为全球第一部绿色建筑评估标准。此后，发达国家相继制定和完善了多个绿色建筑评估体系，制定了系列具体和可操作的指标体系，既为可持续发展建筑赋予了明晰的概念界定，为建筑活动的各类参与者提供了有效的实践指导工具，也促进和引导了绿色建筑行业的市场化进程。在众多的绿色建筑评估体系中，代表性较强、影响较广的主要包括：英国的 BREEAM 体系、美国的 LEED 体系、日本的 CASBEE 体系，以及由加拿大发起、多国合作的 GBC 评估体系。此外，还有其他一些较有特色的评估体系，如澳大利亚推行的重视使用者感受的 NABERS 体系，丹麦、瑞典、芬兰等北寒带国家制定的侧重于减少能源消耗的评估体系。全球绿色建筑评价标准分布如图 7-16 所示。其中，美国 LEED 体系是世界上影响最广的绿色建筑评估体系之一，它的评价要素包括：可持续场地(Sustainable Sites)(14 分)、建筑节水(Water Efficiency)(5 分)、能源利用与大气保护(Energy & Atmosphere)(17 分)、材料与资源(Materials & Resources)(13 分)、室内环境质量(Indoor Environmental Quality)(15 分)、创新设计流程(Innovation & Design Process)(5 分)六大部分，项目总计 69 分，26～32 分为认证通过、33～38 分为银级、39～51 分为金级、52～69 分为白金级。

图 7-16 全球绿色建筑评价标准分布

我国于 2006 年正式颁布了《绿色建筑评价标准》，2014 年完成修订，2019 年再次修订，新标准已于 2019 年 8 月 1 日起正式实施。我国绿色建筑评价分为设计评价和运行评价，可用于评价住宅建筑，办公建筑，商场、宾馆等公共建筑。它的评价指标体系包括以下六大指标：①节地与室外环境；②节能与能源利用；③节水与水资源利用；④节材与材料资源利用；⑤室内环境质量；⑥运营管理(住宅建筑)、全生命周期综合性能(公共建筑)。各大指标中的具体指标分为控制项、一般项和优选项三类。其中，控制项为评价绿色建筑的必备条款；优选项主要指实现难度较大、指标要求较高的项目。对同一对象，可根据需要和可能分别提出对应于控制项、一般项和优选项的指标要求。按满足一般项和优选项的程度，绿色建筑划分为三个等级：一星级、二星级和三星级(等级最高)。同时，考虑到建筑类型差异，在四节一环保与运营管理方面的侧重点不同，又陆续出台了不同类型的绿色建筑评价标准，如图 7-17 所示。此外，诸多省份结合自身的气候、资源和环境特点，分别建立了地方绿色建筑评价标准。

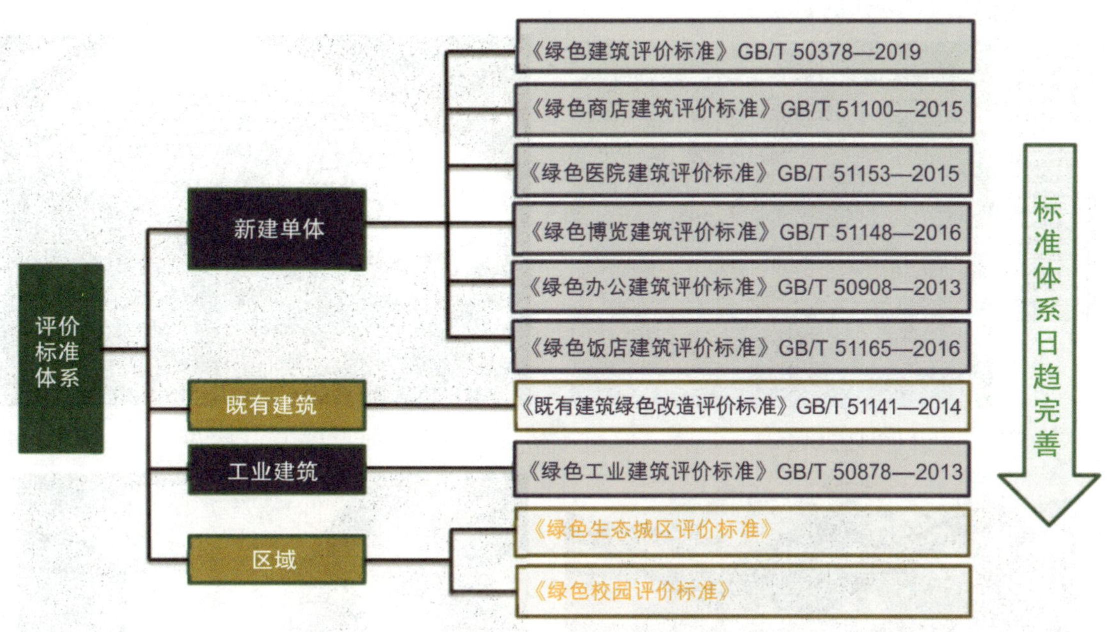

图 7-17　不同类别绿色建筑评价标准

7.3.3　绿色建筑技术

截至 2016 年底，全国累计绿色建筑面积超过 8 亿平方米，其中 2016 年新增绿色建筑面积就超过 3 亿平方米。绿色建筑的发展必须依靠各种技术的应用，以提高节地、节能、节水、节材的水平和促进室内环境的改善。近年来，绿色建筑技术发展迅速，在各种建筑中不断推广应用。

在节地方面，主要绿色建筑技术(图 7-18)包括：

(1)风环境营造，一是确定项目周围风环境不会对行人造成影响(1.5 m 高度处风速不高于 5 m/s)；二是研究自然通风策略的可行性，减少机械通风能耗。

(2)鼓励充分利用地下空间。

(3)采用透水地面。透水地面具有增加土地涵养、减少地表径流、调节当地气温的作用。项目周边用地可采用绿地＋植草砖的方式增加透水地面。

(4)鼓励充分利用场地内原有的旧建筑材料，实现循环利用。

(5)架空层利用。

在节能方面，主要绿色建筑技术(图 7-19)包括：

(1)被动式节能。严格进行围护结构保温隔热设计，同时强调合理设计建筑的体形、朝向、楼距、窗墙比/窗地比、外遮阳等，以减少建筑能耗。

(2)主动式节能。鼓励使用蓄冷蓄热、热回收、可调新风比、空调分区设计、余热废热利用、分布式热电冷联供等技术。

(3)提倡充分使用可再生能源，以减少不可再生能源的消耗，如太阳能光热光伏技术、风光互补技术等。

(4)选用节能照明系统，要求 LPD 值满足《建筑照明设计标准》(GB 50034—2013)的要求，鼓励达到目标值，鼓励使用智能灯控系统。

(5)实施能耗监测管理，要求各项主要能耗分项计量，做到分类、分区，住宅采暖鼓励采用温度调节和热量计量系统。

在节水方面，主要绿色建筑技术(图 7-20)包括：

(1)制定合理的水系统规划，包括用水定额、水量平衡及用水量的确定，结合当地情况，综合考虑节水措施的使用。

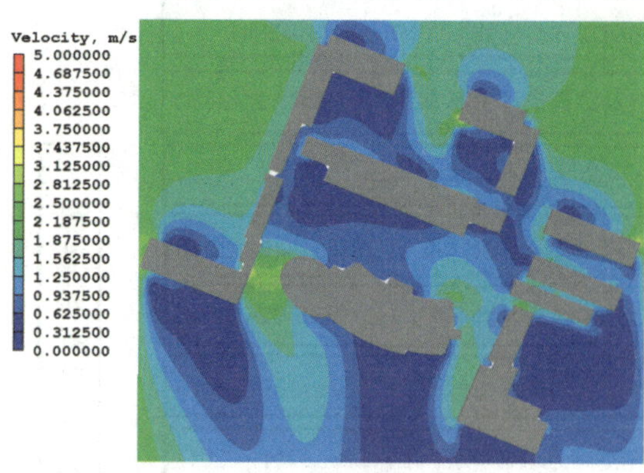

(a)风环境营造

(b)地下空间利用

(c)建筑废弃物再利用

(d)架空层利用

图 7-18　绿色建筑节地技术

(2)使用高质量的管材,减少输送过程中不必要的漏损;使用节水器具,可以有效减少水量消耗。

(3)采用喷灌、滴灌等高效灌溉方式。

(4)采用海绵城市技术,实现再生水、雨水代替市政自来水或地下水,用于冲厕、灌溉、洗车等;优先使用市政再生水;对于年降雨量在 800 mm 以上的多雨但缺水地区,建立完整的雨水收集、处理、储存和利用策略,或保证雨水良好渗透,以补充地下水。

(5)按用途设置水表,分项计量。

在节材方面,主要绿色建筑技术(图 7-21)包括:

(1)采用绿色建筑材料,为创造健康舒适室内环境提供保障。

(2)鼓励使用钢结构、木结构、砌体模块结构等新型结构。

(3)鼓励推行装配式建筑,促进建筑工业化。

(4)要求土建装修一体化、采用灵活隔断等,以减少浪费材料的情况。

(5)考虑材料的可循环使用性能(如金属、玻璃、木材等)。

(6)采用 BIM 精细化设计,突破传统粗放设计引起的材料浪费。

在室内环境营造方面,主要绿色建筑技术(图 7-22)包括:

(1)鼓励建筑使用室内自然通风策略,以减少空调系统(机械通风)所带来的能耗。

(2)使用自然采光,使 75%功能区间满足标准要求,鼓励采用导光管等技术向建筑内部或地下空间引入自然光。

(3)鼓励使用可调节外遮阳,以避免夏季阳光直射在窗户上引起住户的不舒适感及室内冷负荷的增加。

(4)鼓励在室内设置空气质量监测系统,并与新风系统联动。

(5)采用室内消声降噪措施,控制室内噪声等级。

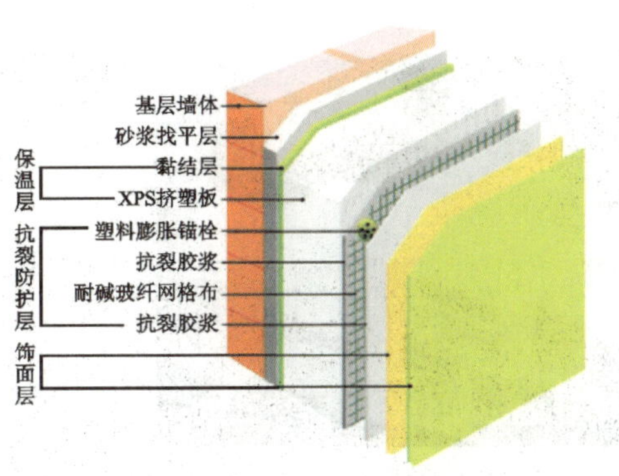

(a)围护结构保温隔热

(b)建筑供能系统

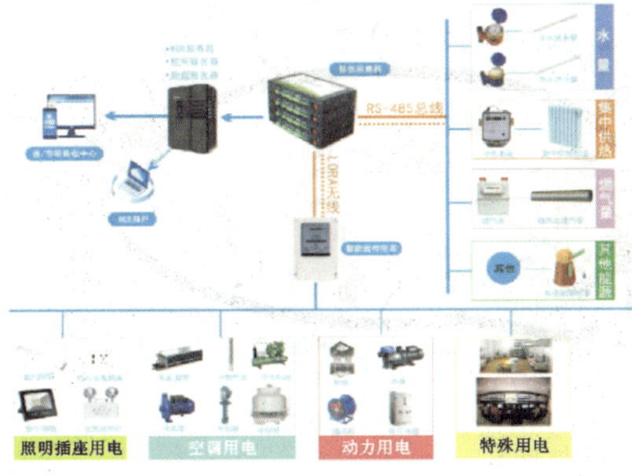

(c)可再生能源利用

(d)能耗监督平台

图 7-19 绿色建筑节能技术

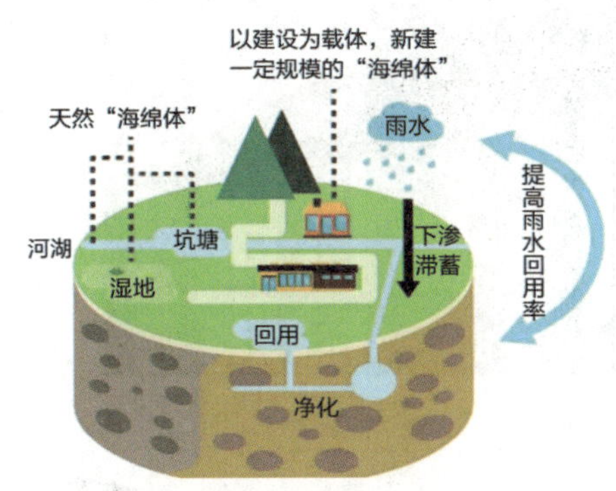

(a)海绵城市设计

(b)高效灌溉

(c)透水地面

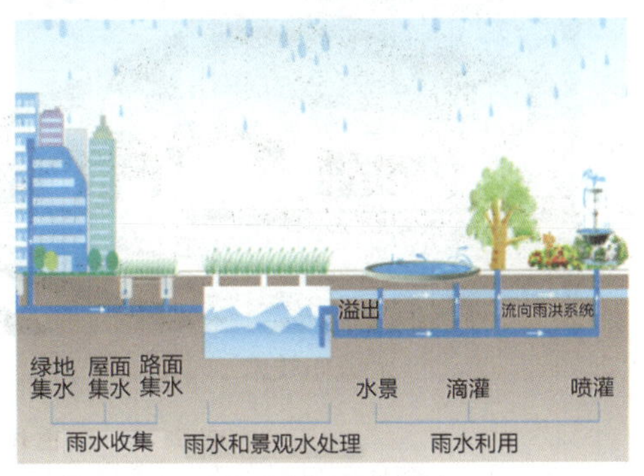

(d) 雨水回收利用

图 7-20 绿色建筑节水技术

(a)绿色建筑材料

(b)装配式建筑

(c)土建装修一体化

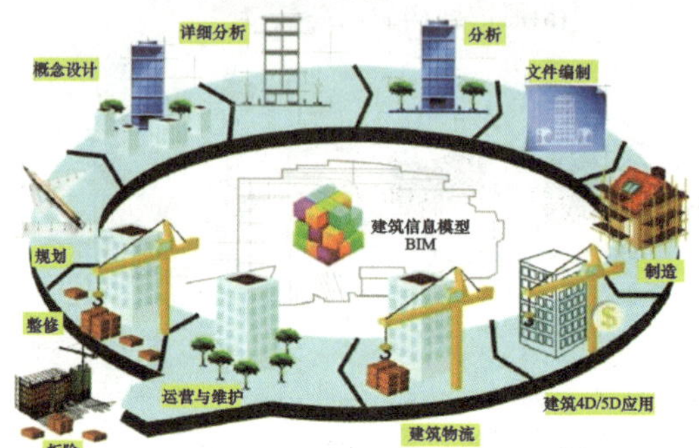

(d) BIM设计

图 7-21 绿色建筑节材技术

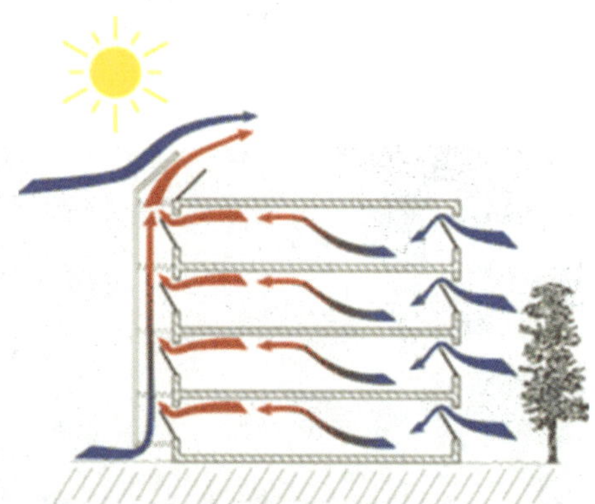

(a)海绵城市设计

(b)自然采光

(c)遮阳技术

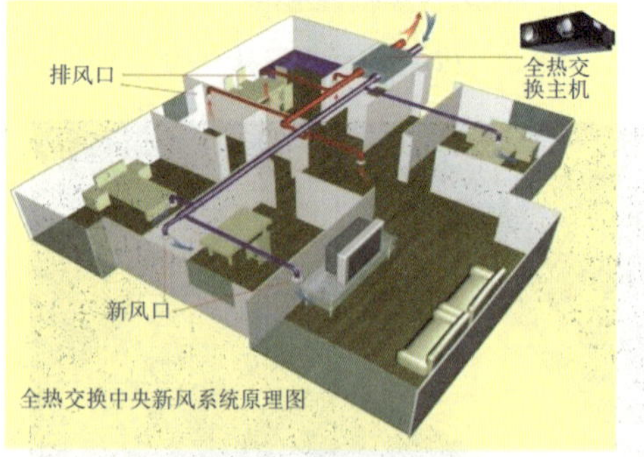

(d)热回收新风系统

图 7-22 绿色建筑室内环境营造技术

7.3.4 绿色建筑案例——杭州低碳科技馆

位于浙江省杭州市滨江区的杭州低碳科技馆(图 7-23)获得绿色建筑创新奖、三星级绿色建筑设计标识、三星级绿色建筑运营标识。本工程由主展馆、巨幕影院、穹幕影院、办公培训等四大部分组成。主要功能为展览、立体影院、300 人报告厅、会议室、休息厅、培训教室、后勤保障、办公楼、地下汽车库、自行车库等。科技馆用地面积 16718 m^2,总建筑面积为 33656 m^2,地上建筑面积为 26392 m^2,地下建筑面积为 7264 m^2,容积率 1.58,绿化率 20%,地下建筑为 1 层、地上建筑为 4 层,建筑高度为 38.6 m。

图 7-23 杭州低碳科技馆

杭州低碳科技馆采用的绿色建筑技术包括:围护结构保温隔热设计采用国产优质材料;使用低能耗双层夹胶 Low-E 玻璃,降低能耗;在外立面灯带位置设置织物以调节外遮阳,在南侧玻璃幕墙顶部采用太阳能光伏遮阳技术,改善室内的热工环境,大大降低了夏天空调制冷负荷;采用地源热泵技术,以地下水为低位能源,利用地下水能常年保持恒定温度的性质,使制冷机组达到较高效率的供冷、供热,具有绿色、环保、高效的特点;采用太阳能光伏技术,实现部分区域的照明用电自给。雨水采用重力流内排水系统,由雨水斗收集后经悬吊管、立管接至室外雨水管;室外人行道、广场、庭院等地面铺装采用透水地面,让雨水就地入渗;对屋面雨水和道路、绿地内的多余雨水进行收集,经过初期雨水弃流池排入北侧景观湖蓄积;景观湖水和建筑内的优质杂排水经人工湿地处理、消毒后回用于建筑内冲厕、室外绿化灌溉、道路浇洒等,不能回收的屋面雨水和道路雨水经渗水井渗入地下补充地下水;从环保的角度看,雨水利用有助于改善生态环境,实现水生态的良性循环。采用不同的绿化方式和植物,使得景观绿化与各建筑空间达到完美的结合。在建筑物南北两侧玻璃幕墙上增设了开启窗,在屋顶上方增设了拔风井,实现了自然通风;空气处理机的控制系统包括温度、过滤器压差、CO_2浓度监测装置及风机监测等;建筑屋面均布置了采光筒,总共为 44 套采光筒。

本项目采用了大量的绿色生态建筑技术,经济效益和环境效益显著,成功地打造了“低碳”科技馆,具有显著的示范价值,具体表现在以下几个方面:

(1)具有良好的环保效应。采用了围护结构保温技术、节能照明、节能电梯、建筑外遮阳系统、太阳能光电系统等技术,达到建筑节能 63%的目标,对于实现节能减排具有重要意义;规划设计了透水地面、日光照明系统、太阳能光电系统,进行了建筑室内自然采光、被动式通风分析,达到建筑与自然和谐发展;严格控制施工造成的环境污染问题,提高施工阶段对水资源、能源、材料、土地资源等的利用效率,创建绿色施工示范工地。

(2)具有良好的示范效应。以打造科技馆类示范项目为目标,通过太阳能光电系统、行为节能系统为媒介,展示宣传绿色建筑有关技术,让参观者和科技馆工作人员直观感受到绿色建筑的魅力,逐渐让每个人都参与到绿色环保中来。以建立舒适节能的室内环境为目标,通过计算机辅助模拟分析,以宣传、提示、引导为手段,从智能化管理系统到人性化的运营管理方式,由内而外地创造优质环境。带给室内每一个人清新的环境、绿色自然的感觉,成功地打造了“低碳” 科技馆的宣传效果。

7.4 追逐未来，智能建造奋进

建筑业是我国的支柱性产业，但其碎片化、粗放式的发展方式带来的生产效益低下、资源耗费巨大、环境污染严重等问题依旧突出，与高质量发展的要求仍有一定距离。随着大数据、人工智能、工业互联网、机器人、BIM 和 5G 等新技术的不断成熟，也给建筑业带来了新变化，“智能建造”的概念应运而生。智能建造可提高建筑行业的生产力水平，实现建造过程的高质高效、节能减排，是建筑行业高质量发展的方向。

7.4.1 智能建造的定义与内涵

建造是建设工程项目的“制造”全过程，是基于全寿命期考虑的工程立项策划、设计和施工的总称。工程建造与其他工业产品制造一样，必须立足于产品的全寿命期的经济技术性能和效益的最大化。智能建造是一种基于数字化、网络化、智能化的新的建造模式，通过应用智能化系统，提高建造过程中的智能水平，减少对人的依赖，达到安全建造的目的。它涵盖了建设工程的设计、生产和施工等阶段。

建筑智能化建造主要包含三个重点内容：一是构建工程建造信息模型（Engineering Information Modeling，简称 EIM）管控平台，EIM 管控平台是针对工程项目建造的全过程、全参与方和全要素的系统化管控而开发的建造过程多源信息自动化管控系统；二是数字化协同设计，利用现代化信息技术对工程项目的工程立项、设计与施工的策划阶段，进行全专业、全过程、全系统协同策划；三是机器人施工，在 EIM 管控平台和建筑信息模型技术的驱动下，机器人代替人完成工程量大、重复作业多、危险环境、繁重体力消耗等情况下的施工作业。

支撑智能建造的基础工作是三维图形描述、图形引擎和平台的开发以及建筑的三维空间描述和真实感表达的系列软件开发。智能建造特别强调机器人代替人进行现场施工，从而改善建筑业的作业形态，逐渐实现施工现场少人化，直至无人化施工。

建筑业推进智能建造已是大势所趋，重点体现在以下方面：

(1) 智能建造是工程品质提升的需要。工程品质的“品”是人们对审美的需求；“质”是工艺性、功能性以及环境性的大质量要求，而推进智能建造是加速工程品质提升的重要方法。

(2) 智能建造是改变建筑业作业形态的有力抓手。建筑业属于劳动密集型产业，现场需要大量人工，如何坚持“以人为本”的发展理念，改善作业条件，减轻劳动强度，尽可能多地利用建筑机器人取代人工作业，已成为建筑业寻求发展的共识。

(3) 智能建造是提升工作效率，推动行业转型升级的必然。目前建筑业劳动生产率不高，主因是缺少建造全过程、全专业、全参与方和全要素协同实时管控的智能建造平台的高效管控，缺少便捷、实用和高效作业的机器人施工。

(4) 智能建造是实现“零距离”管控工程项目的利器。推进智能建造、充分发挥信息共享优势，借助于互联网和物联网等信息化手段，建造相关方可以便捷使用工程项目建造管控平台，实现零距离、全过程、实时性地管控工程项目。

近年来，“新基建”政策的提出为加速推进智能建造提供了难得的机遇。“新基建”主要包括第五代移动通信技术基站、城际高速铁路和城市轨道交通、新能源汽车充电桩、大数据中心、工业互联网等领域。“新基建”推动了新兴技术的信息基础设施建设，新基建为加速推进智能建造提供了更加完善的技术和基础设施条件，我们务必抓住机遇，努力进取，加速推进智能建造。

7.4.2 智能建造的发展

为促进建筑业高质量发展，各国先后出台了各种政策，以期望解决传统建造业面临的各种问题，增强产业竞争力。

1. 国外建筑业智能发展战略

美国在2007年时就规定所有重要工程项目都要使用BIM技术，通过使用信息技术实现低碳绿色发展，并在2017年发布了重点关注建造过程的《美国基础设施重建战略规划》。

新加坡是最早应用BIM处理与审查建筑物全生命周期项目文件的国家之一。2010年，新加坡公共工程全面要求设计施工应导入BIM。2015年，新加坡开始要求以BIM进行所有的公私建筑工程建设。

英国推出了《英国建造2025》战略，其发展目标是降成本、提效率、减排放、增出口。该战略的一个创新之处是成立了建设领导委员会，该委员会的工作主题主要包括三个方面：①在工作方式数字化方面，通过提升BIM在建筑业中的应用程度，达到更好的工作效果；②增加装配式建筑的比例和建筑构件异地制造的比例，以提高生产率、质量和安全性；③促进使用新一代智能技术，使其能够帮助建筑企业从新资产和现有资产中获得更多收益。英国建设领导委员会的六个工作流程分别是：技能与专长、绿色建筑委员会、供应链和商业模式、智能技术、建筑创新、出口贸易。

日本制定了“i-Construction”战略，为建筑企业和建筑行业制定了发展目标，着力提升建筑产品的品质、安全和效益。其具体目标为：2025年将建筑工地的生产率提高20%，2023年将由内因造成的事故降为0，并实现建造生产过程与三维数据全面结合。

德国于2015年发布了《数字化设计与建造发展路线图》，提出了工程建造领域的数字化设计、施工和运营的变革路径。其核心内容是通过推广BIM技术，不断优化设计精度和成本控制。同时，在工业4.0的背景下大力推进建筑业数字化升级，在建筑领域促进工业化与信息化的深度融合。

2. 我国智能建造相关政策支持与发展现状

2020年7月，住房和城乡建设部发布的《关于推动智能建造与建筑工业化协同发展的指导意见》提出，要围绕建筑业高质量发展总体目标，以大力发展建筑工业化为载体，以数字化、智能化升级为动力，创新突破相关核心技术，加大智能建造在工程建设各环节的应用，形成涵盖科研、设计、生产加工、施工装配、运营等全产业链融合一体的智能建造产业体系，提升工程质量安全、效益和品质。

2022年1月，住房和城乡建设部发布的《“十四五”建筑业发展规划》中也明确提出，到2025年，初步形成建筑业高质量发展体系框架，建筑工业化、数字化、智能化水平大幅提升，建造方式绿色转型成效显著，加速建筑业由大向强转变。在产业链现代化方面，基本建立智能建造与新型建筑工业化协同发展的政策体系和产业体系，装配式建筑占新建建筑的比例达30%以上，打造一批建筑产业互联网平台，形成一批建筑机器人标志性产品，培育一批智能建造和装配式建筑产业基地。

但目前我国建筑行业的信息化水平不高，智能建造推进整体滞后。其主要原因在于，实施智能建造首先需要自主研发或者购买各种智能化系统，并不断开发和完善建造智能化系统，充分集成应用各项新技术，以满足智慧工地、智能建造的需求。当前，我国已经拥有世界最大的建筑信息模型(BIM)技术应用的体量，在机器人的研制方面也已起步，但我们没有自主知识产权的BIM基础平台和三维图形系统及其引擎。我国的智能建造推进面临的形势较为严峻，信息技术与产业发展间的融合应被高度重视。世界正在进入以信息产业为主导的经济发展时期，我们要把握数字化、网络化、智能化融合发展的契机，以信息化、智能化为杠杆培育新动能，带动建筑业转型升级。

7.4.3 智能建造的业务范围

智能建造是面向工程建设活动的全过程和全阶段的，在每个阶段经过智能化赋能后，从传统的阶段升级为智能决策、智能设计、智能生产、智能施工、智能运维五个新阶段(图7-24)。每个阶段的具体工作内容如下：

(1) 智能决策

智能决策包括决策思路和决策工具的升级。决策思路由传统的“经验决策”升级为“数据决策”，工程建设活动中会产生大量的数据，这些数据反映着市场的趋势、消费规律等，智能化能够帮助挖掘数据规律、辅助决策等。决策工具从“统计分析”改为“智能分析”。大数据等技术利用决策阶段的信息搭建数据模型对实际情况进行模拟仿真和预测，从而优化决策。

（2）智能设计

工程项目设计阶段可通过利用新技术对设计工具进行升级，BIM 技术、人工智能等新技术推动了设计工具从 CAD 绘图到三维建模设计、计算机建模辅助设计的飞跃。其中 BIM 技术包括虚拟施工、碰撞检查等设计中的应用场景，人工智能技术通过模拟设计人员的思考过程，使设计过程更加智能。

（3）智能生产

智能生产包含生产准备、原材料采购、构建生产三大步骤。在生产准备阶段，根据用户的需求，对产品、工艺、资源信息进行分析规划；工厂构建生产方式向智能化方向转变，通过机械臂生产、机器人生产、3D 打印的工作方式进行生产。

（4）智能施工

智能建造在施工阶段的应用促进了施工生产要素、建造技术和项目管理的智慧化。施工生产要素的升级包括新型建筑材料和智能机械设备的应用。智能设备是以智能传感互联、人机交互为特征的新型智能终端产品，如智能安全帽、智能手环等。

（5）智能运维

智能运维涵盖智能家居和智慧物业两方面。智能家居是指在全屋智能阶段，将所有与信息相关的通信设备、智能电器、家庭保安装置等联合成为统一的整体，集中监视、控制、管理家庭事务；智慧物业主要应用场景包括安防管理、能耗管理、应急疏散管理、建筑维护管理等，通过统一的大数据云平台将物业各个单位紧密连接起来，建立高效的联动机制。

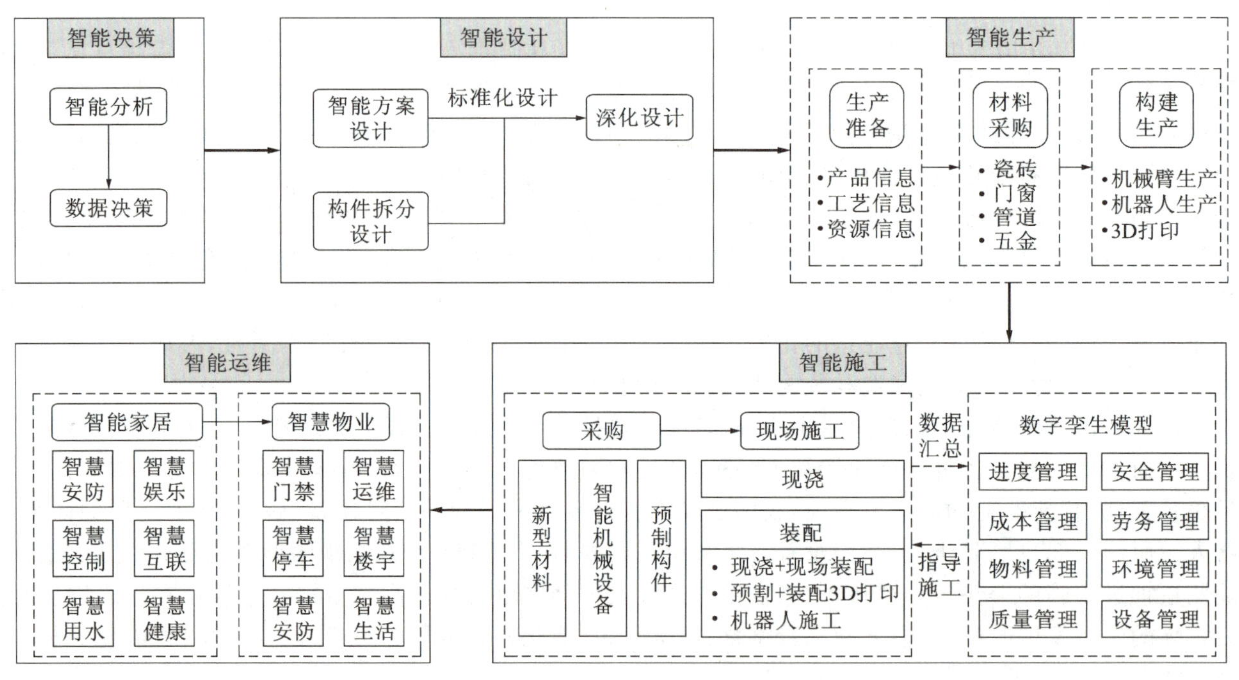

图 7-24　智能建造五个阶段的业务框架

7.4.4　智能建造案例——广州“三馆合一”项目

中国建筑第三工程局有限公司在广州“三馆合一”项目中研发的“智慧建造管理平台”，包含工地物联设备管理平台和智慧工地管理信息平台。工地物联设备管理系统如图 7-25 所示。在工程建设的各环节中应用智慧建造管理平台，能促进项目节能减排，实现绿色建造，还可以监督施工现场安全生产管理行为，确保项目安全生产、高效运营。

通过将企业自主研发的智慧建造管理平台在项目中实施应用，建立一套精细化、标准化、规范化的管理方式，全面提升项目管理效能，降低施工运营成本。该平台特点及创新点主要包括以下方面：

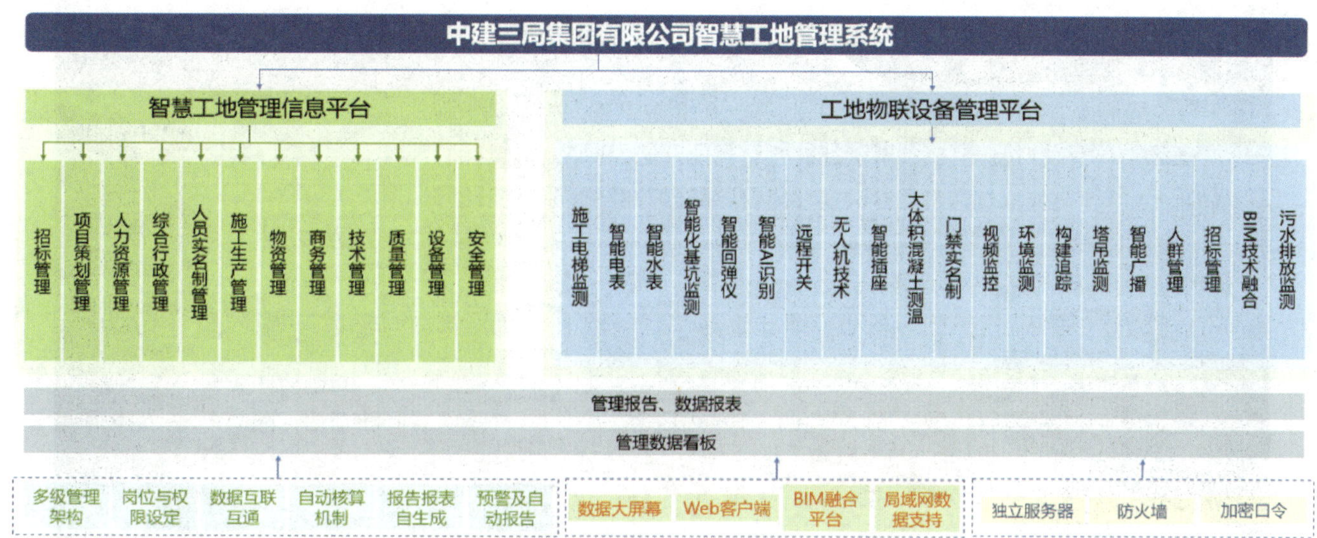

图 7-25 广州“三馆合一”项目智能建造管理平台

(1)“BIM+智慧工地”应用。将 BIM 技术与智慧工地相结合，三维展现“三馆合一”项目智慧工地建设情况，建立项目 BIM 三维数据中心，实景化展示项目概况、数字工地、进度管理、视频监控等内容(图 7-26)。

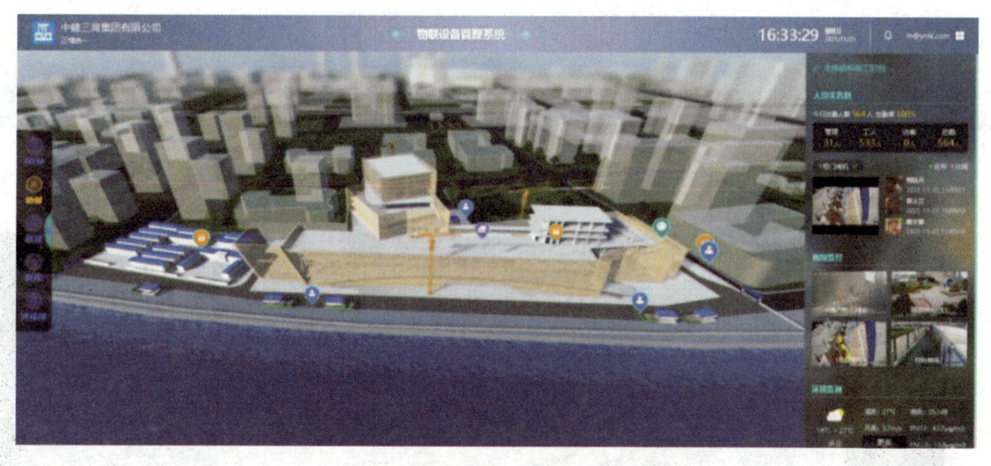

图 7-26 平台“BIM+智慧工地”应用

(2)关键施工工艺三维交底(图 7-27)。针对项目重要施工工艺进行工艺交底、工艺演示、个性化考核，以游戏化的方式让交底对象借助虚拟场景演绎重要工艺各个操作流程，并进行考核评价。

(3)虚拟样板技术。以 BIM 轻量化模型为基础，将建筑设计效果高度还原成虚拟场景，建立多方协同定样定板管理流程，供相关使用方随时随地完成样板的选择、更换、审批，以及材料样板明细表的生成，提高决策效率。

(4)项目工程管理文件线上办公。平台集成项目工程管理文件线上办公功能共有收文管理、发文管理、收发文台账和档案中心等板块，项目所有管理文件审批和交底均可实现线上处理，实时跟踪到相关人员处理文件的进度，所有文件可归集到平台档案中心，可供随时查阅。

(5)AI 智能识别。平台将 AI 人工智能识别技术部署到施工现场的视频监控摄像头，尤其是门禁出入口位置，实时监测现场人员的安全帽、安全服等安全装备佩戴情况，违规图形将被标记自动转入安全管理系统，形成整改任务(图 7-28)。

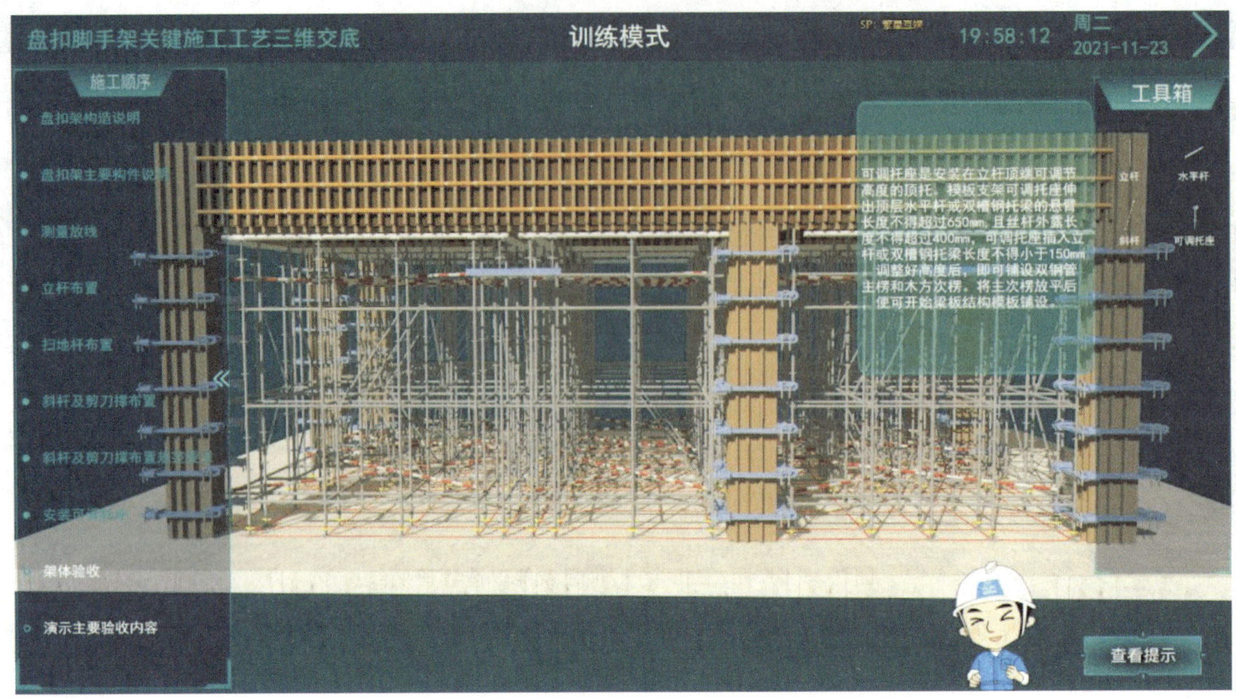

图 7-27　关键施工工艺三维交底

图 7-28　AI 智能识别